知识与数据驱动的二型模糊方法及应用

李成栋　易建强
张桂青　任伟娜　著

U0313209

科学出版社

北　京

内 容 简 介

数据驱动方法是解决复杂生产过程、设备等研究对象建模与控制问题的有效途径，正在形成其特有的研究体系与内容。本书大部分内容是作者近期的研究成果，探讨了知识与数据混合驱动的二型模糊方法及应用。本书主要涉及数据驱动二型模糊集合模型的构建、数据驱动二型模糊系统设计、知识在二型模糊系统中的嵌入、知识与数据驱动二型模糊系统设计、知识驱动二型模糊控制器设计、数据驱动二型模糊神经网络设计、知识与数据混合驱动二型模糊神经网络设计等方面的内容。本书在理论方面为数据驱动、二型模糊等研究提供了新思路，在应用方面为处理建模与控制问题中的各类不确定性、改善建模精度与控制效果提供了一种新的有效工具。

本书可供自动化、计算机、数据科学等相关领域与专业的研究人员、教师、研究生、高年级本科生阅读，也可供相关领域工程技术人员参考。

图书在版编目（CIP）数据

知识与数据驱动的二型模糊方法及应用/李成栋等著. —北京：科学出版社，2017.5

ISBN 978-7-03-052477-5

Ⅰ. ①知⋯　Ⅱ. ①李⋯　Ⅲ. ①模糊控制–自动控制系统　Ⅳ. ①TP273

中国版本图书馆 CIP 数据核字 (2017) 第 069806 号

责任编辑：余 江 张丽花/责任校对：郭瑞芝
责任印制：吴兆东/封面设计：迷底书装

科学出版社 出版
北京东黄城根北街16号
邮政编码：100717
http://www.sciencep.com

北京中石油彩色印刷有限责任公司 印刷

科学出版社发行　各地新华书店经销

*

2017 年 5 月第 一 版　　开本：720×1000　B5
2019 年 1 月第二次印刷　　印张：11 3/4
字数：237 000

定价：72.00 元

（如有印装质量问题，我社负责调换）

前　言

对于很多复杂生产过程和设备而言，建立精确机理模型是很困难的，但这些复杂研究对象每天都在产生大量的数据。目前，通过数据驱动方法，有效利用大量的离线、在线数据，实现对复杂生产过程和设备的建模、优化与控制已成为一大研究热点，其理论、方法及应用日益受到重视。特别是近年来随着数据规模与类型的急剧增大，大数据已经上升为国家战略，国务院与工业和信息化部先后出台了《促进大数据发展行动纲要》和《大数据产业发展规划(2016—2020 年)》。因此，数据驱动方法研究既符合科学研究发展要求，同时对相关行业经济发展具有推动作用。

另外，虽然我们拥有海量数据，但数据质量有时却不尽人意，从而使得所构建的数据模型性能受限。为了解决这一问题，可以考虑两种途径：其一是充分利用知识来增加有用信息；其二是采用性能好的建模与控制方法，而二型模糊方法便提供了这样一种工具。当采用二型模糊方法进行系统建模及控制时，在基于数据的同时充分利用各类知识，将有助于提高所构建模型的性能，取得更好的效果。

本书大部分内容是作者近期在国家自然科学基金(61473176、61105077、60975060、61573225)、山东省属高校优秀青年人才联合基金(ZR2015JL021)、山东省优秀中青年科学家科研奖励基金(BS2012DX026)等项目资助下对取得的研究成果进一步加工、深化而成的，是对已有成果的全面总结。

作者的这些成果拓宽了数据驱动、二型模糊等理论与方法研究的思路，提高了采用数据驱动及二型模糊方法解决实际问题的能力，有利于处理实际建模与控制问题中的各类不确定性，改善建模精度与控制效果。

本书主要涉及知识与数据驱动的二型模糊方法及应用。在理论及方法方面，将主要探讨数据驱动的二型模糊方法、知识在二型模糊系统中的嵌入、知识与数据驱动的二型模糊方法；在应用方面，将所给出的相关方法应用于建模、辨识、预测、控制等实际问题中。本书共 10 章。第 1 章综述二型模糊方法及应用研究进展。第 2 章对二型模糊集合的基本概念与运算、二型模糊系统及其推理过程给出详细的介绍和总结，为后面几章提供统一的理论框架。第 3 章和第 4 章探讨数据驱动二型模糊集合的构建方法，分别给出基于不确定度的数据驱动二型模糊集合构建策略和基于集成方法的数据驱动二型模糊集合构建策略。第 5 章给出一种数据驱动的二型模糊系统快速设计方法。第 6 章探讨如何在二型模糊系统中嵌入有界性、对称性、单调性等知识，给出嵌入相关知识时二型模糊系统前件参数与后件参数应满足的条件，为后续设计嵌入知识的二型模糊系统提供保证。第 7 章给出知识与数据驱动下二型模糊系统的构建方法。第 8 章研究基于知识的单输入规则模块连接二型模糊控制器的系统化设计问题。第 9 章探讨数据驱动二型模糊神经网络设计及其在建模和控制问题中的应用。第 10 章研究知识与数据驱动的二型模糊神经网络设计，给出基于惩罚函数法的约束参数优化算法，并在舒适性指标预测问题上进行应用。

在本书的撰写过程中，参考了大量国内外相关研究成果，这些成果是本书学术思想的重要源泉，在此衷心感谢所涉及的专家与研究人员。辽宁工业大学王铁超教授对本书进行了认真审阅，并提出了许多中肯的建议与意见。硕士研究生王丽、丁子祥、颜秉洋在本书编辑、修改、图形绘制等方面付出了辛勤的汗水。同时科学出版社的编辑为本书出版做了大量辛苦而细致的工作，在此一并表示感谢。

另外，知识与数据驱动二型模糊方法研究是比较新颖的多学科交叉方向，由于作者的学识水平限制，书中不妥之处，敬请同行专家和读者批评指正。

作　者

2017 年 3 月

目　　录

第1章 二型模糊方法及应用研究进展

1.1 引　言

自 1965 年 Zadeh[1]提出模糊集合以来，模糊系统理论及其应用得到了迅速发展。模糊系统方法应用的领域相当广泛，从控制、信号处理、通信到商业专家系统、医药等。尽管得到了广泛应用，但在处理各种实际系统的不确定性上，传统模糊系统方法有一定的局限与不足，因为传统模糊系统方法是基于经典模糊集合的，而这些模糊集合通过精确的隶属函数来刻画，一旦隶属函数确定，在推理过程中各种不确定性就会消失[2,3]。而在现实世界中，不确定性广泛存在，包括如下几项[2,3]。

(1)模糊系统输入的不确定性。主要体现在含有较强噪声干扰的输入数据或者由传感器输入的存在误差的测量数据。传感器的老化或者运行环境的变化等使得这一现象不可避免。

(2)模糊规则的不确定性。在模糊规则设计过程中，不同的专家可能给出不同的模糊规则，从而设计出的模糊系统是不一样的。

(3)训练数据的不确定性。在实际应用中，用来设计、调节、优化模糊系统的数据几乎不可避免地含有噪声，而关于这些噪声分布状态的知识通常是未知的。

(4)对语言词理解的不确定性。模糊集合代表的是语言词，但对自然语言的理解存在着很大的不确定性。对于同一个语言词，不同的人有不同的理解，同一个人的理解也可能随时间的变化而有所改变。

为了更好地处理这些不确定性，可行的方法之一是进一步增强系统方法的模糊性。1975 年，在文献[4]～文献[6]中，Zadeh 将模糊集合的隶属度由精确值扩展为模糊集合，来进一步增强模糊性，从而提出了二型模糊集合的概念，以期能更好地刻画及处理各种不确定性。为了区分，称隶属度是精确值的经典模糊集合为一型模糊集合(Type-1 Fuzzy Set)，称隶属度是一型模糊集合的模糊集合为二型模糊集合(Type-2 Fuzzy Set)，完全采用一型模糊集合的模糊系统称为一型模糊系统(Type-1 Fuzzy Logic System)，而部分或全部使用二型模糊集合的模糊系统称为二型模糊系统(Type-2 Fuzzy Logic System)。

近年来，与二型模糊系统理论相关的研究发展迅速，并已在多个领域获得了应用。同样，目前二型模糊系统理论应用最有效、最广泛的领域仍为建模与控制领域。作为一型模糊系统的一种改进，二型模糊系统不但能够有效地刻画复杂、非线性、不精确系统，而且在处理系统不确定性、减少模糊规则数目、抗干扰等方面都具有明显的优越性。2000 年以来，多个国际著名期刊组织了二型模糊专题（Special Issue），如 *IEEE Transactions on Fuzzy Systems*、*IEEE Computational Intelligence Magazine*、*Information Sciences*、*International Journal of Fuzzy Systems* 等，同时在 WCCI 2008、FUZZ-IEEE 2009、WCCI 2010、FUZZ-IEEE2011、WCCI2012、NAFIPS2012、FUZZ-IEEE2013、ICICIC2013、NAFIPS2013 等多个国际学术会议上都召开了二型模糊系统理论与应用方面的专题学术讨论。在国际上，二型模糊系统理论及其应用研究正逐渐成为一大热点，其重要性日益受到重视。

尽管研究结果证实二型模糊系统具有比一型模糊系统更优越的性能，但到目前为止，对二型模糊系统理论及其应用的研究都远没有对一型模糊系统理论及其应用的研究深入。本章将从四个方面回顾二型模糊方法的发展状况，包括二型模糊基本理论与性质研究、基于二型模糊集合的词计算研究、二型模糊系统设计研究、二型模糊控制研究。

1.2　二型模糊基本理论与性质研究

1.2.1　二型模糊集合及其运算研究

Zadeh[4-6]最早于 1975 年将普通模糊集合(一型模糊集合)的概念进行了扩展，提出了具有更多参数能更好地刻画不确定性的二型模糊集合的概念。

随后，Mizumoto 和 Tanaka[7,8]深入研究了二型模糊集合的性质并探讨了二型模糊集合在代数积(Algebraic Product)与代数和(Algebraic Sum)算子下的运算。Nieminen[9]更详细地研究了二型模糊集合的代数结构。Dubois 和 Prade[10,11]讨论了模糊值逻辑，并将一型模糊关系的 sup-star 合成运算推广到二型模糊关系的合成运算。此后，二型模糊理论及其应用一直发展缓慢，直到 20 世纪 90 年代左右，相关的研究又开始受到重视。

20 世纪 90 年代左右，Turksen[12,13]、Schwartz[14]、Klir 和 Folger[15]等研究了区间二型模糊集合(此时期称为区间值模糊集合(Interval-valued Fuzzy Set))，提出采用区间二型模糊集合代替一型模糊集合来处理各种不确定性以及进行语言值和知识的表示。区间二型模糊集合的隶属度值为区间值。由于相比于一般二型模糊集合，区间二型模糊集合的复杂度极大降低，因此，获得了更好的发展，并成为了近年来理论与应用研究的主流。

1.2.2　二型模糊系统结构及推理研究

与一型模糊系统一样，二型模糊系统仍是一种基于知识或规则的系统，其核心是由 IF-THEN 规则构成的知识库，而这些 IF-THEN 规则可以由人类专家对特定的对象或过程的认识或操作得到的经验总结而成。在二型模糊系统研究方面，Mendel 领导的团队做了大量的工作，提出了二型模糊系统结构，阐述了二型模糊系统各个环节的功能[2,16-25]。

与一型模糊系统相比，二型模糊系统的不同之处在于其输出处理环节多了一个降型器[2,25]。为实现降型操作，Karnik 和 Mendel 等给出了用于降型的 Karnik-Mendel 算法（KM 算法）[2,17]。此后，很多学者对 KM 算法的性质以及降低降型算法的运算复杂性展开了研究。Mendel 和 Liu 研究了 KM 算法的收敛性[26]，Wu 和 Mendel、Yeh 等分别给出了强化的 KM 算法[27,28]，Chiclana 和 Zhou 讨论了基于 OWA 方法的降型方法[29]，Linda 和 Manic 给出了基于 Monotone Centroid Flow 算法的降型方法[30]，Liu 给出了一般二型模糊系统的降型方法[31]，Chen 等讨论了 LR 二型模糊集合的降型问题[32]。为规避降型环节的复杂性，Wu 和 Mendel 提出了一种近似算法来取代基于 KM 算法的降型运算[33]。上述二型模糊系统方面的研究为其应用提供了一定的理论支撑。

1.2.3 二型模糊系统基本性质研究

同时，关于上述结构二型模糊系统基本性质的研究也引起了研究人员的重视。

Ying[34]研究了二型模糊系统的逼近性能，指出二型模糊系统仍为万能逼近器，为二型模糊系统在建模、基于辨识或逼近的非线性控制中的应用提供了理论支持。Fard 和 Zaniuddin[35]提出了区间二型三角模糊神经网络版本的 Stone-Weierstrass 定理，该定理给出了确保一类特殊的区间二型三角函数神经网络逼近单调连续区间二型三角模糊函数的条件。

在实际应用中，很多模型或控制器是连续的。当二型模糊系统用于建模或控制时，需要研究如何确保所设计的二型模糊系统的输入输出映射之间满足连续性要求。针对这一问题，Wu 和 Mendel[36]给出了二型及一型模糊系统连续的条件，为设计满足实际要求的模型或控制器提供了依据。

二型模糊系统与一型模糊系统相比可以获得更好的性能，原因何在？二型模糊系统与一型模糊系统的本质区别是什么？为解决上述问题，Wu[37]进行了相关研究，指出自适应性（Adaptiveness）与新颖性（Novelty）是二型模糊系统与一型模糊系统的根本区别所在，同时只有在采用 KM 降型算法时，二型模糊系统才具有这两种特性。

在很多建模及控制问题中，所建立的模型或所设计的控制器需要具有单调的输入与输出关系。针对这一问题，Li 等[38-42]研究了二型模糊系统的单调性问题，给出了保证二型模糊系统输入输出满足单调性关系的条件。所得到的条件适用于不同类型的二型模糊集合以及不同的降型方法，有助于建立更符合实际情况的模型或设计出更合理的二型模糊控制器。

稳定性与鲁棒性是二型模糊系统研究中另外两个重要的理论问题，特别是在控制理论研究中。关于二型模糊系统稳定性的研究目前较多，如文献[43]~文献[46]；而关于二型模糊系统鲁棒性的研究相对较少，其中文献[47]和文献[48]研究了二型模糊系统鲁棒性问题。

二型模糊系统作为控制器时，二型模糊控制器性能如何，其与 PID 控制规律之间的区别何在，这些问题的阐明在模糊控制的研究中至关重要。Zhou 等在文献[49]~文献[52]中，研究了二型模糊系统作为控制器时其输入输出之间的关系，阐明了其分析结构(Analytical Structure)，揭示了其与 PID 控制的关系。相关结果表明，二型模糊控制器在本质上是非线性 PID 控制器，从而为二型模糊控制器的设计提供了有力支撑。

上述性质的研究有助于更深刻地认识二型模糊系统，也有助于在设计二型模糊系统时确定合理的结构。当然，尚有二型模糊系统其他性质的研究，在此，不一一论述。

本节中所回顾的内容在很大程度上解决了二型模糊集合、二型模糊系统的理论与性质问题，为其应用奠定了基础。

1.3　基于二型模糊集合的词计算研究

在复杂系统中，人类已习惯于用自然语言描述和分析事物，并用自然语言表示的前提进行推理和计算，得到用自然语言表达的结果[53]。近年来，随着智能信息处理的不断深入与普及，人们越来越发现排除自然语言的代价太大了。基于此，模糊数学的创始人 Zadeh 于 1996 年提出了词计算(Computing with Words，CWW)的概念[53]。词计算主要处理基于感知的信息，其运算对象是语言变量，即变量的值是用自然语言描述的词语或句子[54]。

自从词计算的概念提出以来，大量的论文与专著[55-57]开始讨论词计算的问题。Mendel[58]和 Turksen[59]指出词计算应采用二型模糊集合来处理语言值的不确定性。Mendel 在文献[58]中指出"由于不同人对同一语言词有着不同的理解，因此，语言词模型的构建至少应采用区间二型模糊集合"。

1.3.1　基于二型模糊集合的感知计算研究

近年来，基于二型模糊集合的词计算研究基本可以划归到 Mendel 等提出的感知计算机(Perceptual Computer)[60-63]框架下来论述。感知计算机主要由四部分组成：代码本(CodeBook)、编码器(Encoder)、解码器(Decoder)以及词计算引擎(CWW Engine)[60-63]。

代码本[60-63]：代码本是由所需要的语言词及其相对应的二型模糊集合构成的。

为使得人机交互具有灵活性，感知计算机代码本中代码的数量应该尽可能大。而代码本的构建涉及如何对语言词进行二型模糊建模。目前主要有两类方法。第一类方法称为模糊统计（Fuzzistics）方法[64-66]，该方法类似于数理统计中的矩法估计，令数据的不确定性度量与二型模糊集合的不确定性度量相等，进而通过解方程确定二型模糊集合的参数。在文献[64]～文献[66]中，Mendel 和 Wu 讨论了基于二型模糊集合中心（Centroid）这一度量的模糊统计方法。在文献[67]中，Li 等给出了基于二型模糊集合不确定度（Uncertainty Degree）的模糊统计方法，并建立了描述热舒适性的语言词的二型模糊模型。第二类方法称为区间值方法（Interval Approach），该建模方法由 Liu 和 Mendel 在文献[68]中提出，Wu 等及 Coupland 等在文献[69]和文献[70]中给出了更合理的讨论。该方法首先通过问卷方式获取语言词的区间描述，然后采用数理统计的方法预处理数据，将预处理后的每个区间数据看成均匀分布，计算其均值与方差，令其等价于三角形一型模糊集合的均值与方差，进而确定该三角模糊集的参数，最后将得到的多个一型模糊集合合成得到相应语言词的二型模糊集合。在文献[71]中，Li 等认为区间数据应该是一个区间模糊集而不应看成一个均匀分布，在此基础上改进了该方法，并采用相关方法实现了热舒适性的二型模糊建模。

编码器[60-63]：编码器的主要作用是将输入的语言词映射为代码本中的二型模糊集合。

解码器[60-63]：解码器的主要作用是将由词计算引擎推理得到的二型模糊集合与代码本中的二型模糊集合相比较，找出最相似的一个，并输出其对应的语言词。文献[72]～文献[74]讨论了二型模糊集合的不确定性度量问题，相关结论可以用来进行二型模糊集合的相似性比较，其中，文献[73]给出了一种基于排序方法（Ranking Method）的解码方案，文献[74]给出了基于 Subsethood 方法的解码方案。2014 年，Wu 在文献[75]中给出了一种重构解码器（Reconstruction Decoder）。

词计算引擎[60-63]：词计算引擎是感知计算机的核心结构。其主要功能是：根据输入及其规则库，通过近似推理得出推理结论。词计算引擎的输入输出都为二型模糊集合。为解决词计算引擎的近似推理，Wu 和 Mendel 提出了语言加权平均算法[76]以及模糊加权平均算法[77]，并在此基础上发展了感知推理（Perceptual Reasoning）方法[78-81]。通过研究感知推理方法的性质，发现感知推理方法输出能保证二型模糊集合的直观性，同时具有其他一些方面的合理性。

1.3.2 基于二型模糊集合的语言动力系统研究

二型模糊词计算的一大理论应用是基于二型模糊集合的语言动力系统研究[82-85]。语言动力系统这一理论是王飞跃教授为了解决复杂系统的建模、分析、控制和评估等问题提出的，并得到了广泛应用。语言动力系统着重于在语言的层次上动态地有效利用信息来处理复杂系统中的相关问题[82-85]。在基于二型模糊集合的语言动力系统研究方面，Zhao 在其博士论文中讨论了基于区间二型模糊方法的词计算和语言动力系统[86]；Mo 等在文献[87]中介绍了基于区间二型模糊扩展原理的词计算方法，分析了区间二型模糊集合的语言动力学轨迹，在文献[88]中分析了严格单调情况下基于区间二型模糊集合的单输入单输出系统的语言动力系统稳　定性。

尽管基于二型模糊集合的词计算获得了广泛的关注，但不论是语言词的二型模糊模型的构建还是解码器的设计以及词计算中的近似推理方案都需要进一步深入研究与讨论。而在基于二型模糊集合的语言动力系统研究方面，如何降低语言动力系统的运算量，在何种实际问题中可以获得应用等都是需要进一步解决的问题。

1.4　二型模糊系统设计研究

为构建性能优越的二型模糊系统，需要实现输入输出空间的二型模糊划分(即确定二型模糊集合)，生成合理的模糊规则库，并优化规则中的参数，包括规则前件与规则后件中的参数。总体来说，上述问题涉及二型模糊系统结构及参数的确定与优化。目前，在二型模糊系统的研究中，通常采用模糊聚类、神经网络及各种进化优化方法对其参数和结构进行学习与优化。

1.4.1　二型模糊聚类方法研究

在二型模糊系统的构建中，模糊聚类方法常用来实现输入输出空间的二型模糊划分(即确定二型模糊集合)，并得到合理的模糊规则库。在二型模糊聚类研究方面，Hwang 和 Rhee[89]把区间二型模糊逻辑和模糊 C 均值聚类算法结合起来用于观测不确定参数对两个模糊器的影响，并且提出了在二型模糊 C 均值聚类算法中降型和解模糊化的方法。Phong 和 Thien[90]运用模糊 C 均值聚类和 BP 算法构建区间二型模糊系统，并将其应用于心电图心律不齐的分类中。Ozkan 和 Turksen[91]研究了各种信息不完备情形下运用模糊 C 均值方法确定二型模糊系统参数的方法，着重阐述了模糊隶属函数形状的确定方法。Uncu 和 Turksen[92]提出了基于模糊 C 均值聚类的离散区间二型模糊系统的结构辨识方法。张伟斌等[93]利用改进型模糊 C 均值聚类给出了区间二型模糊系统的规则提取方法，并将其应用于路口群落交通流的预测与控制问题中。Yu 等[94]提出了一种鲁棒区间二型模糊 C 均值聚类算法，其中的二型模糊集合由用户选择。Liu 等[95]提出了新的一般二型模糊 C 均值聚类结构辨识算法，并应用于两足机器人步伐的简化切换控制设计问题中。Linda 和 Manic[96]采用一般二型模糊 C 均值聚类算法，并扩展 α 平面描述定理，提出了一种新的不确定模糊聚类算法。

1.4.2 二型模糊神经网络方法研究

二型模糊系统缺少自学习与自适应能力。神经网络具有模拟人脑结构的思维功能，具有较强的自学习功能，人工干预少，精度较高，但它不能处理和描述模糊信息，不能很好利用已有的经验知识。因此，将两者合理地结合起来，可以优势互补，从而构造出具有更好性能的系统。

Rutkowska[97]首次提出了二型模糊神经网络的概念，并给出了 NEFCON、NEFCLASS、NEFPROX 三种神经网络模型，这三种模型都可以看作类 RBF 神经模糊模型，并且可以视为二型模糊神经网络。Shim 和 Rhee[98]提出了一般二型模糊隶属函数设计方法，并与 BP 神经网络相结合，形成一般二型模糊 BP 神经网络。Wang 等[99]提出了一种二型模糊神经网络，后件参数由动态优化训练算法得到，训练过程中每次迭代的区间二型神经网络的学习率能够根据最大误差进行优化。Castro 等[100]提出了三种基于混合学习算法的区间二型模糊神经网络模型，神经网络参数由 BP 算法和具有自适应学习率的最速下降算法构成的混合学习算法优化得到。Chen 和 Lin[101]研究了自适应二型模糊神经网络，并用于控制永磁直线同步电动机（PMLSM）。Lin 等[102-105]采用二型模糊神经网络实现了直线型超声电机（LUSM）控制。Li 等[39]研究了嵌入单调性先验知识的二型模糊神经网络，并将其应用于热舒适度预测中。Li 等[106]采用最小二乘方法优化了二型模糊神经网络参数，并设计了用于水平吊具控制的逆控制器。

二型模糊神经网络的设计涉及结构及参数两方面的优化。而在文献[97]～文献[106]中，二型模糊神经网络的结构是确定的，只对其参数进行优化。为获得性能更优越的模糊系统，其结构包括模糊集合及规则也需要优化获得。在文献[107]中，Juang 和 Tsao 提出了一种自组织区间二型模糊神经网络模型，同时调整优化二型模糊神经网络的结构与参数，并将该类型神经网络应用到非线性系统建模、自适应消噪和混沌信号预测问题中。在文献[108]中，Juang 和 Tsao 提出了递归自主进化区间二型模糊神经网络模型，在该神经网络中有局部的内部反馈环，实现了在动态系统辨识和混沌信号预测问题中的应用。在文献[109]中，Juang 等提出了基于支撑向量机的区间二型模糊神经网络模型，该神经网络的辨识包括结构学习和参数学习两部分，结构学习负责在线生成规则，参数学习基于结构风险最小化原则、利用线性 SVR 算法对参数进行优化。在文献[110]中，Yeh 等采用聚类方法获取二型模糊 IF-THEN 规则，而神经网络的相关参数则由粒子群算法和最小二乘算法构成的混合算法计算得到。在文献[111]中，Lin 等提出了相互递归区间二型模糊神经网络模型，结构学习采用在线的二型模糊聚类方法，参数学习采用规则排序型 Kalman 滤波算法。

1.4.3　二型模糊系统的进化优化方法研究

进化计算方法近年来在解决复杂问题的优化方面获得了广泛应用。比较典型的进化计算方法主要有遗传算法、粒子群算法、蚁群算法等。这些进化计算方法在二型模糊系统优化设计方面同样得到了广泛关注。

在遗传优化方面，Cazarez-Castro 等[112]提出了基于遗传算法的二型模糊系统隶属函数优化方法，并把该方法应用于二型模糊控制器的设计。Wu 和 Tan[113]提出了基于遗传算法的二型模糊控制器设计方法，并将其应用于液位控制。Tan 和 Wu[114]提出了利用遗传算法进行二型模糊逻辑系统降型的方法，在降型过程中能够减少计算量，提高计算效率。

在粒子群优化方面，Al-Jaafreh 和 Al-Jumaily[115]提出了基于粒子群优化算法的二型模糊系统训练方法。这种方法能够优化二型模糊集合的主隶属函数的相关参数，并改善和提高二型模糊系统建模的精确度。Zhao 等[116]针对几何（Geometric）区间二型模糊系统提出了一种粒子群优化降型算法。Khanesar 等[117]采用由粒子群算法和梯度下降算法组成的混合方法优化二型模糊隶属函数，并应用于含有噪声的混沌动态系统。

在蚁群优化方面，Juang 等[118]设计了一种基于蚁群优化算法的增强自组织区间二型模糊系统。每个模糊规则的前件部分采用区间二型模糊集，后件部分参数采用蚁群优化算法得到。该系统已成功应用于倒车控制中。

不论是聚类方法、神经网络方法还是进化优化方法都能实现二型模糊系统的优化设计。如何综合利用上述方法获取更好的性能仍是下一步要解决的问题。

1.5　二型模糊控制研究

到目前为止，二型模糊系统已成功用于时变信道均衡、时间序列分析、决策分析、无线传感网络寿命分析、图像去噪、股价分析等领域，这些应用验证了二型模糊系统相比于一型模糊系统在处理不确定性、未建模动态等方面的优势。但正如一型模糊系统理论与应用的发展主要在控制领域一样，二型模糊系统目前的主要应用也集中在控制领域。下面回顾二型模糊控制方法与应用方面的进展。

1.5.1　二型模糊控制方法研究

为解决"规则爆炸"问题，提高二型模糊系统的实时性以及设计的可行性，需要研究能够减少模糊规则数目的方案。其中一种方案是采用分层结构。目前，分层一型模糊系统相关的研究较多，而在二型模糊系统设计过程中采用分层思想的研究较少。据我们所知，到目前为止，仅 Hagras[119]为了实现对移动机器人的有效控制而设计了一种分层的二型模糊控制器。另一种方法是采用基于单输入规则模块的二型模糊系统设计方法。该方法由 Li 和 Yi 在文献[120]中提出，并应用于倒立摆、桥式吊车、轮式小车等系统的控制中[120-122]。研究结果表明基于单输入规则模块的二型模糊系统规则数目少，规则易确定，计算复杂性低，且系统具有良好的性能。

增强模糊控制系统学习能力的一大方法就是充分发挥模糊系统与神经网络各自的优势，将两者相结合，构造模糊神经控制器。在二型模糊控制领域，Chen 和 Lin[101]以及 Lin 等[102-105]开展了这方面的研究，设计了二型模糊神经控制器，取得了令人满意的控制效果。Li 等[106]设计了基于逆控制策略的二型模糊神经网络控制器，并实现了水平调节吊具系统的角度调节控制。

模糊控制规则是模糊控制器的核心，模糊规则的正确与否以及模糊规则数目的多少都会直接影响控制器的性能。如何设计模糊控制规则是模糊控制器设计过程中的核心环节之一。Castillo 等[123]给出了一种基于 Lyapunov 函数的系统化地获取控制规则的方法。对于一些简单的系统而言，采用该方法得到的二型模糊控制器可以保证闭环系统的稳定性。Liu 等[95]采用一种改进的模糊 C 均值聚类方法来获取模糊规则，并在此基础上设计了一种二型模糊切换控制器，以实现移动机器人的控制。Juang 和 Hsu[124]提出了一种基于强化学习方法(Reinforcement Learning Method)在线生成规则的二型模糊控制器设计方案，该方案可以在线更新二型模糊控制器的结构，并能灵活地进行输入空间的模糊划分。

基于数学模型的 Lyapunov 方法可以实现控制器的系统化设计。Begian 等[125]基于 Lyapunov 稳定性理论提出了确保动态模糊系统稳定的线性矩阵不等式形式的充分条件。Fadali 和 Jafarzadeh[126]针对一型和二型 TSK 模糊系统，提出一种新的基于观测器的设计方法，这种设计方法不需要共同的 Lyapunov 函数，而且能够把模糊控制器和观测器结合起来。

反馈线性化、滑模控制、Backstepping 设计和 Lyapunov 综合法等方法与基于模糊逼近的二型模糊控制相融合形成了一类基于逼近的自适应模糊控制器，并在一定程度上解决了在线优化型二型模糊自适应控制中存在的问题。Hsiao 等[127]设计了二型模糊滑模控制器。Manceur 等[128]针对不确定系统设计了二阶模糊滑模控制器并得到了实际应用。Kayacan 和 Cigdem[129]为二型模糊神经网络设计了具有在线学习功能的滑模控制器，并进行了性能测试。Chafaa 等[130]针对一类非线性动态系统，利用 Lyapunov 稳定性理论提出了区间二型模糊间接自适应控制器，并应用在倒立摆的数值仿真中。在文献[131]中，Lin 等针对多变量非线性系统，采用 H∞跟踪设计技术给出了区间二型模糊直接自适应控制方案；在文献[132]中，Lin 和 Roopaei 针对单输入单输出时滞非线性系统的 H∞跟踪问题，提出了区间二型模糊间接自适应控制方案；在文献[133]中，Lin 给出了基于观测器的区间二型模糊间接自适应控制方案。Ezziani 等[134]给出了区间二型模糊直接控制的 Backstepping 设计方法。Chen 和 Tan[135]给出了一种基于高增益观测器的状态反馈容错自适应

Backstepping 区间二型模糊控制器，并应用于水面船舶的跟踪控制中。

1.5.2 二型模糊控制应用研究

在控制领域，除了上面涉及的一些应用，二型模糊系统还有其他很多方面的应用，下面回顾在机器人控制、过程控制、智能家居控制方面的一些典型应用。

二型模糊系统在机器人控制领域获得了广泛的应用。Hagras[119,136]设计出实时运行的二型模糊控制器，并成功应用于自主移动机器人的导航控制中。Lynch 等[137]基于近似降型 Wu-Mendel 算法设计了实时区间二型模糊控制器，并实现了船舶牵引柴油机的速度控制。Coupland 等[138]设计了一般二型模糊控制器，并在两轮自主移动机器人曲线障碍物边缘跟踪控制中得到应用。Martinez 等[139]基于二型模糊逻辑和遗传算法对轮式移动机器人设计了位置及速度控制器，实现了对给定轨迹的跟踪控制。Wagner 和 Hagras[140]基于 z 切片描述理论建立的一般二型模糊控制器也应用在两轮自主移动机器人中。Kurnaz 等 [141]采用二型模糊控制方案实现了自主无人飞行器的飞行控制。Yang 等[142]采用二型模糊控制器实现了高超声速飞行器的控制。Biglarbegian 等[143]为模块化可重构机器人设计了二型模糊控制器并进行了验证。Hsu 和 Juang[144]设计了具有进化机制的二型模糊控制器，可实现机器人沿墙运动控制。

在过程控制方面，Wu 和 Tan[113]采用基于遗传算法的二型模糊控制器，Li 等[145]采用二型模糊神经控制器，实现了双容水箱的液位控制。Castillo 和 Melin[146,147]将二型模糊系统用于工厂生产过程的质量控制与故障诊断上。Galluzzo 等[148,149]采用二型模糊方法实现了生物反应器中基质浓度的控制以及混合废物处理。

在智能家居控制方面，Doctor 等[150,151]将二型模糊系统用在了智能空间的控制上。相关控制目标的实现通过嵌入式二型模糊智能体来完成，而其中的二型模糊智能体采用自适应的终身学习（Long-life Learning）方法来学习空间环境以及用户偏好的改变。上述控制方案成功地用在了 Essex Intelligent Dormitory（iDorm）中，并与一型模糊方法进行了比较。实验结果表明二型方法比一型方法能更好地适应空间中环境的变化，取得更好的控制效果。Li 等[71]建立了热舒适性的二型模糊模型，并提出了基于二型模糊模型及多目标优化策略的热舒适性与能耗协调优化控制方案。

当然，上面只是回顾了二型模糊控制的部分应用实例，目前控制方面的应用还有很多，且新的应用也在不时涌现。

1.6 本 书 简 介

综合上述二型模糊方法及应用的研究进展可知，二型模糊集合与二型模糊系统的构建主要可以划分为两大方法：经验驱动(人工设定并调整规则)和数据驱动(基于数据)。对于经验驱动的方法而言，模糊集合及模糊规则库是根据专家或操作人员的经验构建的，这些经验是主观的，若获得的经验并不好，则很难取得满意的效果，且经验知识获取与调整的工作量很大。数据驱动的二型模糊系统方法可以获得较好的效果，但当数据数量过少、不确定性过大等造成信息量不足，无法反映系统特性时，所得到模型的精度同样会受到限制。而在实际的应用中，错误数据、数据中的噪声干扰等不确定性不可避免，且对于某些对象来说，获得大量的数据所花费的代价过高，因而，数据中包含的信息往往不足。

另外，尽管很多对象比较复杂，且具体的完整运行机理也不甚明了，但部分运行机理知识还是容易得到的，如对象的单调性(或部分单调性)、凸性、对称性、静态增益极值等。这些知识先于且独立于采样数据，可以部分地客观地反映该对象运行的规律或趋势，在很大程度上弥补数据中含有的信息量不足的缺点。因此，当采用二型模糊方法进行系统建模及控制时，在基于数据的同时充分利用各类知识，将有助于提高所构建模型的性能，取得更好的效果。

针对二型模糊集合构建及二型模糊系统的设计问题，本书主要讨论基于知识与数据的构建策略。主要内容安排如下。

第1章从四个方面综述二型模糊方法的研究概况，包括二型模糊基本理论与性质研究、基于二型模糊集合的词计算研究、二型模糊系统设计研究、二型模糊控制研究。

第2章对二型模糊集合的基本概念、运算、二型模糊系统及其推理过程给出详细的介绍和总结，为后面几章提供统一的理论框架。

第3章和第4章探讨数据驱动的二型模糊集合构建方法。针对对称和非对称二型模糊集合，分别给出基于不确定度的数据驱动二型模糊集合构建策略和基于集成方法的数据驱动二型模糊集合构建策略。

第5章给出一种快速的数据驱动二型模糊系统设计方法。在所给出的方法中，二型模糊系统规则前件采用一型模糊集合集成得到，而其后件区间参数则通过最小二乘优化得到。

第6章探讨如何在二型模糊系统中嵌入有界性、对称性、单调性等知识，给出嵌入相关知识时二型模糊系统前件参数与后件参数应满足的条件，为后续设计嵌入知识的二型模糊系统提供保证。

第7章给出如何根据数据与知识来设计二型模糊系统。初步考虑三种类型的知识，包括单调性(单调减、单调增)、对称性(奇、偶)、有界性，并通过具体应用展示如何构建知识与数据驱动的二型模糊模型。

第8章研究基于知识的单输入规则模块连接二型模糊控制器系统化设计问题。考虑三种类型的关于被控系统的知识，包括被控系统的的奇对称性、单调性以及闭环系统的局部稳定性。这些知识有助于系统化地直观设定单输入规则模块中的模糊规则，降低二型模糊控制器设定难度。

第 9 章探讨数据驱动二型模糊神经网络设计。给出基于反向传播算法及最小二乘算法的二型模糊神经网络参数优化策略，并给出其在建模、多容水箱液位控制、水平调节吊具系统控制等问题中的应用。

第 10 章研究知识与数据混合驱动的二型模糊神经网络设计，给出基于惩罚函数法的约束参数优化算法，并在舒适度指标预测问题上进行应用。

参 考 文 献

[1] ZADEH L A. Fuzzy sets. Information and control. 1965, 8: 338-353.

[2] MENDEL J M. Uncertain rule-based fuzzy logic systems: introduction and new directions. Upper Saddle River: Prentice-Hall, 2001.

[3] HAGRAS H. Type-2 FLCs: a new generation of fuzzy controllers. IEEE computational intelligence magazine, 2007, 2: 30-43.

[4] ZADEH L A. The concept of a linguistic variable and its application to approximate reasoning-I. Information sciences, 1975, 8(3): 199-249.

[5] ZADEH L A. The concept of a linguistic variable and its application to approximate reasoning-II. Information sciences, 1975, 8(4): 301-357.

[6] ZADEH L A. The concept of a linguistic variable and its application to approximate reasoning-III. Information sciences, 1975, 9(1): 43-80.

[7] MIZUMOTO M, TANAKA K. Some properties of fuzzy sets of type-2. Information and control, 1976, 31(4): 312-340.

[8] MIZUMOTO M, TANAKA K. Fuzzy sets of type-2 under algebraic product and algebraic sum. Fuzzy sets and systems, 1981, 5: 277-290.

[9] NIEMINEN J. On the algebraic structure of fuzzy sets of type-2. Kybernetica, 1977, 13(4): 261-273.

[10] DUBOIS D, PRADE H. Operations in a fuzzy-valued logic. Information and control, 1979, 43: 224-240.

[11] DUBOIS D, PRADE H. Fuzzy sets and systems: theory and applications. New York: Academic Press, 1980.

[12] TURKSEN I B. Interval-valued fuzzy sets and fuzzy connectives. Interval computations, 1993, 4: 35-38.

[13] TURKSEN I B. Interval-valued fuzzy uncertainy//Proceedings of Fifth IFSA World Congress. Piscataway: IEEE, 1993: 35-38.

[14] SCHWARTZ D G. The case for an interval-based representation of linguistic truth. Fuzzy sets and systems, 1985, 17: 153-165.

[15] KLIR G J, FOLGER T A. Fuzzy sets, uncertainty, and information. Englewood Cliffs: Prentice-Hall, 1988.

[16] KARNIK N N, MENDEL J M. Introduction to type-2 fuzzy logic systems//Proceedings of IEEE World Congress on Computational Intelligence. Piscataway: IEEE, 1998: 915-920.

[17] KARNIK N N, MENDEL J M, LIANG Q. Type-2 fuzzy logic systems. IEEE transactions on fuzzy systems, 1999, 7(6): 643-658.

[18] KARNIK N N, MENDEL J M. Operations on type-2 fuzzy sets. Fuzzy sets and systems, 2001, 122: 327-348.

[19] MENDEL J M, JOHN R I. Type-2 fuzzy sets made simple. IEEE transactions on fuzzy systems, 2002, 10(2): 117-127.

[20] KARNIK N N, MENDEL J M. Centroid of a type-2 fuzzy set. Information sciences, 2001, 132: 195-220.

[21] MENDEL J M. On answering the question "where do I start in order to solve a new problem involving interval type-2 fuzzy sets?". Information sciences, 2009, 179: 3418-3431.

[22] LIANG Q, MENDEL J M. Interval type-2 fuzzy logic systems: theory and design. IEEE transactions on fuzzy systems, 2000, 8(5): 535-549.

[23] MENDEL J M, JOHN R I, LIU F. Interval type-2 fuzzy logic systems made simple. IEEE transactions on fuzzy systems, 2006, 14(6): 808-821.

[24] MENDEL J M. Advances in type-2 fuzzy sets and systems. Information sciences, 2007, 177: 84-110.

[25] KARNIK N N, MENDEL J M. Type-2 fuzzy logic systems: type reduction//Proceedings of IEEE International Conference on Systems, Man and Cybernetics. Piscataway: IEEE, 1998: 2046-2051.

[26] MENDEL J M, LIU F. Super-exponential convergence of the Karnik-Mendel algorithms for computing the centroid of an interval type-2 fuzzy set. IEEE transactions on fuzzy systems, 2007, 15(2): 309-320.

[27] WU D, MENDEL J M. Enhanced Karnik-Mendel algorithms. IEEE transactions on fuzzy systems, 2009, 17(4): 923-934.

[28] YEH C Y, JENG W H R, LEE S J. An enhanced type-reduction algorithm for type-2 fuzzy sets. IEEE transactions on fuzzy systems, 2010, 19: 227-240.

[29] CHICLANA F, ZHOU S M. Type-reduction of general type-2 fuzzy sets: the type-1 OWA approach. International journal of intelligent systems, 2013, 28: 505-522.

[30] LINDA O, MANIC M. Monotone centroid flow algorithm for type-reduction of general type-2 fuzzy sets. IEEE transactions on fuzzy systems, 2012, 20: 805-819.

[31] LIU F. An efficient centroid type-reduction strategy for general type-2 fuzzy logic systems. Information sciences, 2008, 78: 2224-2236.

[32] CHEN C L, CHEN S C, KUO Y H. The reduction of interval type-2 LR fuzzy sets. IEEE transactions on fuzzy systems, 2014, 22(4): 840-858.

[33] WU H, MENDEL J M. Uncertainty bounds and their use in the design of interval type-2 fuzzy logic systems. IEEE transactions on fuzzy systems, 2002, 10(5): 622-639.

[34] YING H. General interval type-2 Mamdani fuzzy systems are universal approximators// Proceedings of the 2008 Annual Meeting of the North American Fuzzy Information Processing Society. Piscataway: IEEE, 2008: 1-6.

[35] FARD S P, ZANIUDDIN Z. Interval type-2 fuzzy neural networks version of the Stone-

Weierstrass. Neurocomputing, 2011, 74: 2336-2343.

[36] WU D, MENDEL J M. On the continuity of type-1 and interval type-2 fuzzy logic systems. IEEE transactions on fuzzy systems, 2011, 19(1): 179-192.

[37] WU D. On the fundamental differences between interval type-2 and type-1 fuzzy logic controllers. IEEE transactions on fuzzy systems, 2012, 20(5): 832-848.

[38] LI C, ZHANG G, YI J, et al. On the properties of SIRMs connected type-1 and type-2 fuzzy inference systems//Proceeding of IEEE International Conference on Fuzzy Systems. Piscataway: IEEE, 2011: 1982-1988.

[39] LI C, YI J, WANG M, et al. Monotonic type-2 fuzzy neural network and its application to thermal comfort prediction. Neural computing and applications, 2013, 23(7-8): 1987-1998.

[40] LI C, YI J, ZHAO D. Analysis and design of monotonic type-2 fuzzy inference systems//Proceedings of IEEE International Conference on Fuzzy Systems. Piscataway: IEEE, 2009: 1193-1198.

[41] LI C, YI J, WANG T. Encoding prior knowledge into data driven design of interval type-2 fuzzy logic systems. International journal of innovation computing, 2011, 7(3): 1133-1144.

[42] LI C, YI J, ZHANG G. On the monotonicity of interval type-2 fuzzy logic systems. IEEE transactions on fuzzy systems, 2014, 22(5): 1197-1212.

[43] JAFARZADEH S, FADALI S, SONBOL A. Stability analysis and control of discrete type-1 and type-2 TSK fuzzy systems: part I stability analysis. IEEE transactions on fuzzy systems, 2011, 19(6): 989-1000.

[44] JAFARZADEH S, FADALI S, SONBOL A. Stability analysis and control of discrete type-1 and type-2 TSK fuzzy systems: part II control design. IEEE transactions on fuzzy systems, 2011, 19(6): 1001-1013.

[45] LAM H K, NARIMANI M, SENEVIRATNE L D. LMI-based stability conditions for interval type-2 fuzzy-model-based control systems//Proceedings of International Conference on Fuzzy Systems. Piscataway: IEEE, 2011: 298-303.

[46] LAM H K, SENEVIRATNE L. Stability analysis of interval type-2 fuzzy model- based control systems. IEEE transactions on systems, man and cybernetics, part B: cybernetics, 2008, 38(3): 617-628.

[47] BIGLARBEGIAN M, MELEK W, MENDEL J M. On the robustness of type-1 and interval type-2 fuzzy logic systems in modeling. Information sciences, 2011, 181(7): 1325-1347.

[48] WU D, TAN W W. Interval type-2 fuzzy PI controllers: why they are more robust//Proceedings of IEEE International Conference on Granular Computing. Piscataway: IEEE Computer Society, 2010: 802-807.

[49] ZHOU H, YING H. A method for deriving the analytical structure of a broad class of typical interval type-2 Mamdani fuzzy controllers. IEEE transactions on fuzzy systems, 2012, 21: 447-458.

[50] YING H. Deriving analytical input-output relationship for fuzzy controllers using arbitrary input fuzzy sets and Zadeh fuzzy and operator. IEEE transactions on fuzzy systems, 2006, 14: 654-662.

[51] DU X, YING H. Derivation and analysis of the analytical structures of the interval type-2 fuzzy PI and PD controllers. IEEE transactions on fuzzy systems, 2010, 18: 802-814.

[52] NIE M, TAN W W. Analytical structure and characteristics of symmetric Karnik-Mendel type-reduced interval type-2 fuzzy PI and PD controllers. IEEE transactions on fuzzy systems, 2011, 20: 416-430.

[53] ZADEH L A. Fuzzy logic = computing with words. IEEE transactions on fuzzy systems, 1996, 4(2): 103-111.

[54] ZADEH L A. From computing with numbers to computing with words - from manipulation of measurements to manipulation of perceptions. IEEE transactions on circuits and systems-I: fundamental theory and applications, 1999, 4(1): 105-119.

[55] HERRERA F, Martinez L. A 2-tuple fuzzy linguistic representation model for computing with words. IEEE transactions on fuzzy systems, 2000, 8(6): 746-752.

[56] YING M S. A formal model of computing with words. IEEE transactions on fuzzy systems, 2002, 10(5): 640-652.

[57] WANG J H, HAO J. An approach to computing with words based on canonical characteristic values of linguistic labels. IEEE transactions on fuzzy systems, 2007, 15(4): 593-604.

[58] MENDEL J M. Computing with words, when words can mean different things to different people//Proceedings of Third International ICSC Symposium on Fuzzy Logic and Applications. Rochester : Rochester University, 1999.

[59] TURKSEN I B. Type 2 representation and reasoning for CWW. Fuzzy sets and systems, 2002, 127: 17-36.

[60] MENDEL J M, WU D. Perceptual computing: aiding people in making subjective judgments. Hoboken: Wiley-IEEE Press, 2010.

[61] MENDEL J M, WU D. Challenges for perceptual computer applications and how they were overcome. IEEE computational intelligence magazine, 2012, 7(3): 36-47.

[62] MENDEL J M. The perceptual computer: an architecture for computing with words// Proceedings of the 2001 IEEE International Conference on Fuzzy Systems. Piscataway: IEEE, 2001: 35-38.

[63] MENDEL J M. An architecture for making judgments using computing with words. International journal of applied mathematics and computer science, 2002, 12(3): 325-335.

[64] MENDEL J M, WU H. Type-2 fuzzistics for symmetric interval type-2 fuzzy sets: Part 1, forward problems. IEEE transactions on fuzzy systems, 2006, 14(6): 781-792.

[65] MENDEL J M, WU H. Type-2 fuzzistics for symmetric interval type-2 fuzzy sets: Part 2, inverse problems. IEEE transactions on fuzzy systems, 2007, 15(2): 301-308.

[66] MENDEL J M, WU H. Type-2 fuzzistics for non- symmetric interval type-2 fuzzy sets: forward problems. IEEE transactions on fuzzy systems, 2007, 15(5): 916-930.

[67] LI C, ZHANG G, YI J, et al. Uncertainty degree and modeling of interval type-2 fuzzy sets: definition, method and application. Computers & mathematics with applications, 2013, 66(10): 1822-1835.

[68] LIU F, MENDEL J M. Encoding words into interval type-2 fuzzy sets using an interval

approach. IEEE transactions on fuzzy systems, 2008, 16（6）: 1503-1521.

[69] WU D, MENDEL J M, Coupland S. Enhanced interval approach for encoding words into interval type-2 fuzzy sets and its convergence analysis. IEEE transactions on fuzzy systems, 2012, 20（3）: 499-513.

[70] COUPLAND S, MENDEL J M, WU D. Enhanced interval approach for encoding words into interval type-2 fuzzy sets and convergence of the word FOUs//Proceedings of 2010 IEEE International Conference on Fuzzy Systems, Piscataway: IEEE, 2010: 1-8.

[71] LI C, ZHANG G, WANG M, et al. Data-driven modeling and optimization of thermal comfort and energy consumption using type-2 fuzzy method. Soft computing, 2013, 17(11): 2075-2088.

[72] WU D, MENDEL J M. A vector similarity measure for linguistic approximation: interval type-2 and type-1 fuzzy sets. Information sciences, 2008, 178: 381-402.

[73] WU D, MENDEL J M. A comparative study of ranking methods, similarity measures and uncertainty measures for interval type-2 fuzzy sets. Information sciences, 2009, 179（8）: 1169-1192.

[74] VLACHOS I, SERGIADIS G. Subsethood, entropy and cardinality for interval-valued fuzzy sets-an algebraic derivation. Fuzzy sets and systems, 2007, 158: 1384-1396.

[75] WU D. A reconstruction decoder for computing with words. Information sciences, 2014, 255: 1-15.

[76] WU D, MENDEL J M. Aggregation using the linguistic weighted average and interval type-2 fuzzy sets. IEEE transactions on fuzzy systems, 2007, 15（6）: 1145- 1161.

[77] LIU F, MENDEL J M. Aggregation using the fuzzy weighted average as computed by the Karnik-Mendel algorithms. IEEE transactions on fuzzy systems, 2008, 16（1）: 1-12.

[78] MENDEL J M, WU D. Perceptual reasoning: a new computing with words engine// Proceedings of IEEE International Conference on Granular Computing. Piscataway: IEEE Computer Society, 2007: 446-451.

[79] MENDEL J M, WU D. Perceptual reasoning for perceptual computing. IEEE transactions on fuzzy systems, 2008, 16（6）: 1550-1564.

[80] WU D, MENDEL J M. Perceptual reasoning using interval type-2 fuzzy sets: properties//Proceedings of the 2008 IEEE International Conference on Fuzzy Systems. Piscataway: IEEE, 2008: 1219-1226.

[81] WU D, MENDEL J M. Perceptual reasoning for perceptual computing: a similarity-based approach. IEEE transactions on fuzzy systems, 2009, 17（6）: 1397-1411.

[82] WANG F Y. Outline of a computing theory for linguistic dynamical systems: towards computing with words. International journal of intelligent control and systems, 1998, 2（2）: 211-224.

[83] WANG F Y. On the abstraction of conventional dynamic systems: from numerical analysis to linguistic analysis. Information sciences, 2005, 171 (1-3): 233-259.

[84] 王飞跃. 词计算和语言动力学系统的基本问题和研究. 自动化学报, 2005, 31（6）: 844-852.

[85] 莫红, 王飞跃. 基于词计算的语言动力系统及其稳定性. 中国科学 F 辑: 信息科学, 2009,

39（2）: 254-268.

[86] ZHAO L. Research on the interval type-2 fuzzy method based computing with words and linguistic dynamic systems. Beijing: Chinese Academy of Sciences, 2009.

[87] MO H, WANG F Y, ZHAO L. On LDS trajectories under one-to-one mappings in interval type-2 fuzzy sets. Pattern recognition and artificial intelligence, 2010, 23: 144-147.

[88] MO H, WANG T. Computing with words in generalized interval type-2 fuzzy sets. Acta automatica sinica, 2012, 38（5）: 707-715.

[89] HWANG C, RHEE F C H. Uncertain fuzzy clustering: interval type-2 fuzzy approach to C-means. IEEE transactions on fuzzy systems, 2007, 15（1）: 107-120.

[90] PHONG P A, THIEN K Q. Classification of cardiac arrhythmias using interval type-2 TSK fuzzy system//Proceedings of the 1st International Conference on Knowledge and Systems Engineering. Piscataway: IEEE Computer Society, 2009: 1-6.

[91] OZKAN I, TURKSEN I. Entropy assessment for type-2 fuzziness// Proceedings of International Conference on Fuzzy Systems. Piscataway: IEEE, 2004: 1111-1115.

[92] UNCU O, TURKSEN I B. Discrete interval type 2 fuzzy system models using uncertainty in learning parameters. IEEE transactions on fuzzy systems, 2007, 15（1）: 90-106.

[93] 张伟斌, 胡怀中, 刘文江. 二型模糊系统的规则提取算法. 控制与决策, 2009, 24（3）: 435-439.

[94] YU L, XIAO J, ZHENG G. Robust interval type-2 possibilistic c-means clustering and its application for fuzzy modeling//Proceedings of the 6th International Conference on Fuzzy Systems and Knowledge Discovery. Piscataway: IEEE Computer Society, 2009: 360-365.

[95] LIU Z, ZHANG Y, WANG Y. A type-2 fuzzy switching control system for biped robots. IEEE transactions on systems man and cybernetics, part C: applications and reviews, 2007, 37（6）: 1202-1213.

[96] LINDA O, MANIC M. General type-2 fuzzy C-means algorithm for uncertain fuzzy clustering. IEEE transactions on fuzzy systems, 2012, 20（5）: 883-897.

[97] RUTKOWSKA D. Type 2 fuzzy neural networks: an interpretation based on fuzzy inference neural networks with fuzzy parameters//Proceedings of the 2002 IEEE International Conference on Fuzzy Systems. Piscataway: IEEE, 2002: 1180-1185.

[98] SHIM E A, RHEE F C H. General type-2 fuzzy membership function design and its application to neural networks//Proceedings of 2011 IEEE International Conference on Fuzzy Systems. Piscataway: IEEE, 2011: 27-30.

[99] WANG C H, CHENG C S, LEE T T. Dynamical optimal training for interval type-2 fuzzy neural network（T2FNN）. IEEE transactions on systems, man and cybernetics, 2004, 34（3）: 1462-1477.

[100] CASTRO J R, CASTILLO O, MELIN P, et al. A hybrid learning algorithm for a class of interval type-2 fuzzy neural networks. Information sciences, 2009, 179: 2175-2193.

[101] CHEN C S, LIN W C. Self-adaptive interval type-2 neural fuzzy network control for PMLSM drives. Expert systems with applications, 2011, 38: 14679-14689.

[102] LIN F J, CHOU P H, SHIEH P H, et al. Robust control of an LUSM-based X-Y-θ motion

control stage using an adaptive interval type-2 fuzzy neural network. IEEE transactions on fuzzy systems, 2008, 17: 24-38.

[103] LIN F J, CHEN S Y, CHOU P H, et al. Interval type-2 fuzzy neural network control for X-Y-Theta motion control stage using linear ultrasonic motors. Brain inspired cognitive systems, 2009, 72: 1138-1151.

[104] LIN F J, SHIEH P H, HUNG Y C. An intelligent control for linear ultrasonic motor using interval type-2 fuzzy neural network. IET electric power applications, 2008, 2: 32-41.

[105] LIN F J, CHOU P H. Adaptive control of two-axis motion control system using interval type-2 fuzzy neural network. IEEE transactions on industrial electronics, 2008, 56: 178-193.

[106] LI C, YI J, YU Y, et al. Inverse control of cable-driven parallel mechanism using type-2 fuzzy neural network. Acta automatica sinica, 2010, 36(3): 459-464.

[107] JUANG C F, TSAO Y W. A type-2 self-organizing neural fuzzy system and its FPGA implementation. IEEE transactions on systems, man and cybernetics, part B: cybernetics, 2008, 38(6): 1537-1548.

[108] JUANG C F, TSAO Y W. A self-evolving interval type-2 fuzzy neural network with online structure and parameter learning. IEEE transactions on fuzzy systems, 2008, 16(6): 1411-1424.

[109] JUANG C F, HUANG R B, CHENG W Y. An interval type-2 fuzzy neural network with support vector regression for noisy regression problems. IEEE transactions on fuzzy systems, 2010, 18(4): 686-699.

[110] YEH C Y, JENG W R, LEE S J. Data-based system modeling using a type-2 fuzzy neural network with a hybrid learning algorithm. IEEE transactions on neural networks, 2011, 22(12): 2296-2309.

[111] LIN Y Y, CHANG J Y, LIN C T. A mutually recurrent interval type-2 neural fuzzy system(mrit2nfs) with self-evolving structure and parameters. IEEE transactions on fuzzy systems, 2013, 21(3): 492-509.

[112] CAZAREZ-CASTRO N R, AGUILAR L T, CASTILLO O. Genetic optimization of a type-2 fuzzy controller for output regulation of a servomechanism with backlash//Proceedings of the International Conference on Electrical Engineering, Computing Science and Automatic Control. Piscataway: IEEE Computer Society, 2008: 268-273.

[113] WU D, TAN W W. A type-2 fuzzy logic controller for the liquid level process//Proceedings of the IEEE Conference on Fuzzy Systems. Piscataway: IEEE, 2004: 953-958.

[114] TAN W W, WU D. Design of type-reduction strategies for type-2 fuzzy logic systems using genetic algorithms. Studies in computational intelligence, 2007, 66: 169-187.

[115] AL-JAAFREH M O, AL-JUMAILY A A. Training type-2 fuzzy system by particle swarm optimization//Proceedings of IEEE Congress on Evolutionary Computation. Piscataway: IEEE Computer Society, 2007: 3442-3446.

[116] ZHAO X Z, GAO Y B, ZENG J F, et al. PSO type-reduction method for geometric interval type-2 fuzzy logic systems. Journal of Harbin institute of technology, 2008, 15(6): 862-867.

[117] KHANESAR M A, TESHNEHLAB M, KAYACAN E, et al. A novel type-2 fuzzy

membership function: application to the prediction of noisy data//Proceedings of the IEEE International Conference on Computational Intelligence for Measurement Systems and Applications. Piscataway: IEEE Computer Society, 2010: 128-133.

[118] JUANG C F, HSU C H, CHUANG C F. Reinforcement self-organizing interval type-2 fuzzy system with ant colony optimization//Proceedings of IEEE International Conference on Systems, Man and Cybernetics. San Antonio: IEEE, 2009: 771-776.

[119] HAGRAS H. A hierarchical type-2 fuzzy logic control architecture for autonomous mobile robots. IEEE transactions on fuzzy systems, 2004, 12(4): 524-539.

[120] LI C, YI J. SIRMs based interval type-2 fuzzy inference systems: properties and application. International journal of innovative computing, information and control, 2010, 6(9): 4019-4028.

[121] LI C, YI J, ZHAO D. Control of the TORA system using SIRMs based type-2 fuzzy logic//Proceedings of 2009 IEEE International Conference on Fuzzy Systems. Piscataway: IEEE, 2009: 694-699.

[122] LI C, ZHANG X, YI J. SIRMs connected type-2 fuzzy-genetic backing up control of the truck-trailer system//Proceedings of 31st Chinese Control Conference. Hefei, 2012: 3536-3541.

[123] CASTILLO O, AGUILAR L, CAZAREZ N, et al. Systematic design of a stable type-2 fuzzy logic controller. Applied soft computing. Piscataway: IEEE, 2008, 8: 1274-1279.

[124] JUANG C F, HSU C H. Reinforcement interval type-2 fuzzy controller design by online rule generation and Q-value-aided ant colony optimization. IEEE transactions on systems, man and cybernetics, part B: cybernetics, 2009, 39(6): 528-1542.

[125] BEGIAN M B, MELEK W W, MENDEL J M. Stability analysis of type-2 fuzzy systems//Proceedings of 2008 IEEE International Conference on Fuzzy Systems. Piscataway: IEEE, 2008: 947-953.

[126] FADALI M S, JAFARZADEH S. Observer design for discrete type-1 and type-2 TSK fuzzy systems//Proceedings of American Control Conference. Piscataway: IEEE, 2012: 5616-5621.

[127] HSIAO M, LI T, LEE J, et al. Design of interval type-2 fuzzy sliding-mode controller. Information sciences, 2008, 178(6): 1696-1716.

[128] MANCEUR M, ESSOUNBOULI N, HAMZAOUI A. Second-order sliding fuzzy interval type-2 control for an uncertain system with real application. IEEE transactions on fuzzy systems, 2011, 20(2): 262-275.

[129] KAYACAN E, CIGDEM O. Sliding mode control approach for online learning as applied to type-2 fuzzy neural networks and its experimental evaluation. IEEE transactions on industrial electronics, 2011, 59(9): 3510-3520.

[130] CHAFAA K, SAIDI L, GHANAI M, et al. Indirect adaptive interval type-2 fuzzy control for nonlinear systems. International journal of modeling, identification and control, 2007, 2(2): 106-119.

[131] LIN T, LIU H, KUO M. Direct adaptive interval type-2 fuzzy control of multivariable nonlinear systems. Engineering applications of artificial intelligence, 2009, 22(3): 420-430.

[132] LIN T, ROOPAEI M. Based on interval type-2 adaptive fuzzy H∞ tracking controller for SISO

time-delay nonlinear systems. Communications in nonlinear science and numerical simulation, 2010, 15(12): 4065-4075.

[133] LIN T. Observer-based robust adaptive interval type-2 fuzzy tracking control of multivariable nonlinear systems. Engineering applications of artificial intelligence, 2010, 23(3): 386-399.

[134] EZZIANI N, HUSSAIN A, ESSOUNBOULI N, et al. Backstepping adaptive type-2 fuzzy controller for induction machine//Proceedings of the 2008 IEEE International Symposium on Industrial Electronics. Piscataway: IEEE, 2008: 443-448.

[135] CHEN X, TAN W W. Ocean engineering tracking control of surface vessels via fault tolerant adaptive back stepping interval type-2 fuzzy control. Ocean engineering, 2013, 70: 97-109.

[136] HAGRAS H. A type-2 fuzzy logic controller for autonomous mobile robots//Proceedings of 2004 IEEE International Conference on Fuzzy Systems. Piscataway: IEEE, 2004: 965-970.

[137] LYNCH C, HAGRAS H, CALLAGHAN V. Embedded type-2 FLC for real-time speed control of marine and traction diesel engines//Proceedings of the 2005 IEEE International Conference on Fuzzy Systems. Piscataway: IEEE, 2005: 347-352.

[138] COUPLAND S, WHEELER J, GONGORA M. A generalised type-2 fuzzy logic system embedded board and integrated development environment//Proceedings of 2008 IEEE International Conference on Fuzzy Systems. Piscataway: IEEE, 2008: 681-687.

[139] MARTINEZ R, CASTILLO O, AGUILAR L. Optimization of interval type-2 fuzzy logic controllers for a perturbed autonomous wheeled mobile robot using genetic algorithms. Information sciences, 2009, 179(13): 2158-2174.

[140] WAGNER C, HAGRAS H. Towards general type-2 fuzzy logic systems based on zSlices. IEEE transactions on fuzzy systems, 2010, 18(4): 637-660.

[141] KURNAZ S, CETIN O, KAYNAK O. Fuzzy logic based approach to design of flight control and navigation tasks for autonomous unmanned aerial vehicles. Intelligent and robotic systems, 2009, 54(1-3): 229-244.

[142] YANG F, YUAN R, YI J, et al. Direct adaptive type-2 fuzzy neural network control for a generic hypersonic flight vehicle. Soft computing, 2013, 17(11): 2053-2064.

[143] BIGLARBEGIAN M, MELEK W, MENDEL J M. Design of novel interval type-2 fuzzy controllers for modular and reconfigurable robots: theory and experiments. IEEE transactions on industrial electronics, 2010, 58(4): 1371-1384.

[144] HSU C H, JUANG C F. Evolutionary robot wall-following control using type-2 fuzzy controller with species-DE activated continuous ACO. IEEE transactions on fuzzy systems, 2012, 21(1): 100-112.

[145] LI C, YI J, ZHAO D. Interval type-2 fuzzy neural network controller(IT2FNNC) and its application to a coupled-tank liquid-level control system//Proceedings of 3rd International Conference on Innovative Computing, Information and Control. Piscataway: IEEE Computer Society, 2008: 508-511.

[146] CASTILLO O, MELIN P. A new approach for plant monitoring using type-2 fuzzy logic and fractal theory. International journal of general systems, 2004, 33(2-3): 305-319.

[147] MELIN P, CASTILLO O. An intelligent hybrid approach for industrial quality control

combining neural networks, fuzzy logic and fractal theory. Information sciences, 2007, 177: 1543-1557.

[148] GALLUZZO M, COSENZA B, MATHARU A. Control of a nonlinear continuous bioreactor with bifurcation by a type-2 fuzzy logic controller. Computers and chemical engineering, 2008, 32: 2986-2993.

[149] GALLUZZO M, COSENZA B. Control of the bio-degradation of mixed wastes in a continuous bioreactor by a type-2 fuzzy logic controller. Computers and chemical engineering, 2009, 33: 1475-1483.

[150] DOCTOR F, HAGRAS H, CALLGHAN V. A type-2 fuzzy embedded agent to realise ambient intelligence in ubiquitous computing environments. Information sciences, 2005, 171 (4): 309-334.

[151] DOCTOR F, HAGRAS H, LOPEZ A, et al. An incremental adaptive life long learning approach for type-2 fuzzy embedded agents in ambient intelligent environments. IEEE transactions on fuzzy systems, 2007, 15 (1): 41-55.

第 2 章　二型模糊集合与二型模糊系统

2.1　引　　言

如第 1 章所述，隶属度是精确值的模糊集合为一型模糊集合（Type-1 Fuzzy Set）[1]，而隶属度是模糊集合的模糊集合为二型模糊集合（Type-2 Fuzzy Set），完全采用一型模糊集合的模糊系统称为一型模糊系统（Type-1 Fuzzy Logic System），而部分或全部使用二型模糊集合的模糊系统称为二型模糊系统（Type-2 Fuzzy Logic System）。可见，二型模糊集合及系统是一型模糊集合（经典模糊集合[1]）及系统的推广。

本章将对二型模糊集合的基本概念、运算、二型模糊系统及其推理过程给出详细的介绍和总结，为后面几章提供统一的理论框架。与这一主题相关的详细资料可参见本章末所列的参考文献。

2.2　二型模糊集合的定义与运算

2.2.1　二型模糊集合的定义

定义 2-1[2,3]　论域 X 上的二型模糊集合 $\tilde{A}$ 可由如下二型隶属函数刻画：

$$\tilde{A} = \int_{x \in X} \mu_{\tilde{A}}(x) / x = \int_{x \in X} \left[\int_{u \in J_x} f_x(u) / u \right] / x, \qquad J_x \subseteq [0,1] \tag{2-1}$$

其中，J_x 为论域上点 x 的主隶属度（Primary Membership）；$f_x(u)$ 为主隶属度值的隶属度，称为次隶属度。

定义 2-2[2,3]　二型模糊集合 $\tilde{A}$ 的所有主隶属度值的并组成的二维区域，称为不确定覆盖域（Footprint of Uncertainty），记为 FOU($\tilde{A}$)，即

$$\text{FOU}(\tilde{A}) = \bigcup_{x \in X} x \times J_x \tag{2-2}$$

FOU($\tilde{A}$) 的上边界称为上隶属函数（Upper Membership Function），记为 UMF($\tilde{A}$)，而 FOU($\tilde{A}$) 的下边界称为下隶属函数（Lower Membership Function），记为 LMF($\tilde{A}$)。

图 2-1 给出了一般二型模糊集合、不确定覆盖域、上隶属函数以及下隶属函数的示例。

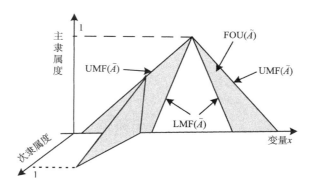

图 2-1 二型模糊集合及其 FOU、LMF、UMF

定义 2-3[2,3] 当二型模糊集合 $\tilde{A}$ 的所有次隶属度为 1 时，即 $\forall x \in X, u \in J_x$，$f_x(u)=1$，此时，称二型模糊集合 $\tilde{A}$ 为区间二型模糊集合。区间二型模糊集合 $\tilde{A}$ 与其不确定覆盖域一一对应，可以完全被其上隶属函数与下隶属函数刻画，其上、下隶属函数分别记为 $\bar{\mu}_{\tilde{A}}$ 及 $\underline{\mu}_{\tilde{A}}$。

图 2-2 展示了几种后面将用到的区间二型模糊集合，包括高斯型、广义梯形、梯形及三角形四种形式。其中，梯形区间二型模糊集合是广义梯形区间二型模糊集合的特例，而三角形区间二型模糊集合又是梯形区间二型模糊集合的特例。关于这几种区间二型模糊集合上、下隶属函数的具体表达式此处从略，在后面用到时将会详细给出。

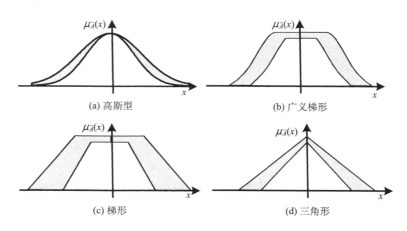

图 2-2 常用区间二型模糊集合示例

2.2.2 二型模糊集合的运算

二型模糊集合的并交运算是进行二型模糊推理的基础，最早由 Zadeh[3] 给出，然后 Mizumoto 和 Tanaka[4,5]、Nieminen[6]、Dubois 和 Prade[7,8]、Turksen[9]、Karnik 和 Mendel[10]等对此进行了深入研究。

考虑两个二型模糊集合 $\tilde{A}$ 和 $\tilde{B}$，其主隶属函数分别记为

$$\mu_{\tilde{A}}(x) = \int_u f_x(u) / u \tag{2-3}$$

$$\mu_{\tilde{B}}(x) = \int_w g_x(w) / w \tag{2-4}$$

其中，$u, w \in J_x$。

$\tilde{A}$ 和 $\tilde{B}$ 并运算及交运算定义为[2,10]

并：$\tilde{A} \cup \tilde{B} \Leftrightarrow \mu_{\tilde{A} \cup \tilde{B}}(x) = \mu_{\tilde{A}}(x) \sqcup \mu_{\tilde{B}}(x) = \int_u \int_w (f_x(u) * g_x(w)) / (u \vee w) \tag{2-5}$

交：$\tilde{A} \cap \tilde{B} \Leftrightarrow \mu_{\tilde{A} \cap \tilde{B}}(x) = \mu_{\tilde{A}}(x) \sqcap \mu_{\tilde{B}}(x) = \int_u \int_w (f_x(u) * g_x(w)) / (u * w) \tag{2-6}$

其中，$\vee$ 代表析取范数；*表示合取范数；$\sqcup$ 和 $\sqcap$ 分别称为 join 及 meet 运算。

当 $\tilde{A}$ 和 $\tilde{B}$ 为区间二型模糊集合时，有如下结论[2,10]:

$$\mu_{\tilde{A} \cup \tilde{B}}(x) = \mu_{\tilde{A}}(x) \sqcup \mu_{\tilde{B}}(x) = [\underline{\mu}_{\tilde{A}}(x) \vee \underline{\mu}_{\tilde{B}}(x), \overline{\mu}_{\tilde{A}}(x) \vee \overline{\mu}_{\tilde{B}}(x)] \tag{2-7}$$

$$\mu_{\tilde{A} \cap \tilde{B}}(x) = \mu_{\tilde{A}}(x) \sqcap \mu_{\tilde{B}}(x) = [\underline{\mu}_{\tilde{A}}(x) * \underline{\mu}_{\tilde{B}}(x), \overline{\mu}_{\tilde{A}}(x) * \overline{\mu}_{\tilde{B}}(x)] \tag{2-8}$$

即

$$\overline{\mu}_{\tilde{A} \cup \tilde{B}}(x) = \overline{\mu}_{\tilde{A}}(x) \vee \overline{\mu}_{\tilde{B}}(x) \tag{2-9}$$

$$\underline{\mu}_{\tilde{A} \cup \tilde{B}}(x) = \underline{\mu}_{\tilde{A}}(x) \vee \underline{\mu}_{\tilde{B}}(x) \tag{2-10}$$

$$\overline{\mu}_{\tilde{A} \cap \tilde{B}}(x) = \overline{\mu}_{\tilde{A}}(x) * \overline{\mu}_{\tilde{B}}(x) \tag{2-11}$$

$$\underline{\mu}_{\tilde{A} \cap \tilde{B}}(x) = \underline{\mu}_{\tilde{A}}(x) * \underline{\mu}_{\tilde{B}}(x) \tag{2-12}$$

上述结果可以很容易地推广到多个二型模糊集合的并交运算。

2.3 二型模糊系统

二型模糊系统的结构如图 2-3 所示。其结构与一型模糊系统的结构十分类似，不同之处在于输出处理环节。对于一型模糊系统而言，其输出环节仅有一个解模糊器，而二型模糊系统的输出环节除解模糊器之外还有一个降型器。下面详细介绍二型模糊系统各个环节的功能。

2.3.1 一般二型模糊系统

1. 模糊器

模糊器的功能是将精确的 (Crisp) 外界输入数据转换成适当的语言式模糊信息，也就是说将明确的数据模糊化成模糊信息。为简化计算，通常采用的模糊器

为单点型模糊器。

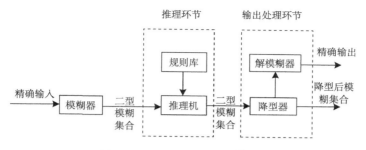

图 2-3　二型模糊系统结构[2,11-13]

2. 模糊推理环节

模糊推理环节是模糊系统的核心，它可以借由近似推理或模糊推理的进行来模拟人类的思考决策模式，以达到解决问题的目的。

考虑具有 p 个输入变量 $(x_1 \in X_1, x_2 \in X_2, \cdots, x_p \in X_p)$ 和 1 个输出变量 $y \in Y$ 的二型模糊系统。假定该二型模糊系统采用如下形式的规则库：

$$\left\{ R^k : x_1 = \tilde{A}_1^k, x_2 = \tilde{A}_2^k, \cdots, x_p = \tilde{A}_p^k \quad \rightarrow \quad y = \tilde{G}^k \right\}_{k=1}^{M} \tag{2-13}$$

该规则库代表了输入空间 $\boldsymbol{X} = X_1 \times X_2 \times \cdots \times X_p$ 与输出空间 $\boldsymbol{Y}$ 间的映射关系。

记第 k 条规则所代表的二型模糊蕴含关系为 $\mu_{\tilde{A}_1^k \times \tilde{A}_2^k \times \cdots \times \tilde{A}_p^k \rightarrow \tilde{G}^k}(\boldsymbol{x}, y)$，其中，$\boldsymbol{x} = (x_1, \cdots, x_p)^{\mathrm{T}}$，$\tilde{A}_1^k \times \tilde{A}_2^k \times \cdots \times \tilde{A}_p^k$ 表示二型模糊集合 $\tilde{A}_1^k, \tilde{A}_2^k, \cdots, \tilde{A}_p^k$ 的二型模糊笛卡儿积（Cartesian Product）。

如果精确输入 $\boldsymbol{x}' = (x_1', x_2', \cdots, x_p')^{\mathrm{T}}$ 经模糊化后得到的二型模糊集合为 $\tilde{X}' = \tilde{X}_1' \times \tilde{X}_2' \times \cdots \times \tilde{X}_p'$，那么，二型模糊推理的结果就是二型模糊集合 $\tilde{X}'$ 与模糊规则所表示的二型模糊蕴含关系的合成运算。对第 k 条规则而言，其推理结果为

$$\mu_{\tilde{B}^k}(y) = \mu_{\tilde{X}' \circ R^k}(y) = \bigsqcup_{\boldsymbol{x} \in \boldsymbol{X}} [\mu_{\tilde{X}'}(\boldsymbol{x}) \sqcap \mu_{\tilde{A}^k \rightarrow \tilde{G}^k}(\boldsymbol{x}, y)] \tag{2-14}$$

其中，

$$\mu_{\tilde{X}'}(\boldsymbol{x}) = \mu_{\tilde{X}_1' \times \tilde{X}_2' \times \cdots \times \tilde{X}_p'}(\boldsymbol{x}) = \mu_{\tilde{X}_1'}(x_1) \sqcap \mu_{\tilde{X}_2'}(x_2) \sqcap \cdots \sqcap \mu_{\tilde{X}_p'}(x_p) \tag{2-15}$$

$$\mu_{\tilde{A}^k \rightarrow \tilde{G}^k}(\boldsymbol{x}, y) = \mu_{\tilde{A}_1^k \times \tilde{A}_2^k \times \cdots \times \tilde{A}_p^k \rightarrow \tilde{G}^k}(\boldsymbol{x}, y) = \mu_{\tilde{A}_1^k}(x_1) \sqcap \mu_{\tilde{A}_2^k}(x_2) \sqcap \cdots \sqcap \mu_{\tilde{A}_p^k}(x_p) \sqcap \mu_{\tilde{G}^k}(y) \tag{2-16}$$

将式（2-15）、式（2-16）代入式（2-14）可得

$$\mu_{\tilde{B}^k}(y) = \mu_{\tilde{G}^k}(y) \sqcap \left\{ \bigsqcup_{\boldsymbol{x} \in \boldsymbol{X}} \left\{ \left[\mu_{\tilde{X}_1'}(x_1) \sqcap \mu_{\tilde{A}_1^k}(x_1) \right] \sqcap \cdots \sqcap \left[\mu_{\tilde{X}_p'}(x_p) \sqcap \mu_{\tilde{A}_p^k}(x_p) \right] \right\} \right\} (\forall y \in \boldsymbol{Y}) \tag{2-17}$$

记

$$F^k = \bigcup_{x \in X} \left\{ \left[\mu_{\tilde{X}'_1}(x_1) \sqcap \mu_{\tilde{A}^k_1}(x_1) \right] \sqcap \cdots \sqcap \left[\mu_{\tilde{X}'_p}(x_p) \sqcap \mu_{\tilde{A}^k_p}(x_p) \right] \right\} \qquad (2\text{-}18)$$

F^k 可以看作第 k 条规则的激活强度，此处为一型模糊集合。将其代入式(2-17)可得第 k 条规则的输出为

$$\mu_{\tilde{B}^k}(y) = \mu_{\tilde{G}^k}(y) \sqcap F^k, \qquad y \in Y \qquad (2\text{-}19)$$

注 2-1 若采用的模糊器为单点值模糊器，则第 k 条规则的激活强度公式可简化为如下形式：

$$F^k = \mu_{\tilde{A}^k_1}(x'_1) \sqcap \mu_{\tilde{A}^k_2}(x'_2) \sqcap \cdots \sqcap \mu_{\tilde{A}^k_p}(x'_p) = \sqcap_{j=1}^{p} \mu_{\tilde{A}^k_j}(x'_j) \qquad (2\text{-}20)$$

3. 输出环节

对于一型模糊系统而言，每一条规则的输出为一型模糊集合。解模糊器的作用是将 M 条规则的输出采用某种方式结合起来得到一个输出一型模糊集合，然后找到一个精确值来代表该一型模糊集合。

同样的思想，二型模糊系统每一条规则的输出为一个二型模糊集合。降型器的作用是将 M 条规则的输出采用某种方式结合起来得到一个输出二型模糊集合，然后找到一个特定的一型模糊集合来代表该二型模糊集合。

在具体应用中，广泛采用的二型模糊系统的降型方法主要有 5 种，它们分别是[2,14,15]：Centroid 降型方法、Center-of-Sums 降型方法、Height 降型方法、Modified Height 降型方法以及 Center-of-Sets (COS) 降型方法。下面主要介绍 Centroid 降型方法和 Center-of-Sets 降型方法。

1）Centroid 降型方法[2,14,15]

Centroid 降型方法首先将 M 条规则得到的推理结果进行综合得到输出二型模糊集合，然后对该二型模糊集合降型。

首先，将 M 条规则得到的推理结果进行综合得到输出二型模糊集合 $\tilde{B}$：

$$\tilde{B} = \int_{y \in Y} \mu_{\tilde{B}}(y) / y = \int_{y \in Y} \sqcup_{k=1}^{M} \mu_{\tilde{B}^k}(y) / y \qquad (2\text{-}21)$$

然后，计算二型模糊集合 $\tilde{B}$ 的质心，可得降型后的一型模糊集合 Y_c 为

$$Y_c = \int_{\theta_1 \in J_{y_1}} \cdots \int_{\theta_N \in J_{y_N}} \left[\mu_{D_1}(\theta_1) * \cdots * \mu_{D_N}(\theta_N) \right] \Bigg/ \frac{\sum_{i=1}^{N} y_i \theta_i}{\sum_{i=1}^{N} \theta_i} \qquad (2\text{-}22)$$

其中，$y_1, y_2, \cdots, y_N$ 为输出空间 Y 上的 N 个采样点；$D_i = \mu_{\tilde{B}}(y_i)$；$\theta_i \in \mu_{\tilde{B}}(y_i)$ $(i = 1, 2, \cdots, N)$。

2）Center-of-Sets 降型方法[2,14,15]

在简化计算方面，COS 降型方法比上述 Centroid 降型方法更有意义。该方法不

需要从推理机中得到完整综合结果后才进行降型计算，而是将规则后件中的二型模糊集合用其质心替换，然后根据规则的激活强度计算这些质心的加权平均值。

采用 COS 降型方法得到的降型后的一型模糊集合 $Y_{\cos}$ 的表达式为

$$Y_{\cos} = \int_{g^1} \cdots \int_{g^M} \int_{f^1} \cdots \int_{f^M} \left[T_{k=1}^M \mu_{G^k}(g^k) * T_{k=1}^M \mu_{F^k}(f^k) \right] \Bigg/ \frac{\sum_{k=1}^M g^k f^k}{\sum_{k=1}^M f^k} \quad (2\text{-}23)$$

其中，T 及 $*$ 表示选定的合取范数；$g^k \in G^k$，G^k 为二型模糊集合 $\tilde{G}^k$ 的质心，可采用式(2-22)离线算出；$f^k \in F^k$，F^k 为第 k 条规则的激活强度(一型模糊集合)。

因此，采用该降型方法时，二型模糊系统的规则库可以直接设定为

$$\left\{ R^k : x_1 = \tilde{A}_1^k, x_2 = \tilde{A}_2^k, \cdots, x_p = \tilde{A}_p^k \rightarrow y = G^k \right\}_{k=1}^M \quad (2\text{-}24)$$

其中，G^k 为二型模糊集合 $\tilde{G}^k$ 的质心，可离线计算得到。

通过降型得到的是一型模糊集合，为得到二型模糊系统的精确输出，下一步需要对降型得到的一型模糊集合解模糊，其具体算法可参照与模糊系统相关的著作(如文献[16])，此处不再赘述。

2.3.2 区间二型模糊系统

一般二型模糊系统的复杂性较高，计算量较大，在应用上存在很大的困难。但当二型模糊系统中采用的模糊集合为区间二型模糊集合时，系统的复杂性将大大简化。区间二型模糊系统既具有一般二型系统的优点，且能大大降低运算量，因此，到目前为止，相关文献中研究的大多数仍为区间二型模糊系统。

为简化描述，将采用如下形式的模糊规则库：

$$\left\{ R^k : x_1 = \tilde{A}_1^k, x_2 = \tilde{A}_2^k, \cdots, x_p = \tilde{A}_p^k \rightarrow y = [\underline{w}^k, \overline{w}^k] \right\}_{k=1}^M \quad (2\text{-}25)$$

该模糊规则库中的模糊规则可以看作简化的 Mamdani 形式的规则或者简化的 Takagi-Sugeno(TS) 形式的规则。

如果系统输入为 $\boldsymbol{x}' = (x_1', x_2', \cdots, x_p')^{\mathrm{T}}$，那么通过单点值模糊器、乘积或最小推理机可得第 k 条规则的激活强度为

$$F^k = [\underline{f}^k, \overline{f}^k] = \sqcap_{j=1}^p \mu_{\tilde{A}_j^k}(x_j') = [T_{j=1}^p \underline{\mu}_{\tilde{A}_j^k}(x_j'), T_{j=1}^p \overline{\mu}_{\tilde{A}_j^k}(x_j')] \quad (2\text{-}26)$$

其中，T 代表乘积算子或最小算子。

可以采用多种方式根据规则激活强度及其后件区间权重来得到单点值输出。其中在区间二型模糊系统中，广泛应用的方法是 COS 降型器+平均值解模糊器，

也称为 Karnik-Mendel(KM)方法[17-22]。但应用 KM 方法时，区间二型模糊系统的输入输出关系的解析表达式(Analytic Formula)是无法得到的，其表达式是基于迭代的 KM 算法的。此时，关于区间二型模糊系统的很多理论分析变得较为困难。为此，研究人员提出了很多算法来回避降型问题、减小运算量及算法复杂度。这些算法包括 DY 方法[22]、BMM 方法[23]、WT 方法[24]、NT 方法[25,26]以及 Uncertainty Bounds(UB)方法[27]等。此处，仅对最常用的 KM 方法予以详细讨论，对其他方法不再详述，可参见引用文献，在后续章节需要讨论时再进行详细解释。

当采用 KM 方法时，首先采用 COS 降型器得到区间二型模糊系统降型后的输出，即

$$Y = [y_l, y_r] = \int_{w^1 \in [\underline{w}^1, \overline{w}^1]} \cdots \int_{w^M \in [\underline{w}^M, \overline{w}^M]} \int_{f^1 \in [\underline{f}^1, \overline{f}^1]} \cdots \int_{f^M \in [\underline{f}^M, \overline{f}^M]} 1 \left/ \frac{\sum_{k=1}^{M} f^k w^k}{\sum_{k=1}^{M} f^k} \right. \tag{2-27}$$

然后，将区间二型模糊系统降型输出的区间值的中心作为该系统的精确输出值，即

$$y = \frac{1}{2}(y_l + y_r) \tag{2-28}$$

在上述步骤中求降型输出 $[y_l, y_r]$ 左右端点 y_l、y_r 的问题较为复杂，等价于如下极值问题：

$$y_l = \min \left\{ \frac{\sum_{k=1}^{M} f^k w^k}{\sum_{k=1}^{M} f^k} \middle| f^k \in [\underline{f}^k, \overline{f}^k], w^k \in [\underline{w}^k, \overline{w}^k], k = 1, 2, \cdots, M \right\} \tag{2-29}$$

$$y_r = \max \left\{ \frac{\sum_{k=1}^{M} f^k w^k}{\sum_{k=1}^{M} f^k} \middle| f^k \in [\underline{f}^k, \overline{f}^k], w^k \in [\underline{w}^k, \overline{w}^k], k = 1, 2, \cdots, M \right\} \tag{2-30}$$

Mendel 等详细研究了该问题，根据他们的结果[2,17-19]，降型输出 $[y_l, y_r]$ 左右端点 y_l、y_r 可以采用下述公式计算：

$$y_l = \frac{\sum_{k=1}^{M} [\underline{\delta}^k \overline{f}^k + (1 - \underline{\delta}^k) \underline{f}^k] \underline{w}^k}{\sum_{k=1}^{M} [\underline{\delta}^k \overline{f}^k + (1 - \underline{\delta}^k) \underline{f}^k]} \tag{2-31}$$

$$y_r = \frac{\sum_{k=1}^{M}[\overline{\delta}^k\underline{f}^k + (1-\overline{\delta}^k)\overline{f}^k]\overline{w}^k}{\sum_{k=1}^{M}[\overline{\delta}^k\underline{f}^k + (1-\overline{\delta}^k)\overline{f}^k]} \qquad (2\text{-}32)$$

其中，$\underline{\delta}^k$、$\overline{\delta}^k$ 为 0 或者 1，它们的值可以根据改进的 **KM** 算法[21,22]确定。计算 $\underline{\delta}^k$、$\overline{\delta}^k$ 的 KM 算法具体如下：

首先，记

$$\underline{f} = \left[\underline{f}^1, \underline{f}^2, \cdots, \underline{f}^M\right]^{\mathrm{T}} \qquad (2\text{-}33)$$

$$\overline{f} = \left[\overline{f}^1, \overline{f}^2, \cdots, \overline{f}^M\right]^{\mathrm{T}} \qquad (2\text{-}34)$$

$$\underline{w} = \left[\underline{w}^1, \underline{w}^2, \cdots, \underline{w}^M\right]^{\mathrm{T}} \qquad (2\text{-}35)$$

$$\overline{w} = \left[\overline{w}^1, \overline{w}^2, \cdots, \overline{w}^M\right]^{\mathrm{T}} \qquad (2\text{-}36)$$

算法 1：$\underline{\delta}^k(k=1,2,\cdots,M)$ 的计算。

Step 1：对 $\underline{w}$ 作转置变换得 $\underline{\tilde{w}} = \underline{Q}\underline{w} = \left[\underline{\tilde{w}}^1, \underline{\tilde{w}}^2, \cdots, \underline{\tilde{w}}^M\right]^{\mathrm{T}}$，使得 $\underline{\tilde{w}}^1 \leqslant \underline{\tilde{w}}^2 \leqslant \cdots \leqslant \underline{\tilde{w}}^M$。

Step 2：将同样的变换作用于 $\underline{f}$ 和 $\overline{f}$，并记

$$\underline{g} = \underline{Q}\underline{f} = \left[\underline{g}^1, \underline{g}^2, \cdots, \underline{g}^M\right]^{\mathrm{T}}$$

$$\overline{g} = \underline{Q}\overline{f} = \left[\overline{g}^1, \overline{g}^2, \cdots, \overline{g}^M\right]^{\mathrm{T}}$$

Step 3：通过下述步骤计算切换点 L。

(1) 记 $g^i = (\underline{g}^i + \overline{g}^i)/2$，然后计算 $o_l = \dfrac{\sum_{k=1}^{M} g^k \underline{\tilde{w}}^k}{\sum_{k=1}^{M} g^k}$，并令 $o'_l = o_l$。

(2) 计算 $\tilde{L}(1 \leqslant \tilde{L} \leqslant M-1)$，使得 $\underline{\tilde{w}}^{\tilde{L}} \leqslant o'_l \leqslant \underline{\tilde{w}}^{\tilde{L}+1}$。

(3) 计算 $o_l = \dfrac{\sum_{k=1}^{\tilde{L}} \overline{g}^k \underline{\tilde{w}}^k + \sum_{k=\tilde{L}+1}^{M} \underline{g}^k \underline{\tilde{w}}^k}{\sum_{k=1}^{\tilde{L}} \overline{g}^k + \sum_{k=\tilde{L}+1}^{M} \underline{g}^k}$，并令 $o''_l = o_l$。

(4) 若 $o''_l = o'_l$，则停止并返回 $L = \tilde{L}$，否则，令 $o'_l = o''_l$，并返回 (2)。

Step 4：令 $\underline{r} = [\underbrace{1,1,\cdots,1}_{L}, \underbrace{0,\cdots,0}_{M-L}]^{\mathrm{T}}$，则 $\underline{\delta}^k(k=1,2,\cdots,M)$ 可采用下式计算：

$$\left[\underline{\delta}^1, \underline{\delta}^2, \cdots, \underline{\delta}^M\right]^{\mathrm{T}} = \underline{Q}\underline{r}$$

算法 2：$\overline{\delta}^k(k=1,2,\cdots,M)$ 的计算。

Step 1：对 $\overline{w}$ 作转置变换得 $\widetilde{w}=\overline{Q}\overline{w}=\left[\widetilde{w}^1,\widetilde{w}^2,\cdots,\widetilde{w}^M\right]^{\mathrm{T}}$ 使得 $\widetilde{w}^1\leqslant\widetilde{w}^2\leqslant\cdots\leqslant\widetilde{w}^M$。

Step 2：将同样的变换作用于 $\underline{f}$ 和 $\overline{f}$，并记

$$\underline{g}=\overline{Q}\underline{f}=\left[\underline{g}^1,\underline{g}^2,\cdots,\underline{g}^M\right]^{\mathrm{T}}$$

$$\overline{g}=\overline{Q}\overline{f}=\left[\overline{g}^1,\overline{g}^2,\cdots,\overline{g}^M\right]^{\mathrm{T}}$$

Step 3：通过下述步骤计算切换点 R。

(1) 记 $g^i=(\underline{g}^i+\overline{g}^i)/2$，然后计算 $o_r=\dfrac{\sum\limits_{k=1}^{M}g^k\widetilde{w}^k}{\sum\limits_{k=1}^{M}g^k}$，并令 $o'_r=o_r$。

(2) 计算 $\widetilde{R}(1\leqslant\widetilde{R}\leqslant M-1)$，使得 $\widetilde{w}^{\widetilde{R}}\leqslant o'_r\leqslant\widetilde{w}^{\widetilde{R}+1}$。

(3) 计算 $o_r=\dfrac{\sum\limits_{k=1}^{\widetilde{R}}\underline{g}^k\widetilde{w}^k+\sum\limits_{k=\widetilde{R}+1}^{M}\overline{g}^k\widetilde{w}^k}{\sum\limits_{k=1}^{\widetilde{R}}\underline{g}^k+\sum\limits_{k=\widetilde{R}+1}^{M}\overline{g}^k}$，并令 $o''_r=o_r$。

(4) 若 $o''_r=o'_r$，则停止并返回 $R=\widetilde{R}$，否则，令 $o'_r=o''_r$，并返回(2)。

Step 4：令 $\overline{r}=[\underbrace{1,1,\cdots,1}_{R},\underbrace{0,\cdots,0}_{M-R}]^{\mathrm{T}}$，则 $\overline{\delta}^k(k=1,2,\cdots,M)$ 可采用下式计算：

$$\left[\overline{\delta}^1,\overline{\delta}^2,\cdots,\overline{\delta}^M\right]^{\mathrm{T}}=\overline{Q}\overline{r}$$

上述 KM 算法是应用最为广泛且最为经典的。后来，为进一步加快其运算，Wu 等给出了改进后的强化版本 KM 算法，具体可参见文献[21]。

2.4　本章小结

本章介绍了二型模糊集合(包括一般二型模糊集合和区间二型模糊集合)的定义与运算、二型模糊系统的各个组成部分及其功能，并着重讨论了二型模糊推理过程、降型方法以及区间二型模糊系统的相关知识。本章的内容是以后各章的基础。

由于区间二型模糊集合及区间二型模糊系统既保持了一般二型模糊集合及一般二型模糊系统的优势，同时在运算方面大大简化。因此，本书主要针对区间二型模糊集合及区间二型模糊系统展开。在本书的后续章节中，如无特殊说明，所涉及的二型模糊集合均指区间二型模糊集合，而二型模糊系统则指区间二型模糊系统。

参 考 文 献

[1]   ZADEH L A. Fuzzy sets. Information and control, 1965, 8: 338-353.

[2]   MENDEL J M. Uncertain rule-based fuzzy logic systems: introduction and new directions. Upper Saddle River: Prentice-Hall, 2001.

[3]   ZADEH L A. The concept of a linguistic variable and its application to approximate reasoning-I. Information sciences, 1975, 8: 199-249.

[4]   MIZUMOTO M, TANAKA K. Some properties of fuzzy sets of type-2. Information and control, 1976, 31(4): 312-340.

[5]   MIZUMOTO M, TANAKA K. Fuzzy sets of type-2 under algebraic product and algebraic sum. Fuzzy sets and systems, 1981, 5: 277-290.

[6]   NIEMINEN J. On the algebraic structure of fuzzy sets of type-2. Kybernetika, 1977, 13(4): 261-273.

[7]   DUBOIS D, PRADE H. Operations in a fuzzy-valued logic. Information and control, 1979, 43: 224-240.

[8]   DUBOIS D, PRADE H. Fuzzy sets and systems: theory and applications. New York: Academic Press, 1980.

[9]   TURKSEN I B. Interval-valued fuzzy sets and fuzzy connectives. Interval computations, 1993, 4: 35-38.

[10]   KARNIK N N, MENDEL J M. Operations on type-2 fuzzy sets. Fuzzy sets and systems, 2001, 122: 327-348.

[11]   KARNIK N N, MENDEL J M. Introduction to type-2 fuzzy logic systems//Proceedings of IEEE World Congress on Computational Intelligence. Piscataway: IEEE, 1998: 915-920.

[12]   KARNIK N N, MENDEL J M, LIANG Q. Type-2 fuzzy logic systems. IEEE transactions on fuzzy systems, 1999, 7(6): 643-658.

[13]   MENDEL J M, JOHN R I. Type-2 fuzzy sets made simple. IEEE transactions on fuzzy systems, 2002, 10(2): 117-127.

[14]   KARNIK N N, MENDEL J M. Centroid of a type-2 fuzzy set. Information sciences, 2001, 132: 195-220.

[15]   KARNIK N N, MENDEL J M. Type-2 fuzzy logic systems: type-reduction//Proceedings of IEEE International Conference on Systems, Man and Cybernetics. Piscataway: IEEE, 1998: 2046-2051.

[16]   WANG L X. A course in fuzzy systems and control. Upper Saddle River: Prentice-Hall, 1997.

[17]   LIANG Q, MENDEL J M. Interval type-2 fuzzy logic systems: theory and design. IEEE transactions on fuzzy systems, 2000, 8(5): 535-549.

[18]   MENDEL J M, JOHN R I, LIU F. Interval type-2 fuzzy logic systems made simple. IEEE transactions on fuzzy systems, 2006, 14(6): 808-821.

[19]   MENDEL J M. Advances in type-2 fuzzy sets and systems. Information sciences, 2007, 177: 84-110.

[20]   MENDEL J M, LIU F. Super-exponential convergence of the Karnik-Mendel algorithms for

computing the centroid of an interval type-2 fuzzy set. IEEE transactions on fuzzy systems, 2007, 15(2): 309-320.

[21] WU D, MENDEL J M. Enhanced Karnik-Mendel algorithms. IEEE transactions on fuzzy systems, 2009, 17(4): 923-934.

[22] DU X, YING H. Derivation and analysis of the analytical structures of the interval type-2 fuzzy-PI and PD controllers. IEEE transactions fuzzy systems, 2010, 18(4): 802-814.

[23] BIGLARBEGIAN M, MELEK W W, MENDEL J M. On the stability of interval type-2 TSK fuzzy logic control systems. IEEE transactions on systems, man and cybernetics, part B: cybernetics, 2010, 40(3): 798-818.

[24] WU D, TAN W W. Computationally efficient type-reduction strategies for a type-2 fuzzy logic controller//Proceedings of 2005 IEEE International Conference on Fuzzy Systems. Piscataway: IEEE, 2005: 353-358.

[25] NIE M, TAN W W. Towards an efficient type-reduction method for interval type-2 fuzzy logic systems//Proceedings of 2008 IEEE International Conference on Fuzzy Systems. Piscataway: IEEE, 2008: 1425-1432.

[26] NIE M, TAN W W. Analytical structure and characteristics of symmetric centroid type-reduced interval type-2 fuzzy PI and PD controllers. IEEE transactions on fuzzy systems, 2012, 20(3): 416-430.

[27] WU H, MENDEL J M. Uncertainty bounds and their use in the design of interval type-2 fuzzy logic systems. IEEE transactions on fuzzy systems, 2002, 10(5): 622-639.

第3章　基于不确定度的数据驱动二型模糊集合构建

3.1　引　　言

在构建二型模糊系统之前，一项重要且基本的工作是根据专家知识或数据建立二型模糊集合模型。到目前为止，存在两大数据驱动的二型模糊集合构建方法：一类为区间值方法[1,2]，该方法采用数据的统计特征实现二型模糊集合的构建；另一类为模糊统计方法[3-6]。为决定二型模糊集合的参数，模糊统计方法采用二型模糊集合的一类不确定性度量——质心（Centroid）来拟合数据中心，在一定意义上保证模型与数据的匹配。该方法类似于统计学中的矩法估计，通过令样本矩与未知分布的矩相等来实现概率密度函数的参数估计。

除了上述二型模糊集合质心这一广泛应用的不确定性度量，研究人员还提出了其他一些二型模糊集合的不确定性度量。在文献[7]中，Szmidt 和 Kacprzyk 研究了直觉模糊集合（与二型模糊集合能互相转化）的区间基数（Interval Cardinality）问题。在文献[8]中，Wu 和 Mendel 探讨了二型模糊集合的方差（Variance）和偏度（Skewness）。在文献[8]和文献[9]中，Wu 和 Mendel 基于二型模糊集合的表示定理给出了新的区间基数。另外，Burillo 和 Bustince[10]、Szmidt 和 Kacprzyk[7]、Zeng 和 Li[11]、 Vlachos 和 Sergiadis[12]、Cornelis 和 Kerre[13]、Wu 和 Mendel[8,9]等深入研究了二型模糊集合的模糊度（Fuzziness）及熵（Entropy）。

理论上，上述所有二型模糊集合的不确定性度量都可以指导我们根据数据构建二型模糊集合。但一般来说，上述二型模糊集合的不确定性度量没有解析表达式，这使得实现数据信息到这些不确定性度量的转化难以解析表达，从而限制了它们在二型模糊集合构建中的应用。到目前为止，只有二型模糊集合的质心值被广泛用来根据数据实现二型模糊集合参数的估计。正如 Mendel 在文献[6]中所指出的，需要提出其他的设计方程来实现二型模糊集合参数的估计；给出比二型模糊集合质心这一不确定性度量更易用的度量方法。

本章首先给出一种新的易于计算的二型模糊集合不确定性度量方法——二型模糊集合的不确定度；其次，给出该不确定性度量方法的性质及典型二型模糊集合的不确定度的解析表达式；再次，结合不确定度及模糊统计方法，给出对称二型模糊集合的构建策略；最后，基于调查问卷数据和传感数据分别给出热感觉及舒适性偏好的二型模糊集合模型。

3.2　二型模糊集合的不确定度

本章主要研究对称二型模糊集合的构建问题。为此，本节将首先给出对称二型模糊集合的定义、二型模糊集合的截集、二型模糊集合的不确定度，并讨论二型模糊集合不确定度的性质。

3.2.1　对称二型模糊集合

定义 3-1（对称二型模糊集合）　二型模糊集合 $\tilde{A}$ 称为是关于其中心 m 对称的，如果其上、下隶属函数对于 $\forall x \in X$ 满足：

$$\bar{\mu}_{\tilde{A}}(m+x) = \bar{\mu}_{\tilde{A}}(m-x) \tag{3-1}$$

$$\underline{\mu}_{\tilde{A}}(m+x) = \underline{\mu}_{\tilde{A}}(m-x) \tag{3-2}$$

应用最广泛的对称二型模糊集合分别如图 3-1 和图 3-2 所示。其中，图 3-1 为对称高斯二型模糊集合，图 3-2 为对称梯形二型模糊集合。同时，图 3-2 中展示了对称梯形二型模糊集合的一些特例。

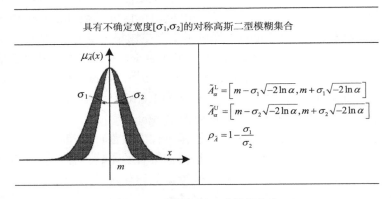

图 3-1　对称高斯二型模糊集合

3.2.2　二型模糊集合的截集

定义 3-2（上、下 α-截集）　假定 $\tilde{A}$ 是论域 X 上的二型模糊集合，其下 α-截集定义为下隶属度值大于等于 α 的论域元素集合，记为 $\tilde{A}_{\alpha}^{\mathrm{L}} = \left\{ x \in X \middle| \underline{\mu}_{\tilde{A}}(x) \geqslant \alpha \right\}$。类似地，二型模糊集合 $\tilde{A}$ 的上 α-截集定义为上隶属度值大于等于 α 的论域元素集合，记为 $\tilde{A}_{\alpha}^{\mathrm{U}} = \left\{ x \in X \middle| \bar{\mu}_{\tilde{A}}(x) \geqslant \alpha \right\}$。

从二型模糊集合的上、下 α-截集的定义可知，对于任意的 $\alpha \in [0,1]$，上、下 α-截集满足 $\tilde{A}_{\alpha}^{\mathrm{L}} \subseteq \tilde{A}_{\alpha}^{\mathrm{U}}$。

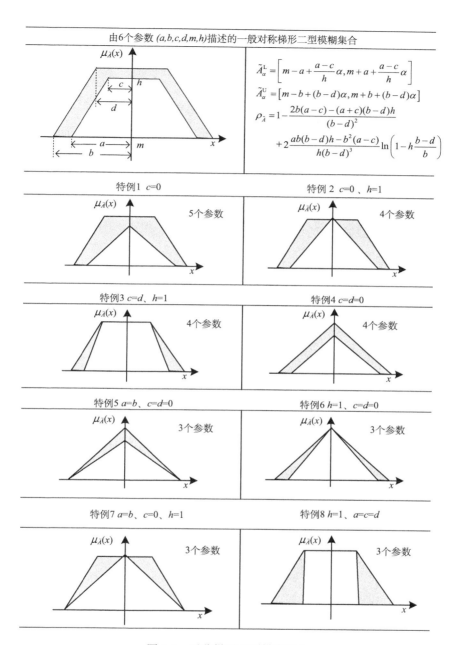

图 3-2　对称梯形二型模糊集合

类似于一型模糊集合 α-截集的性质，对于二型模糊集合的上、下 α-截集，可以得到下述结论。

性质 3-1　如果 $\alpha_1 \geqslant \alpha_2$，则 $\tilde{A}_{\alpha_1}^{\mathrm{L}} \subseteq \tilde{A}_{\alpha_2}^{\mathrm{L}}$，且 $\tilde{A}_{\alpha_1}^{\mathrm{U}} \subseteq \tilde{A}_{\alpha_2}^{\mathrm{U}}$。

该性质表明对于同一个二型模糊集合 $\tilde{A}$，其具有较大 α 值的 α-截集包含于具

有较小 α 值的 α - 截集。

性质 3-2　$\underline{\mu}_{\tilde{A}} = \bigcup_{\alpha \in [0,1]} \alpha \tilde{A}_{\alpha}^{\mathrm{L}}$，且 $\overline{\mu}_{\tilde{A}} = \bigcup_{\alpha \in [0,1]} \alpha \tilde{A}_{\alpha}^{\mathrm{U}}$。

该性质展示了如何通过上、下 α - 截集构造二型模糊集合的上、下隶属函数。

定义 3-3（二型模糊集合的 α - 截集）　二型模糊集合的 α - 截集定义为该二型模糊集合上、下 α - 截集 $\tilde{A}_{\alpha}^{\mathrm{L}}$ 和 $\tilde{A}_{\alpha}^{\mathrm{U}}$ 的集对，即 $\tilde{A}_{\alpha} = (\tilde{A}_{\alpha}^{\mathrm{L}}, \tilde{A}_{\alpha}^{\mathrm{U}})$。

3.2.3　二型模糊集合的不确定度及其性质

很明显，$\tilde{A}_{\alpha}^{\mathrm{U}} \setminus \tilde{A}_{\alpha}^{\mathrm{L}}$ 反映了 α 水平上 $\tilde{A}_{\alpha}$ 的不确定性。因此，二型模糊集合的 α - 截集的不确定度定义如下。

定义 3-4（α - 截集 $\tilde{A}_{\alpha}$ 的不确定度）　二型模糊集合 $\tilde{A}$ 的 α - 截集 $\tilde{A}_{\alpha}$ 的不确定度定义为

$$\rho_{\tilde{A}}(\alpha) = \frac{\left| \tilde{A}_{\alpha}^{\mathrm{U}} \setminus \tilde{A}_{\alpha}^{\mathrm{L}} \right|}{\left| \tilde{A}_{\alpha}^{\mathrm{U}} \right|} = 1 - \frac{\left| \tilde{A}_{\alpha}^{\mathrm{L}} \right|}{\left| \tilde{A}_{\alpha}^{\mathrm{U}} \right|} \tag{3-3}$$

其中，$|\cdot|$ 是一维实空间 R^{1} 上的测度，比较常用的测度为勒贝格（Lebesgue）测度，其具体定义为：若 $T = \bigcup_{i=1}^{k} [\underline{t_i}, \overline{t_i})$，则其勒贝格测度为 $|T| = \sum_{i=1}^{k} (\overline{t_i} - \underline{t_i})$。

下面给出该不确定度的几个性质。

性质 3-3　对于任意的二型模糊集合 $\tilde{A}$，其 α - 截集 $\tilde{A}_{\alpha}$ 的不确定度满足 $0 \leqslant \rho_{\tilde{A}}(\alpha) \leqslant 1$。

证明：考虑到 $\tilde{A}_{\alpha}^{\mathrm{L}} \subseteq \tilde{A}_{\alpha}^{\mathrm{U}}$ 这一事实，该性质很容易得证。

性质 3-4　对于任意的一型模糊集合 A，其 α - 截集的不确定度为 $\rho_A(\alpha) = 0$。

证明：对于一型模糊集合而言，$A_{\alpha}^{\mathrm{L}} = A_{\alpha}^{\mathrm{U}}$，从而根据定义 3-4 可知其 α - 截集的不确定度为零。

该性质表明，由于一型模糊集合的上、下隶属函数是重合的，故其 α - 截集中是不存在二阶不确定性的。

性质 3-5　给定二型模糊集合 $\tilde{A}$ 和 $\tilde{B}$，如果 $\mathrm{FOU}(\tilde{A}) \subseteq \mathrm{FOU}(\tilde{B})$，则 $\rho_{\tilde{A}}(\alpha) \leqslant \rho_{\tilde{B}}(\alpha)$。

证明：由 $\mathrm{FOU}(\tilde{A}) \subseteq \mathrm{FOU}(\tilde{B})$ 得 $\underline{\mu}_{\tilde{B}} \subseteq \underline{\mu}_{\tilde{A}}$，且 $\overline{\mu}_{\tilde{A}} \subseteq \overline{\mu}_{\tilde{B}}$；

进而得 $\tilde{B}_{\alpha}^{\mathrm{L}} \subseteq \tilde{A}_{\alpha}^{\mathrm{L}}$，且 $\tilde{A}_{\alpha}^{\mathrm{U}} \subseteq \tilde{B}_{\alpha}^{\mathrm{U}}$；

进一步可得 $\left| \tilde{B}_{\alpha}^{\mathrm{L}} \right| \leqslant \left| \tilde{A}_{\alpha}^{\mathrm{L}} \right|$，且 $\left| \tilde{A}_{\alpha}^{\mathrm{U}} \right| \leqslant \left| \tilde{B}_{\alpha}^{\mathrm{U}} \right|$；

从而，$\dfrac{\left| \tilde{B}_{\alpha}^{\mathrm{L}} \right|}{\left| \tilde{B}_{\alpha}^{\mathrm{U}} \right|} \leqslant \dfrac{\left| \tilde{A}_{\alpha}^{\mathrm{L}} \right|}{\left| \tilde{A}_{\alpha}^{\mathrm{U}} \right|}$。

根据该结果，很明显有 $\rho_{\tilde{A}}(\alpha) \leqslant \rho_{\tilde{B}}(\alpha)$。

定义 3-5（等价二型模糊集合） 二型模糊集合 $\tilde{A}$ 与 $\tilde{B}$ 称为是等价的，记为 $\tilde{A} \approx \tilde{B}$，如果满足 $|S_1| = 0$，且 $|S_2| = 0$，其中 $S_1 = \left\{ x \in X \middle| \underline{\mu}_{\tilde{A}}(x) \neq \underline{\mu}_{\tilde{B}}(x) \right\}$，$S_2 = \left\{ x \in X \middle| \overline{\mu}_{\tilde{A}}(x) \neq \overline{\mu}_{\tilde{B}}(x) \right\}$。

性质 3-6 若 $\tilde{A} \approx \tilde{B}$，则 $\rho_{\tilde{A}}(\alpha) = \rho_{\tilde{B}}(\alpha)$。

证明： 首先，注意到

$$\tilde{A}_\alpha^{\mathrm{L}} \setminus \tilde{B}_\alpha^{\mathrm{L}} = \left\{ x \in X \middle| x \in \tilde{A}_\alpha^{\mathrm{L}}, \quad x \overline{\in} \tilde{B}_\alpha^{\mathrm{L}} \right\} = \left\{ x \in X \middle| \underline{\mu}_{\tilde{A}}(x) \geqslant \alpha, \quad \underline{\mu}_{\tilde{B}}(x) < \alpha \right\} \subseteq S_1,$$

$$\tilde{A}_\alpha^{\mathrm{U}} \setminus \tilde{B}_\alpha^{\mathrm{U}} = \left\{ x \in X \middle| x \in \tilde{A}_\alpha^{\mathrm{U}}, \quad x \overline{\in} \tilde{B}_\alpha^{\mathrm{U}} \right\} = \left\{ x \in X \middle| \overline{\mu}_{\tilde{A}}(x) \geqslant \alpha, \quad \overline{\mu}_{\tilde{B}}(x) < \alpha \right\} \subseteq S_2.$$

因此，$\left| \tilde{A}_\alpha^{\mathrm{L}} \setminus \tilde{B}_\alpha^{\mathrm{L}} \right| = 0$，且 $\left| \tilde{A}_\alpha^{\mathrm{U}} \setminus \tilde{B}_\alpha^{\mathrm{U}} \right| = 0$。

同样地，$\left| \tilde{B}_\alpha^{\mathrm{L}} \setminus \tilde{A}_\alpha^{\mathrm{L}} \right| = 0$，且 $\left| \tilde{B}_\alpha^{\mathrm{U}} \setminus \tilde{A}_\alpha^{\mathrm{U}} \right| = 0$。

由于 $(\tilde{A}_\alpha^{\mathrm{L}} \cap \tilde{B}_\alpha^{\mathrm{L}}) \cap (\tilde{A}_\alpha^{\mathrm{L}} \setminus \tilde{B}_\alpha^{\mathrm{L}}) = \varnothing$，且 $(\tilde{A}_\alpha^{\mathrm{L}} \cap \tilde{B}_\alpha^{\mathrm{L}}) \cap (\tilde{B}_\alpha^{\mathrm{L}} \setminus \tilde{A}_\alpha^{\mathrm{L}}) = \varnothing$，可以得到

$$\left| \tilde{A}_\alpha^{\mathrm{L}} \right| = \left| (\tilde{A}_\alpha^{\mathrm{L}} \cap \tilde{B}_\alpha^{\mathrm{L}}) \cup (\tilde{A}_\alpha^{\mathrm{L}} \setminus \tilde{B}_\alpha^{\mathrm{L}}) \right|$$

$$= \left| (\tilde{A}_\alpha^{\mathrm{L}} \cap \tilde{B}_\alpha^{\mathrm{L}}) \right| + \left| (\tilde{A}_\alpha^{\mathrm{L}} \setminus \tilde{B}_\alpha^{\mathrm{L}}) \right| - \left| (\tilde{A}_\alpha^{\mathrm{L}} \cap \tilde{B}_\alpha^{\mathrm{L}}) \cap (\tilde{A}_\alpha^{\mathrm{L}} \setminus \tilde{B}_\alpha^{\mathrm{L}}) \right| = \left| (\tilde{A}_\alpha^{\mathrm{L}} \cap \tilde{B}_\alpha^{\mathrm{L}}) \right|$$

$$\left| \tilde{B}_\alpha^{\mathrm{L}} \right| = \left| (\tilde{A}_\alpha^{\mathrm{L}} \cap \tilde{B}_\alpha^{\mathrm{L}}) \cup (\tilde{B}_\alpha^{\mathrm{L}} \setminus \tilde{A}_\alpha^{\mathrm{L}}) \right|$$

$$= \left| (\tilde{A}_\alpha^{\mathrm{L}} \cap \tilde{B}_\alpha^{\mathrm{L}}) \right| + \left| (\tilde{B}_\alpha^{\mathrm{L}} \setminus \tilde{A}_\alpha^{\mathrm{L}}) \right| - \left| (\tilde{A}_\alpha^{\mathrm{L}} \cap \tilde{B}_\alpha^{\mathrm{L}}) \cap (\tilde{B}_\alpha^{\mathrm{L}} \setminus \tilde{A}_\alpha^{\mathrm{L}}) \right| = \left| (\tilde{A}_\alpha^{\mathrm{L}} \cap \tilde{B}_\alpha^{\mathrm{L}}) \right|$$

从而，$\left| \tilde{A}_\alpha^{\mathrm{L}} \right| = \left| \tilde{B}_\alpha^{\mathrm{L}} \right|$。

同样地，可以证明 $\left| \tilde{A}_\alpha^{\mathrm{U}} \right| = \left| \tilde{B}_\alpha^{\mathrm{U}} \right|$。

综上可知，$\rho_{\tilde{A}}(\alpha) = \rho_{\tilde{B}}(\alpha)$。

定义 3-6（二型模糊集合的不确定度） 二型模糊集合 $\tilde{A}$ 的不确定度定义为

$$\rho_{\tilde{A}} = \int_0^1 2\alpha \rho_{\tilde{A}}(\alpha) \mathrm{d}\alpha \tag{3-4}$$

$\rho_{\tilde{A}}(\alpha)$ 反映了 α 水平上 $\tilde{A}_\alpha$ 的不确定性，而 $\rho_{\tilde{A}}$ 是不同的水平上不确定度 $\rho_{\tilde{A}}(\alpha)$ 的综合集成。类似于概率统计理论中的标准差，这一新的定义反映了二型模糊集合的二阶不确定性。

性质 3-7 对于二型模糊集合 $\tilde{A}$ 而言，$0 \leqslant \rho_{\tilde{A}} \leqslant 1$。

证明： 由性质 3-3 可知，$0 \leqslant \rho_{\tilde{A}}(\alpha) \leqslant 1$。从而有

$$0 \leqslant \rho_{\tilde{A}} = \int_0^1 2\alpha \rho_{\tilde{A}}(\alpha) \mathrm{d}\alpha \leqslant \int_0^1 2\alpha \mathrm{d}\alpha = \alpha^2 \big|_0^1 = 1$$

性质 3-8 对于一型模糊集合 A 而言，$\rho_A = 0$。

证明： 该性质可以直接根据性质 3-4 得证。

该性质表明，对于任意的一型模糊集合，其不确定度为零，意味着一旦一型模糊集合的隶属函数确定，其处理二阶不确定性的能力将消失。

性质 3-9 如果 $\tilde{A} \approx \tilde{B}$，那么 $\rho_{\tilde{A}} = \rho_{\tilde{B}}$。

证明：根据性质 3-6，该性质易证。

该性质表明两个等价的二型模糊集合具有相同的处理二阶不确定性的能力。

3.3 典型二型模糊集合不确定度的计算

前面给出了二型模糊集合不确定度的定义及性质。本节将讨论两类广泛应用的对称二型模糊集合不确定度的计算问题。应用最广泛的对称二型模糊集合分别是高斯二型模糊集合及梯形二型模糊集合，分别如图 3-1 和图 3-2 所示。下面将推导图 3-1 和图 3-2 所示的对称二型模糊集合的不确定度。

3.3.1 高斯二型模糊集合

高斯二型模糊集合如图 3-1 所示。该高斯二型模糊集合具有固定的中心 m 和不确定的在区间 $[\sigma_1, \sigma_2]$ 取值的标准差。

高斯二型模糊集合 $\tilde{A}$ 的上、下隶属函数分别为

$$\bar{\mu}_{\tilde{A}}(x) = \exp\left[-\frac{1}{2}\left(\frac{x-m}{\sigma_2}\right)^2\right] \tag{3-5}$$

$$\underline{\mu}_{\tilde{A}}(x) = \exp\left[-\frac{1}{2}\left(\frac{x-m}{\sigma_1}\right)^2\right] \tag{3-6}$$

该二型模糊集合的上、下 α-截集可分别采用式(3-7)和式(3-8)计算：

$$\tilde{A}_\alpha^{\mathrm{U}} = \left[m - \sigma_2\sqrt{-2\ln a}, m + \sigma_2\sqrt{-2\ln a}\right] \tag{3-7}$$

$$\tilde{A}_\alpha^{\mathrm{L}} = \left[m - \sigma_1\sqrt{-2\ln a}, m + \sigma_1\sqrt{-2\ln a}\right] \tag{3-8}$$

因此，该高斯二型模糊集合的不确定度为

$$\rho_{\tilde{A}} = \int_0^1 2\alpha\left(1 - \frac{2\sigma_1\sqrt{-2\ln a}}{2\sigma_2\sqrt{-2\ln a}}\right)\mathrm{d}\alpha = 1 - \frac{\sigma_1}{\sigma_2} \tag{3-9}$$

该结果同样标注在了图 3-1 中。

3.3.2 梯形二型模糊集合

首先给出一般对称梯形二型模糊集合的不确定度，然后讨论其几个特例。一般对称梯形二型模糊集合的不确定度计算公式同时标注在了图 3-2 中。

图 3-2 最顶部的梯形二型模糊集合 $\tilde{A}$ 是一般情形，其由 6 个参数来描述，其上、下隶属函数分别为

$$\overline{\mu}_{\tilde{A}}(x)=\begin{cases}0, & x\leqslant m-b \text{ 或} x>m+b\\[2mm]\dfrac{x-m+b}{b-d}, & m-b<x\leqslant m-d\\[2mm]1, & m-d<x\leqslant m+d\\[2mm]\dfrac{m+b-x}{b-d}, & m+d<x\leqslant m+b\end{cases} \tag{3-10}$$

$$\underline{\mu}_{\tilde{A}}(x)=\begin{cases}0, & x\leqslant m-a \text{ 或} x>m+a\\[2mm]h\dfrac{x-m+a}{a-c}, & m-a<x\leqslant m-c\\[2mm]h, & m-c<x\leqslant m+c\\[2mm]h\dfrac{m+a-x}{a-c}, & m+c<x\leqslant m+a\end{cases} \tag{3-11}$$

其中，a,b,c,d 表示相应点相对于中心 m 的绝对距离，因此，$a,b,c,d\geqslant 0$ ，且高度 $h\geqslant 0$ 。

该梯形二型模糊集合的上、下 α-截集可分别采用下式计算：

$$\tilde{A}_{\alpha}^{U}=[m-b+(b-d)\alpha,m+b-(b-d)\alpha] \tag{3-12}$$

$$\tilde{A}_{\alpha}^{L}=\left[m-a+\frac{(a-c)}{h}\alpha,m+a-\frac{(a-c)}{h}\alpha\right],\ \alpha\leqslant h \tag{3-13}$$

因此，该梯形二型模糊集合的不确定度为

$$\begin{aligned}\rho_{\tilde{A}}&=\int_0^1 2\alpha\rho_{\tilde{A}}(\alpha)\mathrm{d}\alpha=\int_0^h 2\alpha\frac{a-\dfrac{a-c}{h}\alpha}{b-(b-d)\alpha}\mathrm{d}\alpha\\&=1-\frac{2b(a-c)-(a+c)(b-d)h}{(b-d)^2}+2\frac{ab(b-d)h-b^2(a-c)}{h(b-d)^3}\ln\left(1-h\frac{b-d}{b}\right)\end{aligned}$$

$$\tag{3-14}$$

当梯形二型模糊集合参数 a、b、c、d 和 h 满足一定约束时，将得到几种应用广泛的特殊梯形二型模糊集合。对于这些特殊的梯形二型模糊集合，其不确定度的计算表达式更为简洁，具体如下。

特例 1： 当 $c=0$ 时，该二型模糊集合仅有 5 个自由参数，根据式(3-14)，其不确定度计算公式为

$$\rho_{\tilde{A}}=1-\frac{2ab-a(b-d)h}{(b-d)^2}+2ab\frac{(b-d)h-b}{h(b-d)^3}\ln\left(1-h\frac{b-d}{b}\right) \tag{3-15}$$

特例 2： 当 $c=0,h=1$ 时，该二型模糊集合仅有 4 个自由参数，根据式(3-14)，其不确定度计算公式为

$$\rho_{\tilde{A}} = 1 - \frac{a(b+d)}{(b-d)^2} - \frac{2abd}{(b-d)^3}\ln\left(\frac{d}{b}\right) \tag{3-16}$$

特例 3：当 $h=1, c=d$ 时，该二型模糊集合仅有 4 个自由参数，根据式(3-14)，其不确定度计算公式为

$$\rho_{\tilde{A}} = 1 - \frac{2b(a-c)-(a+c)(b-c)}{(b-c)^2} + 2\frac{bc(b-a)}{(b-c)^3}\ln\left(\frac{c}{b}\right) \tag{3-17}$$

特例 4：当 $c=d=0$ 时，该二型模糊集合仅有 4 个自由参数，根据式(3-14)，其不确定度计算公式为

$$\rho_{\tilde{A}} = 1 - \frac{(2-h)a}{b} - \frac{2a(1-h)}{hb}\ln(1-h) \tag{3-18}$$

特例 5：当 $a=b, c=d=0$ 时，该二型模糊集合仅有 3 个自由参数，根据式(3-14)，其不确定度计算公式为

$$\rho_{\tilde{A}} = h - 1 - \frac{2(1-h)}{h}\ln(1-h) \tag{3-19}$$

特例 6：当 $h=1, c=d=0$ 时，该二型模糊集合仅有 3 个自由参数，根据式(3-14)，其不确定度计算公式为

$$\rho_{\tilde{A}} = 1 - \frac{a}{b} \tag{3-20}$$

特例 7：当 $c=0, h=1, a=b$ 时，该二型模糊集合仅有 3 个自由参数，根据式(3-14)，其不确定度计算公式为

$$\rho_{\tilde{A}} = 1 - \frac{a(a+d)}{(a-d)^2} - \frac{2a^2 d}{(a-d)^3}\ln\left(\frac{d}{a}\right) \tag{3-21}$$

特例 8：当 $h=1, a=c=d$ 时，该二型模糊集合仅有 3 个自由参数，根据式(3-14)，其不确定度计算公式为

$$\rho_{\tilde{A}} = 1 - \frac{2a}{a-b} + \frac{2ab}{(a-b)^2}\ln\left(\frac{a}{b}\right) \tag{3-22}$$

3.4　基于不确定度的二型模糊集合构建

本节将给出基于不确定度及区间数据的二型模糊集合构建方法。为实现上述目的，首先，对获得的区间数据进行预处理，剔除不合理数据；其次，计算区间数据的统计量；最后，根据区间数据统计量确定二型模糊集合参数。

3.4.1　区间数据预处理

假定用于建模的区间数据共 n 个，记为 $[c_i, d_i]$（$i=1,2,\cdots,n$）。下面将利用 Liu

和 Mendel[1]及 Wu 和 Mendel[2]等提出的预处理方法进行区间数据的预处理。该预处理方法主要包括三个主要阶段：异常值处理、容限值处理、合理性处理。

（1）异常值处理。首先对 c_i 和 d_i 执行 Box 和 Whisker 测试，对通过测试的数据计算 $L_i = c_i - d_i$ 。若区间数据满足下述方程：

$$c_i \in [Q_c(0.25) - 1.5\,\mathrm{IQR}_c, Q_c(0.75) + 1.5\,\mathrm{IQR}_c] \tag{3-23}$$

$$d_i \in [Q_d(0.25) - 1.5\,\mathrm{IQR}_d, Q_d(0.75) + 1.5\,\mathrm{IQR}_d] \tag{3-24}$$

$$L_i \in [Q_L(0.25) - 1.5\,\mathrm{IQR}_L, Q_L(0.75) + 1.5\,\mathrm{IQR}_L] \tag{3-25}$$

则相应的区间被保留，否则被剔除，其中 $Q_c(Q_d, Q_L)$ 以及 $\mathrm{IQR}_c(\mathrm{IQR}_d, \mathrm{IQR}_L)$ 分别为左右端点数据及区间长度数据的四分位数（Quartiles）和四分位距（Inter Quartile Ranges）。

经过此阶段处理之后，将有 $m' \leqslant n$ 个数据区间被保留；然后，重新分别计算 c_i、d_i、L_i 的样本均值和标准差 $(m_c, \sigma_c), (m_d, \sigma_d), (m_L, \sigma_L)$ 。

（2）容限值处理。对保留的 m' 个区间数据的端点值进行如下测试：

$$c_i \in [m_c - k\sigma_c, m_c + k\sigma_c] \tag{3-26}$$

$$d_i \in [m_d - k\sigma_d, m_d + k\sigma_d] \tag{3-27}$$

$$L_i \in [m_L - k\sigma_L, m_L + k\sigma_L] \tag{3-28}$$

若满足上述方程则相应区间数据被保留，否则，相应区间数据将被删除。式中通过选择置信系数 k 使得 $1-\alpha$ 比例的数据以 $100(1-\gamma)\%$ 置信度落入置信区间里。置信系数 k 可以通过查表法获得，表 3-1 给出了部分情况下的置信系数[1]。

表 3-1　数据量为 m' 时置信系数 k 的查询表

m'	$1-\gamma =0.95$		$1-\gamma =0.99$		m'	$1-\gamma =0.95$		$1-\gamma =0.99$	
	$1-\alpha$		$1-\alpha$			$1-\alpha$		$1-\alpha$	
	0.90	0.95	0.90	0.95		0.90	0.95	0.90	0.95
10	2.839	3.379	3.582	4.265	50	1.996	2.379	2.162	2.576
15	2.480	2.954	2.945	3.507	100	1.874	2.233	1.977	2.355
20	2.310	2.752	2.659	3.168	1000	1.709	2.036	1.736	2.718
30	2.140	2.358	2.358	2.841	∞	1.645	1.960	1.645	1.960

此步之后，$m'' \leqslant n$ 个数据区间被保留；再一次重新计算 c_i、d_i、L_i 的样本均值和标准偏差 $(m_c, \sigma_c), (m_d, \sigma_d), (m_L, \sigma_L)$ 。

（3）合理性处理。在此阶段内，根据更新后的区间数据的样本均值和标准偏差计算：

$$\begin{cases} \xi^* = \left\{ \left(m_d \sigma_c^2 - m_c \sigma_d^2 \right) \pm \sigma_c \sigma_d \left[\left(m_c - m_d \right)^2 + 2 \left(\sigma_c^2 - \sigma_d^2 \right) \ln \left(\sigma_c / \sigma_d \right) \right]^{1/2} \right\} \Big/ \left(\sigma_c^2 - \sigma_d^2 \right) \\ m_c \leqslant \xi^* \leqslant m_d \end{cases}$$

$$(3\text{-}29)$$

对保留的 m'' 个区间数据进行测试：若 $c_i \leqslant \xi^* \leqslant d_i$，则相应区间数据被保留；否则，相应区间数据将被删除。

经过合理区间预处理之后，对保留的 $n'(1 \leqslant n' \leqslant n)$ 个数据区间重新编号为 $1, 2, \cdots, n'$，并表示为 $[t_i{}^l, t_i{}^r](i = 1, 2, \cdots, n')$。

3.4.2 区间数据统计量及不确定度的计算

首先，计算剩余区间数据的四个统计量，分别为区间数据左端点的样本均值与标准差及右端点的样本均值与标准差：

$$x_m^l = \sum_{i=1}^{n'} t_i^l \Big/ n' \tag{3-30}$$

$$s^l = \sqrt{\sum_{i=1}^{n'} \left(t_i^l - x_m^l \right)^2 \Big/ n'} \tag{3-31}$$

$$x_m^r = \sum_{i=1}^{n'} t_i^r \Big/ n' \tag{3-32}$$

$$s^r = \sqrt{\sum_{i=1}^{n'} \left(t_i^r - x_m^r \right)^2 \Big/ n'} \tag{3-33}$$

其中，$t_i{}^l, t_i{}^r$ 分别代表预处理后保留下的第 i 个数据区间的左、右端点值；x_m^l, x_m^r 分别表示所有左端点和所有右端点的样本均值；s^l, s^r 分别表示预处理后保留下区间数据的左端点和右端点的标准差。

在本章中，为简化起见，假设所获得的区间数据左、右端点的离散程度基本一致，即 $s^l \approx s^r = s$。

令 $\Delta x(\alpha, \gamma)$ 表示 $1 - \alpha$ 比例的数据以 $100(1 - \gamma)\%$ 置信度所落入的置信区间长度的 $1/2$。故 $\Delta x(\alpha, \gamma)$ 的计算公式为

$$\Delta x(\alpha, \gamma) = ks \tag{3-34}$$

其中，置信系数 k 可以通过查表 3-1 得到。

对于上述样本数据而言，其左端点以 $1 - \alpha$ 的比例 $100(1 - \gamma)\%$ 置信度落入区间 $[x_m^l - \Delta x(\alpha, \gamma), x_m^l + \Delta x(\alpha, \gamma)]$。类似地，其右端点以 $1 - \alpha$ 的比例 $100(1 - \gamma)\%$ 置信度落入区间 $[x_m^r - \Delta x(\alpha, \gamma), x_m^r + \Delta x(\alpha, \gamma)]$。

从统计学的观点来看，所构建的二型模糊集合应该肯定地包含落入区间 $[x_m^l, x_m^r]$ 的数据，而在一定程度上也应包含落入 $[x_m^l - \Delta x, x_m^l] \bigcup [x_m^r, x_m^r + \Delta x]$ 的数据。

该论述的直观解释如图 3-3 所示。因此，直观上，可以用下述相对合理的方程来计算区间数据的不确定度：

$$\rho_D = \frac{2\Delta x}{x_m^r - x_m^l + 2\Delta x} \tag{3-35}$$

其中，Δx 为 $\Delta x(\alpha, \gamma)$ 的简写。为了公式表达形式的简洁，本章后面都写成 Δx 的形式。

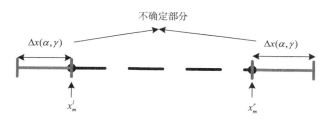

图 3-3　区间数据统计量的不确定边界

3.4.3　二型模糊集合待定参数满足的方程

1. 具有 3 个自由参数的对称二型模糊集合

具有不确定标准方差的高斯二型模糊集合以及梯形二型模糊集合的特例 5～特例 8 是具有 3 个待定参数的。对于这些二型模糊集合，建立下述相对合理的方程实现二型模糊集合参数与区间样本数据信息的关联：

$$\begin{cases} m = \frac{1}{2}(x_m^l + x_m^r) \\ f_1(\theta_1, \theta_2) = \rho_{\tilde{A}} = \rho_D = \frac{2\Delta x}{x_m^r - x_m^l + 2\Delta x} \\ f_2(\theta_1, \theta_2) = \frac{1}{2}[\underline{c}_r(\theta_1, \theta_2) + \overline{c}_r(\theta_1, \theta_2)] = x_m^r \end{cases} \tag{3-36}$$

其中，m 是对称二型模糊集合的中心；θ_1, θ_2 为二型模糊集合的另外两个参数，不同情况下的具体参数如表 3-2 所示；$\underline{c}_r$ 和 $\overline{c}_r$ 分别为二型模糊集合质心右端点的下界与上界。对于具有 3 个参数的对称二型模糊集合，其 $\underline{c}_r$ 和 $\overline{c}_r$ 可以从文献[4]中获得。

表 3-2　具有 3 参数的对称二型模糊集合的参数对应表

参数	图 3-1 中的高斯二型模糊集合	图 3-2 中的特例 5	图 3-2 中的特例 6	图 3-2 中的特例 7	图 3-2 中的特例 8
θ_1	σ_1	a	a	a	a
θ_2	σ_2	h	b	d	c

以图 3-1 所示的高斯二型模糊集合为例，其待定参数应满足的方程为

$$\begin{cases} m = \dfrac{1}{2}(x_m^l + x_m^r) \\ 1 - \dfrac{\sigma_1}{\sigma_2} = \dfrac{2\Delta x}{x_m^r - x_m^l + 2\Delta x} \\ \dfrac{1}{2}[\underline{c}_r(\sigma_1, \sigma_2) + \overline{c}_r(\sigma_1, \sigma_2)] = x_m^r \end{cases} \tag{3-37}$$

其中，$\underline{c}_r$ 和 $\overline{c}_r$ 的表达式为[4]

$$\begin{cases} \underline{c}_r(\sigma_1, \sigma_2) = m + \dfrac{\sigma_1[(\sigma_2/\sigma_1)^2 - 1]}{\sqrt{2\pi}} \\ \overline{c}_r(\sigma_1, \sigma_2) = m + \sigma_1[(\sigma_2/\sigma_1) - 1]\sqrt{2/\pi} \end{cases} \tag{3-38}$$

对图 3-2 中的特例 6 而言，其待定参数应满足的方程为

$$\begin{cases} m = \dfrac{1}{2}(x_m^l + x_m^r) \\ 1 - \dfrac{a}{b} = \dfrac{2\Delta x}{x_m^r - x_m^l + 2\Delta x} \\ \dfrac{1}{2}[\underline{c}_r(a, b) + \overline{c}_r(a, b)] = x_m^r \end{cases} \tag{3-39}$$

其中，$\underline{c}_r$ 和 $\overline{c}_r$ 的表达式为[4]

$$\begin{cases} \underline{c}_r(a, b) = m + \dfrac{b^2 - a^2}{3(a + b)} \\ \overline{c}_r(a, b) = m + \dfrac{b^2 - a^2}{6a} \end{cases} \tag{3-40}$$

对于表 3-2 中的其他几种情况，其待定参数需满足的方程类似可得，但其中的关键是确定 $\underline{c}_r$ 和 $\overline{c}_r$ 的表达式。

2. 具有 4 个自由参数的对称二型模糊集合

梯形二型模糊集合的特例 2～特例 4 具有 4 个自由的待定参数。对于这些二型模糊集合，建立下述相对合理的方程实现二型模糊集合参数与区间样本数据信息的关联：

$$\begin{cases} m = \dfrac{1}{2}(x_m^l + x_m^r) \\ f_1(\theta_1, \theta_2, \theta_3) = \rho_{\tilde{A}} = \rho_D = \dfrac{2\Delta x}{x_m^r - x_m^l + 2\Delta x} \\ f_2(\theta_1, \theta_2, \theta_3) = \underline{c}_r(\theta_1, \theta_2, \theta_3) = x_m^r - \Delta x \\ f_3(\theta_1, \theta_2, \theta_3) = \overline{c}_r(\theta_1, \theta_2, \theta_3) = x_m^r + \Delta x \end{cases} \tag{3-41}$$

其中，m 是对称二型模糊集合的中心；θ_1, θ_2 和 θ_3 是二型模糊集合的另外 3 个待定参数，不同情况下的具体参数如表 3-3 所示；$\underline{c}_r$ 和 $\overline{c}_r$ 分别为二型模糊集合质心右端点的下界与上界。

表 3-3   具有 4 参数的对称二型模糊集合的参数对应表

参数	图 3-2 中的特例 2	图 3-2 中的特例 3	图 3-2 中的特例 4
θ_1	a	a	a
θ_2	b	b	b
θ_3	d	c	h

以图 3-2 中的特例 4 为例，其待定参数应满足的方程为

$$
\begin{cases}
m = \dfrac{1}{2}(x_m^l + x_m^r) \\
1 - \dfrac{(2-h)a}{b} - \dfrac{2a(1-h)}{hb}\ln(1-h) = \dfrac{2\Delta x}{x_m^r - x_m^l + 2\Delta x} \\
\underline{c}_r(a,b,h) = x_m^r - \Delta x \\
\overline{c}_r(a,b,h) = x_m^r + \Delta x
\end{cases}
\tag{3-42}
$$

其中，$\underline{c}_r$ 和 $\overline{c}_r$ 的表达式为[3]

$$
\begin{cases}
\underline{c}_r(a,b,h) = m + \dfrac{b^2 - ha^2}{3(ha+b)} \\
\overline{c}_r(a,b,h) = m + \dfrac{b^2 - ha^2}{6ha}
\end{cases}
\tag{3-43}
$$

同样地，对于表 3-3 中的其他几种情况，其待定参数需满足的方程类似可得。

3.4.4   二型模糊集合参数的确定

为得到二型模糊集合模型，需对上述待定参数方程求解。下面针对几种情况分别展开讨论。

1. 高斯二型模糊集合参数的确定

通过求解式(3-37)和式(3-38)得到高斯二型模糊集合参数 (m, σ_1, σ_2) 的表达式如下：

$$
\begin{cases}
m = \dfrac{1}{2}(x_m^l + x_m^r) \\
\sigma_1 = \dfrac{2\sqrt{2\pi}(1-\rho_D)^2(x_m^r - m)}{4\rho_D - 3\rho_D^2} \\
\sigma_2 = \dfrac{2\sqrt{2\pi}(1-\rho_D)(x_m^r - m)}{4\rho_D - 3\rho_D^2}
\end{cases}
\tag{3-44}
$$

其中，$\rho_{\mathrm{D}} = \dfrac{2\Delta x}{x_m^r - x_m^l + 2\Delta x}$。

2. 梯形二型模糊集合特例 6 参数的确定

通过求解式(3-39)和式(3-40)得到梯形二型模糊集合特例 6 的参数(m, a, b)的表达式如下：

$$
\begin{cases}
m = \dfrac{1}{2}(x_m^l + x_m^r) \\[2mm]
a = \dfrac{12(1-\rho_{\mathrm{D}})^2(x_m^r - m)}{4\rho_{\mathrm{D}} - 3\rho_{\mathrm{D}}^2} \\[2mm]
b = \dfrac{12(1-\rho_{\mathrm{D}})(x_m^r - m)}{4\rho_{\mathrm{D}} - 3\rho_{\mathrm{D}}^2}
\end{cases}
\tag{3-45}
$$

其中，$\rho_{\mathrm{D}} = \dfrac{2\Delta x}{x_m^r - x_m^l + 2\Delta x}$。

3. 其他梯形二型模糊集合参数的确定

对于图 3-1 和图 3-2 所示的广泛应用的二型模糊集合，仅有上述两种二型模糊集合的参数能够用解析表达式表示出来。由于其他二型模糊集合的不确定度与其待定参数间呈非线性关系，只能通过近似计算的方式获得近似解。可以采用非线性优化方法或进化优化方法实现问题的求解。

3.5 在热感觉建模中的应用

通常，人们对冷热的感觉是不同的，也就是说人们对"很冷""冷""有些冷""凉""稍凉""舒适""稍热""有些热""热""很热"等语言词的认知是不一样的。因不同的人对这些语言词有不同的认识，故采用二型模糊集合对这些语言词建模是最为合理的。

3.5.1 数据获取及预处理

为考察不同人对上述 10 个语言词的认知情况，本书进行了简单的问卷调查。最终，筛选出了 41 份有效问卷。也就是说，对每个热感觉语言词，得到了 41 个区间数据。对于这些原始数据，其所有左端点和右端点的样本均值x_m^l、x_m^r以及所有左端点和右端点的标准差s^l、s^r如表 3-4 所示。

表 3-4 原始数据的统计值

语言词	样本均值 x_m^l	样本方差 s^l	样本均值 x_m^r	样本方差 s^r	样本方差平均值
很冷	7.85	4.60	12.19	4.02	4.31
冷	12.44	3.99	15.54	3.71	3.85
有些冷	15.44	3.73	18.32	3.21	3.47
凉	18.32	2.95	21.05	2.75	2.85
稍凉	20.63	2.70	23.48	2.54	2.62
舒适	23.40	2.40	26.49	2.10	2.25
稍热	26.66	2.14	29.12	2.04	2.09
有些热	29.12	2.17	31.63	2.17	2.17
热	31.76	2.28	34.63	2.31	2.29
很热	34.80	2.54	39.05	2.48	2.51

采用 3.4.1 节中的区间数据预处理方法对原始区间数据进行预处理。预处理后针对每一个语言词所剩余的数据数目、剩余数据所有左右端点的样本均值 x_m^l 和 x_m^r、标准差 s^l 和 s^r 进行了计算，具体数值如表 3-5 所示。

表 3-5 预处理后数据的统计值

语言词	预处理后数据数目	样本均值 x_m^l	样本方差 s^l	样本均值 x_m^r	样本方差 s^r	样本方差的均值
很冷	14	10	0	13.14	1.46	0.73
冷	14	11.93	1.14	15.07	0.73	0.94
有些冷	12	14.5	1.00	17.42	1.08	1.04
凉	12	17.92	0.29	20.16	0.39	0.34
稍凉	21	20.62	1.07	23.95	0.87	0.97
舒适	22	24.05	0.95	27.23	1.27	1.11
稍热	17	25.94	0.83	28.65	0.79	0.81
有些热	15	29.80	0.41	32.20	0.56	0.49
热	18	31.83	1.25	35.39	0.70	0.98
很热	22	35.36	1.05	39.59	0.85	0.95

3.5.2 热感觉语言词二型模糊集合模型

考虑构建热感觉语言词的高斯二型模糊集合模型和三角形二型模糊集合模型（图 3-2 的特例 6）。

为获得各热感觉语言词的高斯二型模糊集合，采用式(3-44)计算各二型模糊集合模型的中心 m 以及不确定标准差 σ_1 和 σ_2。所得到的"很冷""冷""有些冷""凉""稍凉""舒适""稍热""有些热""热""很热"等10个语言词的高斯二型模糊集合如图3-4所示。

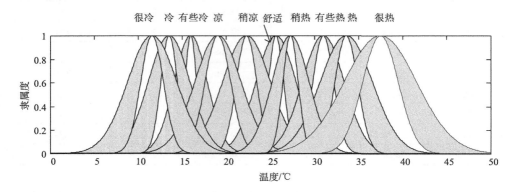

图 3-4　热感觉语言词的高斯二型模糊集合模型

为获得各热感觉语言词的三角形二型模糊集合，采用式(3-45)计算各二型模糊集合模型的中心 m 以及左右端点值 a 和 b。所得到的"很冷""冷""有些冷""凉""稍凉""舒适""稍热""有些热""热""很热"等10个语言词的三角形二型模糊集合如图3-5所示。

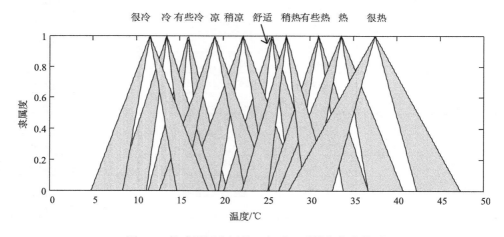

图 3-5　热感觉语言词的三角形二型模糊集合模型

上述10个热感觉语言词的高斯及三角形二型模糊集合模型的参数如表3-6所示。

表 3-6   所构建的二型模糊集合的参数

语言词	中心 m	高斯型		三角形	
		σ_1	σ_2	a	b
很冷	11.57	1.30	2.82	3.10	6.75
冷	13.50	0.95	2.38	2.27	5.70
有些冷	15.96	0.65	1.89	1.56	4.53
凉	19.04	1.47	2.64	3.52	6.33
稍凉	22.23	1.17	2.73	2.79	6.54
舒适	25.64	0.88	2.30	2.11	5.51
稍热	27.29	0.87	2.12	2.09	5.08
有些热	31.00	1.19	2.39	2.86	5.73
热	33.61	1.30	2.98	3.11	7.14
很热	37.48	2.02	4.12	4.84	9.87

图 3-4 和图 3-5 表明所构建的二型模糊集合模型能有效处理不同区间数据所隐含的不确定性，进而综合集成不同人的认知不确定性。需要注意的是在该应用中假设热感觉语言词的二型模糊集合模型是对称的，从而要求区间数据左右端点的标准差近似相等，即 $s^l \approx s^r$。实际上，从表 3-5 可知，对于某些热感觉语言词而言，其区间数据左右端点的标准差区别稍大，如"冷""很冷""舒适""热"这些语言词。采用对称二型模糊集合对这些语言词建模不是非常准确。更合理的方案是采用非对称二型模糊集合，这一问题将在第 4 章采用其他方法予以解决。

3.6   在舒适性偏好建模中的应用

室内环境是保障人们健康生活、高效工作的基本前提条件。随着社会发展，建筑物室内环境的舒适性成为新的发展方向。由于不同房间的人群对温湿度的要求存在较大的差异，传统方法很难智能地满足不同房间对舒适性的个性化偏好需求，因此，构建不同房间的舒适性偏好模型成为一种有效的策略。为此，国内外学者开展了大量研究工作[14-18]。其中，Spasokukotskiy 等[14]提出了一种基于简化模型的舒适性估计方法，Henze 等[15]提出了自适应舒适性模型，Chen 等[16,17]以及 Stephen 等[18]讨论了基于经典模糊集合理论的舒适度建模方法。但已有研究未考虑舒适度对于不同人的差异性，以及对于同一个人不同时间的感受差异。为处理这些差异，构建舒适性偏好的二型模糊集合模型不失为一种合理策略。

另外，随着智能建筑的发展，建筑物中分布着各种类型的传感器，它们在实时运行过程中收集了大量数据，这些数据中隐含着房间内人员的需求及其环境偏好等信息。因此，可以采用传感器收集到的数据构建舒适性偏好二型模糊集合模型。本节将探讨基于传感数据构建舒适性偏好高斯二型模糊集合模型这一问题。

3.6.1 舒适性偏好建模步骤

舒适性偏好二型模糊集合模型的构建流程如图 3-6 所示。首先获取传感数据，并通过预处理得到区间数据；其次采用 3.4.1 节中的方法进行区间数据的预处理；最后基于区间数据的统计量构建舒适性偏好的高斯二型模糊集合模型。

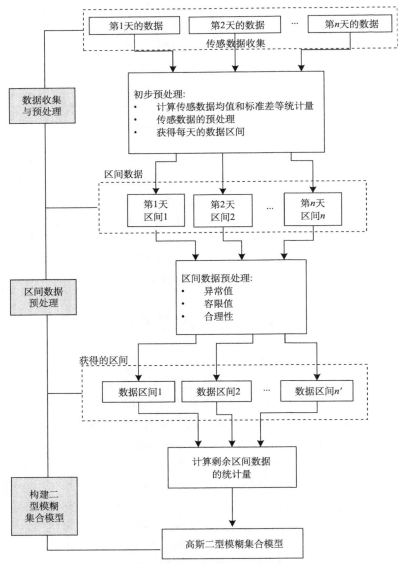

图 3-6　舒适性偏好二型模糊集合模型的构建流程

3.6.2 传感数据采集

本书选用的环境监测空间为 长度×宽度×高度 = 8.2m×6.3m×4.1m 的实验室，该实验室实体墙两面，其中一面墙有一扇小窗户，傍晚 16 点左右有阳光射入；实验室东向窗户上午 9 点之前有阳光射入。实验室内运行一台立式空调来调节室内温湿度，以满足人们在房间里的热舒适需求，室内固定人员 6 人。

数据采集时间是夏季，为了保证数据信息的全面性，数据采集设备设定的数据采集运行时间为每天实验室内人员工作的时间段：8:00～21:30。

本节中选用的建模数据仅考虑温湿度传感器收集的温度和湿度数据。此实验连续收集了 16 天共 2438 对数据。由于采集设备存在人员早走关停的情况，所以在不同的日子里数据收集的总数目是不一样的。

3.6.3 区间数据获取及预处理

考虑到环境及人为因素的影响，数据的采集过程中不可避免地将一些不可测因素（如噪声干扰等）考虑在内，导致获取的数据存在不完整性、不一致性等问题。针对上述问题，首先对数据进行初步处理，然后获取区间数据，具体步骤如下。

1. 日常获取数据的统计计算

假设对第 i 天收集的数据进行处理，首先计算其样本均值 m_i 和样本标准差 σ_i，分别表示为

$$m_i = \sum_{j=1}^{n_i} \mathrm{data}_{i,j} \Big/ n_i \tag{3-46}$$

$$\sigma_i = \sqrt{\sum_{j=1}^{n_i} \left(\mathrm{data}_{i,j} - m_i\right)^2 \Big/ n_i} \tag{3-47}$$

其中，n_i 表示第 i 天内收集的数据总量；$\mathrm{data}_{i,j}$ 表示为第 i 天内收集到的第 j 个数据。

2. 日常数据预处理

在上一步骤的基础上，对每一个数据 $\mathrm{data}_{i,j}$ 判断其是否满足下述方程：

$$\left|\mathrm{data}_{i,j} - m_i\right| \leqslant k \cdot \sigma_i \tag{3-48}$$

如果数据 $\mathrm{data}_{i,j}$ 满足式(3-48)，则接受；否则，将被剔除。一般而言，k 值的选取会依据具体问题而定。经过此阶段处理之后，在第 i 天内的数据将被留下 n_i' 个，其中，$n_i' \leqslant n_i$。

3. n 天内所有留下数据的统计计算

计算 n 天内所有留下数据的样本均值 m 和样本标准差 σ：

$$m = \frac{\sum\limits_{i=1}^{n} \sum\limits_{j=1}^{n_i'} \mathrm{data}_{i,j}}{\sum\limits_{i=1}^{n} n_i'} \tag{3-49}$$

$$\sigma = \sqrt{\frac{\sum\limits_{i=1}^{n} \sum\limits_{j=1}^{n_i'} \left(\mathrm{data}_{i,j} - m\right)^2}{\sum\limits_{i=1}^{n} n_i'}} \tag{3-50}$$

4. n 天数据的预处理

再对每一个数据 $\mathrm{data}_{i,j}$ 判断其是否满足下述方程：

$$\left| \mathrm{data}_{i,j} - m \right| \leqslant k \cdot \sigma \tag{3-51}$$

如果 $\mathrm{data}_{i,j}$ 满足式(3-51)，则数据被接受；否则，将被剔除。

5. 获得日常区间数据

在每天收集到的有效数据中，选择其中的最大值和最小值组成日常区间。此区间是对当天个人热舒适感觉范围的一个很好的映射，所以此阶段将采用最小和最大数据之间的区间来代表当天个人的舒适偏好。也就是说，第 i 天的区间可以计算为

$$[c_i, d_i] = [\min_{j \in I_i} \mathrm{data}_{i,j}, \max_{j \in I_i} \mathrm{data}_{i,j}] \tag{3-52}$$

其中，$i = 1, 2, \cdots, n$，I_i 表示经过上述预处理阶段后留下的第 i 天日常数据数量。

初步数据预处理后，关于温度和湿度所留下的区间数据分别显示在表 3-7 和表 3-8 中。需要提及的一点是，选用的特定房间内的湿度数据与理想湿度相比整体有些偏高。出现上述现象的原因在于数据收集期间正处于夏天的雨季。

表 3-7　初步数据预处理之后得到的温度区间

时间/天	数据数量		c_i	d_i	时间/天	数据数量		c_i	d_i
	原始数据	预处理之后				原始数据	预处理之后		
1	139	133	24.57	26.56	9	120	67	28.50	30.50
2	157	157	23.97	27.12	10	126	123	25.24	27.31
3	50	50	24.84	25.38	11	146	135	26.30	29.00
4	165	155	25.63	26.77	12	238	189	23.80	28.30
5	82	81	26.54	27.35	13	86	60	23.90	28.20
6	416	390	26.20	30.50	14	22	22	25.10	28.90
7	241	241	27.33	29.06	15	11	11	28.70	29.50
8	336	329	26.59	28.16	16	103	81	28.40	30.40

表 3-8　初步数据预处理之后得到的湿度区间

时间/天	数据数量		c_i	d_i	时间/天	数据数量		c_i	d_i
	原始数据	预处理之后				原始数据	预处理之后		
1	139	120	59.43	68.02	9	120	105	62.30	74.00
2	157	133	56.54	63.03	10	126	101	60.20	67.85
3	50	45	57.90	62.82	11	146	127	58.20	72.30
4	165	1137	56.80	63.31	12	238	44	62.40	75.50
5	82	75	63.31	71.07	13	86	58	57.20	75.20
6	416	198	48.10	52.40	14	22	20	51.90	69.40
7	241	209	59.97	66.24	15	11	9	59.70	61.80
8	336	285	62.79	67.54	16	103	84	48.10	52.70

　　进一步，对初步数据预处理之后得到的温、湿度区间采用 3.4.1 节中的方法进行区间数据处理，并计算剩余区间数据左右端点的统计量，所得统计量的数值见表 3-9。

表 3-9　区间数据预处理后剩余区间数据的统计量

统计量	x_m^l	x_m^r	s^l	s^r
温度	25.30	28.31	1.16	1.06
湿度	59.77	70.71	3.44	3.40

3.6.4　舒适性偏好二型模糊集合模型

　　利用所提出的高斯二型模糊集合构建方法，分别构建温度和湿度的高斯二型模糊集合舒适性模型。关于温、湿度舒适偏好的高斯二型模糊集合模型的中心与不确定标准差如表 3-10 所示。

表 3-10　构建的高斯二型模糊集合热舒适偏好模型的参数

参数	m	σ_1	σ_2
温度	26.81	0.56	1.78
湿度	65.24	2.68	7.43

　　从表 3-10 中可以观察到所构建的模型能够合理地反映出舒适的温度和湿度，并通过下隶属函数和上隶属函数之间的不确定性区域来包含这些不确定性。

3.7 本章小结

本章给出了基于二型模糊集合二阶不确定性度量的数据驱动建模方法。通过测度区间样本数据的不确定度及二型模糊集合的不确定度，并令两者等价，实现了二型模糊集合参数的确定。针对特殊形式的常用二型模糊集合给出了其参数确定的数据驱动解析式。最后，基于调查问卷数据和传感数据分别给出了热感觉及舒适性偏好的二型模糊集合模型。仿真结果表明通过所提出方法构建的二型模糊集合模型能合理有效地处理不确定性。

参 考 文 献

[1]　LIU F, MENDEL J M. Encoding words into interval type-2 fuzzy sets using an interval approach. IEEE transactions on fuzzy systems, 2008, 16(6): 1503-1521.

[2]　WU D, MENDEL J M, COUPLAND S. Enhanced interval approach for encoding words into interval type-2 fuzzy sets and its convergence analysis. IEEE transactions on fuzzy systems, 2012, 20(3): 499-513.

[3]　MENDEL J M, WU H. Type-2 fuzzistics for symmetric interval type-2 fuzzy sets: part 1, forward problems. IEEE transactions on fuzzy systems, 2006, 14(6): 781-792.

[4]　MENDEL J M, WU H. Type-2 fuzzistics for symmetric interval type-2 fuzzy sets: part 2, inverse problems. IEEE transactions on fuzzy systems, 2007, 15(2): 301-308.

[5]　MENDEL J M, WU H. Type-2 fuzzistics for non-symmetric interval type-2 fuzzy sets: forward problems. IEEE transactions on fuzzy systems, 2007, 15(5): 916-930.

[6]　MENDEL J M. Computing with words and its relationships with fuzzistics. Information sciences, 2007, 177: 988-1006.

[7]　SZMIDT E, KACPRZYK J. Entropy for intuitionistic fuzzy sets. Fuzzy sets and systems, 2001, 118: 467-477.

[8]　WU D, MENDEL J M. Uncertainty measures for interval type-2 fuzzy sets. Information sciences, 2007, 177: 5378-5393.

[9]　WU D, MENDEL J M. A comparative study of ranking methods, similarity measures and uncertainty measures for interval type-2 fuzzy sets. Information sciences, 2009, 179(8): 1169-1192.

[10]　BURILLO P, BUSTINCE H. Entropy on intuitionistic fuzzy sets and on interval-valued fuzzy sets. Fuzzy sets and systems, 1996, 78: 305-316.

[11]　ZENG W, LI H. Relationship between similarity measure and entropy of interval valued fuzzy sets. Fuzzy sets and systems, 2006, 157: 1477-1484.

[12]　VLACHOS I, SERGIADIS G. Subsethod, entropy, and cardinality for interval-valued fuzzy sets—an algebraic derivation. Fuzzy sets and systems, 2007, 158: 1384-1396.

[13]　CORNELIS C, KERRE E. Inclusion measures in intuitionistic fuzzy set theory. Lecture notes in computer science, 2004, 2711: 345-356.

[14] SPASOKUKOTSKIY K, TRANKLER H R, LUKASHEVA K. Model-based method to measure thermal comfort in buildings//Proceedings of IEEE International Workshop on Intelligent Data Acquisition and Advanced Computing System: Technology and Applications. Piscataway: IEEE, 2003: 154-158.

[15] HENZE G P, PFAFFEROTT J, HERKEL S, et al. Impact of adaptive comfort criteria and heat waves on optimal building thermal mass control. Energy and buildings, 2007, 39: 221-235.

[16] CHEN K, JIAO Y, LEE E S. Fuzzy adaptive networks in thermal comfort. Applied mathematics letters, 2006, 19: 420-426.

[17] CHEN K, RYS M J, LEE E S. Modeling of thermal comfort in air conditioned rooms by fuzzy regression analysis. Mathematical and computer modelling, 2006, 43: 809-819.

[18] STEPHEN E A, SHNATHI M, PAJALAKSHMY P, et al. Application of fuzzy logic in control of thermal comfort. International journal of computational and applied mathematics, 2010, 5: 289-300.

第4章　基于集成方法的数据驱动二型模糊集合构建

4.1　引　　言

如第 3 章所述，存在区间值方法[1,2]和模糊统计方法[3-6]两大类数据驱动的二型模糊集合构建方法。第 3 章也给出了基于二阶不确定性度量的二型模糊集合构建策略，并用于了热感觉语言词建模及舒适性偏好建模。但上述方法主要针对对称二型模糊集合的构建，并不能用于具有较多自由参数的非对称二型模糊集合的构建。另外，在热感觉语言词建模过程中，发现由于区间数据左右端点的样本标准差有时并不近似，此时采用非对称二型模糊集合建模更为合理。

本章给出一种新的非对称二型模糊集合构建方法。该方法采用一型模糊集合集成的方式实现二型模糊集合的构建，具体为：①对区间数据进行预处理；②将区间数据分别映射为代表性一型模糊集合；③将一型模糊集合进行集成，构建二型模糊集合。将所给出的方法用在热感觉语言词建模问题中。建模结果表明所构建的多数二型模糊集合是非对称的，这也与第 3 章的结论相一致。

4.2　相　关　知　识

4.2.1　采用的模糊集合

本章将采用三角一型模糊集合及梯形二型模糊集合，分别如图 4-1 和图 4-2 所示。

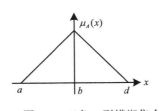

图 4-1　三角一型模糊集合

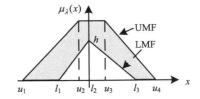

图 4-2　梯形二型模糊集合

图 4-1 所示的三角一型模糊集合的隶属函数为

$$\mu_A(x) = \max\left\{0, \min\left\{\frac{x-a}{b-a}, \frac{d-x}{d-b}\right\}\right\} \tag{4-1}$$

图 4-2 所示的梯形二型模糊集合的上、下隶属函数分别表示为

$$\bar{\mu}_{\tilde{A}}(x) = \max\left\{0, \min\left\{1, \frac{x-u_1}{u_2-u_1}, \frac{u_4-x}{u_4-u_3}\right\}\right\} \tag{4-2}$$

$$\underline{\mu}_{\tilde{A}}(x) = \max\left\{0, \min\left\{h\frac{x-l_1}{l_2-l_1}, h\frac{l_3-x}{l_3-l_2}\right\}\right\} \tag{4-3}$$

其中，$l_1 \leqslant l_2 \leqslant l_3$；$u_1 \leqslant u_2 \leqslant u_3 \leqslant u_4$；$0 \leqslant h \leqslant 1$。

4.2.2 一型模糊集合的含糊度

对于一型模糊集合而言，有很多对其一阶不确定性进行度量的方式，如重心、模糊度、基数以及含糊度（Ambiguity）。本章主要考虑一型模糊集合的含糊度。

定义 4-1(一型模糊集合的 α-截集) 任给 $\alpha \in [0,1]$，一型模糊集合 A 的 α-截集定义为下述精确集合：

$$A_\alpha = \left\{x \in \mathbf{R} \mid \mu_A(x) \geqslant \alpha\right\} \tag{4-4}$$

对于任给的 $\alpha \in [0,1]$，分别记一型模糊集合 A 的 α-截集的下、上确界为

$$A_{\mathrm{L}}(\alpha) = \inf\left\{x \in \mathbf{R} \mid \mu_A(x) \geqslant \alpha\right\} \tag{4-5}$$

$$A_{\mathrm{U}}(\alpha) = \sup\left\{x \in \mathbf{R} \mid \mu_A(x) \geqslant \alpha\right\} \tag{4-6}$$

定义 4-2(一型模糊集合的含糊度[7,8]) 一型模糊集合 A 的含糊度定义为

$$\mathrm{Amb}(A) = \int_0^1 \alpha\left[A_{\mathrm{U}}(\alpha) - A_{\mathrm{L}}(\alpha)\right]\mathrm{d}\alpha \tag{4-7}$$

对于三角一型模糊集合而言，其 α-截集的下、上确界就是其 α-截集的左、右端点，计算公式为

$$A_{\mathrm{L}}(\alpha) = a + (b-a)\alpha \tag{4-8}$$

$$A_{\mathrm{U}}(\alpha) = d - (d-b)\alpha \tag{4-9}$$

因此，三角一型模糊集合的含糊度如下：

$$\mathrm{Amb}(A) = \int_0^1 \alpha\left[(d-a) - (d-a)\alpha\right]\mathrm{d}\alpha = \frac{d-a}{6} \tag{4-10}$$

考虑下述特殊的一型模糊集合——区间模糊集合

$$\mu_I(x) = \begin{cases} 1, & t_l \leqslant x \leqslant t_r \\ 0, & \text{else} \end{cases} \tag{4-11}$$

对于该模糊集合而言，其 α-截集的左、右端点的计算公式为

$$I_{\mathrm{L}}(\alpha) = t_l \tag{4-12}$$

$$I_{\mathrm{U}}(\alpha) = t_r \tag{4-13}$$

因此，区间模糊集合的含糊度如下：

$$\mathrm{Amb}(I) = \int_0^1 \alpha (t_r - t_l) \mathrm{d}\alpha = \frac{t_r - t_l}{2} \qquad (4\text{-}14)$$

4.3　基于集成方法的二型模糊集合数据驱动建模

4.3.1　二型模糊集合建模总体方案

本章提出的二型模糊集合建模总体方案如图 4-3 所示。该建模方案共包括如下 3 个主要步骤：

(1) 对所得到的区间数据进行预处理，以期获得合理的训练数据集。

(2) 度量每一个区间数据的含糊度，并将其映射到与其含糊度一致的三角一型模糊集合。

(3) 将所有的代表性一型模糊集合进行集成，得到梯形二型模糊集合。

在上述步骤中，步骤(1)可以采用 3.4.1 节所给出的区间数据预处理方法分别进行数据的异常值处理、容限值处理以及合理性处理。下面将主要讨论步骤(2)和步骤(3)中的具体过程。

4.3.2　代表性一型模糊集合的构建

不同的方法都可以将区间数据映射为一型模糊集合。在区间值方法中[1,2]，通过令区间值与一型模糊集合的中心及方差相等来实现这一映射。本节采用一种新的方法来实现该目的。所提出的方法保持区间数据与三角一型模糊集合的含糊度相等，同时能够最小化两者之间的距离来保证两者的相似性。

假定经过区间数据预处理后剩余的 N 个有效区间数据为 $\left[t_l^i, t_r^i \right]$，其中，$i = 1, 2, \cdots, N$。为将区间数据映射为其代表性三角一型模糊集合，区间数据的主要特征需要保留。在文献[1]和文献[2]中，Liu 等将区间数据看成均匀分布，然后计算其均值、方差，通过寻找与其均值、方差一致的三角一型模糊集合来代替该区间数据。本章将区间数据看成区间模糊集，通过寻找与其距离最近且含糊度一致的三角一型模糊集合来实现两者的转换。为减少计算量，所采用的三角一型模糊集合是对称的。

首先，将区间数据 $\left[t_l^i, t_r^i \right]$ 转化为具有式(4-11)所述隶属函数的区间模糊集合 I^i，然后，采用式(4-14)计算其含糊度。

进而，将区间模糊集合 I^i 转化为对称的三角一型模糊集合 $A^i(a^i, b^i, d^i)$。在转化过程中，区间模糊集合和代表性三角一型模糊集合的中心及含糊度保持一致，即

$$b^i = \frac{t_l^i + t_r^i}{2} \qquad (4\text{-}15)$$

$$\mathrm{Amb}(I^i) = \mathrm{Amb}(A^i) \qquad (4\text{-}16)$$

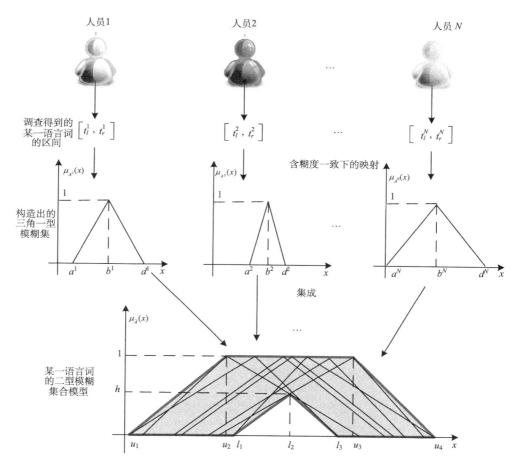

图 4-3　二型模糊集合建模总体方案

由式(4-16)可得

$$\frac{d^i - a^i}{6} = \frac{t_r^i - t_l^i}{2}$$

(4-17)

另外，希望区间模糊集合和代表性三角一型模糊集合尽量相似，即两者有最近的欧几里得距离。通过下述公式度量区间模糊集合 I^i 和代表性三角一型模糊集合 A^i 的距离：

$$D\left(A^i, I^i\right) = \int_0^1 \left[A_{\mathrm{L}}^i\left(\alpha\right) - I_{\mathrm{L}}^i\left(\alpha\right)\right]^2 \mathrm{d}\alpha + \int_0^1 \left[A_{\mathrm{U}}^i\left(\alpha\right) - I_{\mathrm{U}}^i\left(\alpha\right)\right]^2 \mathrm{d}\alpha$$

$$= \int_0^1 \left[\left(a^i - t_l^i\right) + \left(b^i - a^i\right)\alpha\right]^2 \mathrm{d}\alpha + \int_0^1 \left[\left(d^i - t_l^i\right) + \left(b^i - d^i\right)\alpha\right]^2 \mathrm{d}\alpha$$

$$= \left(a^i - t_l^i\right)^2 + \left(a^i - t_l^i\right)\left(b^i - a^i\right) + \frac{\left(b^i - a^i\right)^2}{3} + \left(d^i - t_r^i\right)^2$$

$$+ \left(d^i - t_r^i\right)\left(b^i - d^i\right) + \frac{\left(b^i - d^i\right)^2}{3} \tag{4-18}$$

综上所述，求解区间数据到三角一型模糊集合的转换问题可以通过求解下述优化问题予以解决：

$$\begin{cases} \min\limits_{a^i, b^i, d^i} D\left(A^i, I^i\right) \\ \text{subject to} \begin{cases} b^i = \dfrac{t_l^i + t_r^i}{2} \\ \dfrac{d^i - a^i}{6} = \dfrac{t_r^i - t_l^i}{2} \end{cases} \end{cases} \tag{4-19}$$

考虑到 $b^i = \dfrac{t_l^i + t_r^i}{2}$，且 $d^i = a^i + 3\left(t_r^i - t_l^i\right)$，可以得到

$$D\left(A^i, I^i\right) = \left(a^i - t_l^i\right)^2 + \left(a^i - t_l^i\right)\left(b^i - a^i\right) + \frac{\left(b^i - a^i\right)^2}{3} + \left(a^i + 2t_r^i - 3t_l^i\right)^2$$

$$+ \left(a^i + 2t_r^i - 3t_l^i\right)\left(b^i - a^i - 3t_r^i + 3t_l^i\right) + \frac{\left(b^i - a^i - 3t_r^i + 3t_l^i\right)^2}{3} \tag{4-20}$$

因此，上述约束优化问题转化为下述无约束优化问题：

$$\begin{aligned} &\min\limits_{a^i} \quad D\left(A^i, I^i; a^i\right) \\ &= \min\limits_{a^i} \left[\left(a^i - t_l^i\right)^2 + \left(a^i - t_l^i\right)\left(b^i - a^i\right) + \frac{\left(b^i - a^i\right)^2}{3} + \left(a^i + 2t_r^i - 3t_l^i\right)^2 \right. \\ &\qquad \left. + \left(a^i + 2t_r^i - 3t_l^i\right)\left(b^i - a^i - 3t_r^i + 3t_l^i\right) + \frac{\left(b^i - a^i - 3t_r^i + 3t_l^i\right)^2}{3} \right] \end{aligned} \tag{4-21}$$

令 $\dfrac{\partial D\left(A^i, I^i; a^i\right)}{\partial a^i} = 0$，可以得到转化后的对称三角一型模糊集合 $A\left(a^i, b^i, d^i\right)$ 的参数为

$$\begin{cases} a^i = \dfrac{t_l^i + t_r^i}{2} - \dfrac{3}{2}\left(t_r^i - t_l^i\right) \\ b^i = \dfrac{t_l^i + t_r^i}{2} \\ d^i = \dfrac{t_l^i + t_r^i}{2} + \dfrac{3}{2}\left(t_r^i - t_l^i\right) \end{cases} \tag{4-22}$$

根据上述讨论，对区间数据 $\left[t_l^i, t_r^i\right]$，可以构造出最为相似且保持中心及含糊度的三角一型模糊集合 $A^i = A^i\left(2t_l^i - t_r^i, \dfrac{t_l^i + t_r^i}{2}, 2t_r^i - t_l^i\right)$。

很明显，$b^i - a^i = d^i - b^i$，因此，该三角一型模糊集合是对称的。

4.3.3 一型模糊集合的集成

采用 4.3.2 节的方法将 N 个区间数据转换成了 N 个一型模糊集合，每一个一型模糊集合蕴含了区间数据的内部不确定性，但不同数据的外部不确定性尚未统一到一个模型。进一步的工作是将这 N 个一型模糊集合进行集成来有效反映不同数据的外部不确定性。本节将采用梯形二型模糊集合实现三角一型模糊集合的集成。

本章所采用的梯形二型模糊集合的下隶属函数为三角形，而其上隶属函数为梯形。为确定该梯形二型模糊集合，其上、下隶属函数需要分别确定。如图 4-3 所示，下隶属函数的参数分别为左端点 l_1、中心 l_2、右端点 l_3 和高度 h，上隶属函数具有四个参数，分别为梯形的四个参数 u_1、u_2、u_3、u_4。为实现 N 个一型模糊集合在梯形二型模糊集合中的嵌入，采用图 4-3 所示的方式实现。梯形二型模糊集合的 8 个参数确定后需完全包含 N 个一型模糊集合。

首先，根据 N 个一型模糊集合的参数 $\left\{a^i, b^i, d^i\right\}_{i=1}^N$ 确定梯形上隶属函数的参数如下：

$$u_1 = \min_{i=1}^N \left\{a^i\right\} \tag{4-23}$$

$$u_2 = \min_{i=1}^N \left\{b^i\right\} \tag{4-24}$$

$$u_3 = \max_{i=1}^N \left\{b^i\right\} \tag{4-25}$$

$$u_4 = \max_{i=1}^N \left\{d^i\right\} \tag{4-26}$$

为使二型模糊集合的下隶属函数嵌入所有的三角一型模糊集合，下隶属函数的左、右端点通过下式确定：

$$l_1 = \max_{i=1}^N \left\{a^i\right\} \tag{4-27}$$

$$l_3 = \min_{i=1}^N \left\{d^i\right\} \tag{4-28}$$

下隶属函数的中心及高度所组成的顶点 (l_2, h) 是所有三角一型模糊集合的左侧直线与右侧直线交点中的高度最小者。

N 个三角一型模糊集合的左侧直线及右侧直线分别为

$$A_i^L(x) = \frac{x - a^i}{b^i - a^i} \tag{4-29}$$

$$A_j^R(x) = \frac{d^j - x}{d^j - b^j} \tag{4-30}$$

其中，$i, j = 1, 2, \cdots, N$。

分别记 A_i^L 和 A_j^R 的交点为 $(x^{i,j}, h^{i,j})$，共有 $N \times N$ 个交点。如前所述，下隶属函数的中心及高度所组成的顶点 (l_2, h) 应为

$$h = h^{s,t} = \min_{i,j=1}^{N} \left\{ h^{i,j} \right\} \tag{4-31}$$

$$l_2 = x^{s,t} \tag{4-32}$$

剩下的问题是计算 $N \times N$ 个交点 $(x^{i,j}, h^{i,j})$。令 $A_i^L(x) = A_j^R(x)$，可得这些交点的计算表达式为

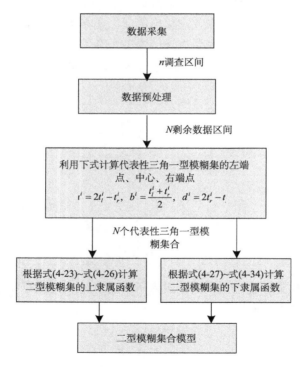

图 4-4　数据驱动的二型模糊集合模型构建流程

$$x^{i,j} = \frac{b^i d^j - a^i b^j}{b^i + d^j - a^i - b^j} \tag{4-33}$$

$$h^{i,j} = \min\left\{\max\left\{\frac{x^{i,j} - a^i}{b^i - a^i}, 0\right\}, 1\right\} \tag{4-34}$$

4.3.4 数据驱动的二型模糊集合构建流程

根据上述讨论，数据驱动的二型模糊集合构建具体流程如图 4-4 所示。首先进行数据的采集与预处理；其次将有效区间数据根据式(4-22)映射为相应的三角一型模糊集合；最后，采用集成策略将所有三角一型模糊集合嵌入一个梯形二型模糊集合，通过该二型模糊集合来处理数据中蕴含的不确定性。

4.4 在热感觉建模中的应用

考虑第 3 章所讨论的热感觉建模问题，采用本章所提出的数据驱动建模方案对"很冷""冷""有些冷""凉""稍凉""舒适""稍热""有些热""热""很热"等语言词构建二型模糊集合模型。

所用到的数据采集方案及区间数据预处理策略如 3.5 节所述，通过预处理获取有效区间数据。根据所得到的区间数据，采用本章所提出的数据驱动二型模糊集合模型构建方法，得到"很冷""冷""有些冷""凉""稍凉""舒适""稍热""有些热""热""很热"等语言词的梯形二型模糊集合模型，结果如图 4-5 所示。相应梯形二型模糊集合的具体参数见表 4-1。

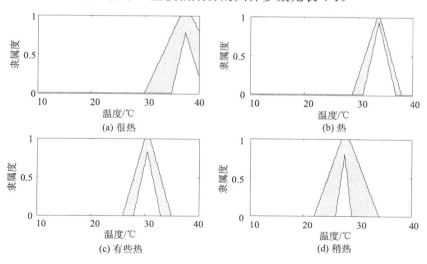

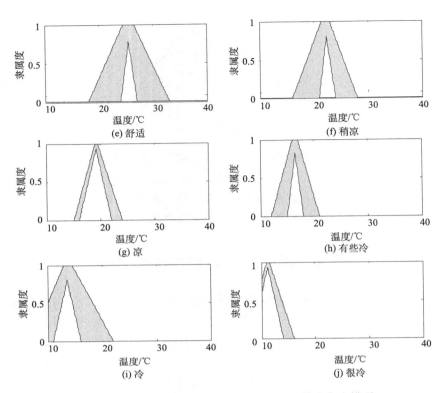

图 4-5　所构建的热感觉语言词梯形二型模糊集合模型

表 4-1　所构建的梯形二型模糊集合模型的参数表

语言词	u_1	u_2	u_3	u_4	l_1	l_2	l_3	h
很热	30	36.5	38.5	46	35	37.5	41	0.78
热	29	33.5	34	38	31	33.8	37	0.93
有些热	26	30	31	35	28	30.5	33	0.83
稍热	22	27	28.5	34	26	27.6	29	0.8
舒适	18	24.5	26.5	33	24	25.5	27	0.78
稍凉	16	21.5	23	28	21	22.4	24	0.8
凉	15	19	19.5	24	16	19.2	22	0.93
有些冷	12	16	17	21	15	16.5	18	0.83
冷	7	13	14.5	22	11	13.6	16	0.8
很冷	7	11	11.5	16	8	11.2	14	0.93

　　从图 4-5 和表 4-1 可知，本章所构建的区间二型模糊集合多数情况下是非对称的，能更好地符合所采集的实际数据。主要原因在于针对上述语言词所采集的

区间数据的左、右端点标准差在大多数情况下不相等（具体统计数据如表 4-2 所示），这就使得构建对称二型模糊集合相对不是那么合理，而采用非对称二型模糊集合能更好地分别处理左、右端点的不确定性。

表 4-2　建模区间数据的左右端点标准差

语言词	数据个数	样本左标准差 s^l	样本右标准差 s^r
很热	41	2.54	2.48
热	41	2.28	2.31
有些热	41	2.17	2.17
稍热	41	2.14	2.04
舒适	41	2.40	2.10
稍凉	41	2.70	2.54
凉	41	2.95	2.75
有些冷	41	3.73	3.21
冷	41	3.99	3.71
很冷	41	4.60	4.02

4.5　本　章　小　结

本章给出了一种基于一型模糊集合集成构建二型模糊集合的方法。该方法首先将区间数据映射为一型模糊集合，进而采用集成策略构建二型模糊集合。将所提出的方法用在了热感觉语言词建模问题中。建模结果表明所构建的非对称二型模糊集合模型能更为合理且有效地嵌入数据区间的内部不确定性及不同区间数据间的外部不确定性。

参　考　文　献

[1] LIU F, MENDEL J M. Encoding words into interval type-2 fuzzy sets using an interval approach. IEEE transactions on fuzzy systems, 2008, 16(6): 1503-1521.

[2] WU D, MENDEL J M, COUPLAND S. Enhanced interval approach for encoding words into interval type-2 fuzzy sets and its convergence analysis. IEEE transactions on fuzzy systems, 2012, 20(3): 499-513.

[3] MENDEL J M, WU H. Type-2 fuzzistics for symmetric interval type-2 fuzzy sets: part 1, forward problems. IEEE transactions on fuzzy systems, 2006, 14(6): 781-792.

[4] MENDEL J M, WU H. Type-2 fuzzistics for symmetric interval type-2 fuzzy sets: part 2, inverse problems. IEEE transactions on fuzzy systems, 2007, 15(2): 301-308.

[5] MENDEL J M, WU H. Type-2 fuzzistics for non-symmetric interval type-2 fuzzy sets: forward

problems. IEEE transactions on fuzzy systems, 2007, 15 (5) : 916-930.

[6] MENDEL J M. Computing with words and its relationships with fuzzistics. Information sciences, 2007, 177: 988-1006.

[7] CHANAS S. On the interval approximation of a fuzzy number. Fuzzy sets and systems, 2001, 122 (2) : 353-356.

[8] BAN A I, COROIANU L. Nearest interval, triangular and trapezoidal approximation of a fuzzy number preserving ambiguity. International journal of approximate reasoning, 2012, 53 (5) : 805-836.

第5章 数据驱动的二型模糊系统快速设计方法

5.1 引　　言

目前，有两类方法用来设计具有满意性能的二型模糊系统：一类是人工设定二型模糊规则；另一类是采用数据驱动方案。当二型模糊系统用作控制器时，通常采用第一类方法进行二型模糊系统的设定[1]，而当二型模糊系统用作建模、预测等应用时，通常采用数据驱动方法进行设计。针对二型模糊系统的参数学习问题，研究人员提出了一系列的数据驱动参数学习方法，如元认知顺序学习算法(the Meta-cognitive Sequential Learning Algorithm)[2]、梯度下降法(the Gradient Descent Algorithm)[3,4]、最小二乘法(the Least Squares Algorithms)[5,6]、混合方法(the Hybrid Algorithm)[7-9]、矢量优化方法(the Vectorization-Optimization-Method)[10]、多目标优化方法(the Multi-objective Optimization Method)[11]以及遗传算法(the Genetic Algorithm)[12]。

在上述研究中，二型模糊系统都是直接设计的，没有利用当前流行的一型模糊系统的设计方法。另外，有一些研究在设计好的一型模糊系统的基础上构建二型模糊系统。例如，在文献[13]和文献[14]中，首先设计好一型模糊系统，然后将其作为二型模糊系统的初始参数，再利用学习算法实现二型模糊系统参数的优化。本章提供一种不同的由一型模糊系统设计二型模糊系统的方案。在所给的方案中，首先将大的训练数据集分块；其次对于每一个数据块采用 ANFIS 方法[15,16]产生一个一型模糊系统；最后将所得到的不同一型模糊系统进行综合集成，得到所设计的二型模糊系统。

另外，由于二型模糊系统输入输出的复杂性以及较多的待定参数，不论采用何种方式进行二型模糊系统的设计，设计过程的计算复杂度都是必须面对的问题。由于二型模糊系统前件参数对于输出量的非线性，一般采用基于梯度下降的方法进行前件参数的优化学习。但该方法缺点明显，如迭代速度慢、易落入局部极小点等。一种替代的方法是采用极限学习方法(Extreme Learning Method)的思想，前件随机生成，仅对后件利用最小二乘法进行快速优化[17,18]。但在这些方法中，采用的前件随机生成的策略使得规则前件中的二型模糊集合失去了语言值的直观性，且存在无法完全覆盖整个论域的情况。本章采用由一型模糊系统构建二型模糊系统的策略来克服这些问题。在该策略中，一方面，二型模糊系统规则前件的模糊集合由不同数据块的一型模糊系统规则前件集成得到，构造不同一型模糊系统的过程可以并行处理，有助于加快学习速度；另一方面，二型模糊系统规则后件参数采用最小二乘法进行优化，既保证了学习速度，也保证了所设计的二型模糊系统的逼近性能与泛化性能。

本章的组织结构为：5.2 节将给出本章所用到的二型模糊集合与系统的简要描述；5.3 节将详细讨论所给出的数据驱动快速学习方法；5.4 节将在多个问题中进行仿真验证，并与文献[19]～文献[27]中的一些主流方法进行比较；5.5 节将进行本章小结。

5.2　相　关　知　识

与第 4 章一样，本章仍然在一型模糊系统中采用图 4-1 所示的三角一型模糊集合；在二型模糊系统中采用图 4-2 所示的梯形二型模糊集合。

正如在文献[28]～文献[30]中所论述的，多输入多输出模糊系统(包括一型和二型)可以分解为多个多输入单输出模糊系统。因此，本章考虑具有 p 个输入变量 1 个输出变量的模糊系统。

假定对第 s 个输入变量 x_s 而言，其输入论域有 m_s 个二型模糊集合 $\tilde{A}_s^1, \tilde{A}_s^2, \cdots, \tilde{A}_s^{m_s}$ 进行划分。从而，本章所采用的完备规则库共有 $\prod\limits_{s=1}^{p} m_s$ 条模糊规则，其中的第 $(j_1 j_2 \cdots j_p)$ 条规则为

$$x_1 = \tilde{A}_1^{j_1}, x_2 = \tilde{A}_2^{j_2}, \cdots, x_p = \tilde{A}_p^{j_p} \rightarrow y = \left[\underline{w}^{j_1 j_2 \cdots j_p}, \overline{w}^{j_1 j_2 \cdots j_p} \right] \tag{5-1}$$

其中，$j_s \in \{1, 2, \cdots, m_s\}$，$s = 1, 2, \cdots, p$；$\left[\underline{w}^{j_1 j_2 \cdots j_p}, \overline{w}^{j_1 j_2 \cdots j_p} \right]$ 是规则 $(j_1 j_2 \cdots j_p)$ 后件的区间权重，可以认为是二型模糊集合的质心。

对二型模糊系统给定输入 $\boldsymbol{x} = (x_1, x_2, \cdots, x_p)^{\mathrm{T}}$ 后，通过单点值模糊器和二型模糊推理过程可得到规则 $(j_1 j_2 \cdots j_p)$ 的区间激活强度为 $\left[\underline{f}^{j_1 j_2 \cdots j_p}(\boldsymbol{x}), \overline{f}^{j_1 j_2 \cdots j_p}(\boldsymbol{x}) \right]$，其中，

$$\underline{f}^{j_1 j_2 \cdots j_p}(\boldsymbol{x}) = \prod_{s=1}^{p} \underline{\mu}_{\tilde{A}_s^{j_s}}(x_s) \tag{5-2}$$

$$\overline{f}^{j_1 j_2 \cdots j_p}(\boldsymbol{x}) = \prod_{s=1}^{p} \overline{\mu}_{\tilde{A}_s^{j_s}}(x_s) \tag{5-3}$$

其中，$\underline{\mu}_{\tilde{A}_s^{j_s}}$ 和 $\overline{\mu}_{\tilde{A}_s^{j_s}}$ 分别为二型模糊集合 $\tilde{A}_s^{j_s}$ 的下隶属函数与上隶属函数。

本章采用 Biglarbegian-Melek-Mendel(BMM)降型及解模糊方法[31]获得二型模糊系统的精确输出值，其具体表达式为

$$y(\boldsymbol{x}) = \alpha \frac{\sum_{j_1=1}^{m_1}\cdots\sum_{j_p=1}^{m_p}\underline{f}^{\,j_1 j_2 \cdots j_p}(\boldsymbol{x})\underline{w}^{j_1 j_2 \cdots j_p}}{\sum_{j_1=1}^{m_1}\cdots\sum_{j_p=1}^{m_p}\underline{f}^{\,j_1 j_2 \cdots j_p}(\boldsymbol{x})} + \beta \frac{\sum_{j_1=1}^{m_1}\cdots\sum_{j_p=1}^{m_p}\overline{f}^{\,j_1 j_2 \cdots j_p}(\boldsymbol{x})\overline{w}^{j_1 j_2 \cdots j_p}}{\sum_{j_1=1}^{m_1}\cdots\sum_{j_p=1}^{m_p}\overline{f}^{\,j_1 j_2 \cdots j_p}(\boldsymbol{x})}$$

$$(5\text{-}4)$$

其中，$\alpha \geqslant 0$；$\beta \geqslant 0$ 且 $\alpha + \beta = 1$。通常，α 和 β 分别设定为 0.5。

5.3 二型模糊系统的数据驱动设计

5.3.1 总体方案

为设计二型模糊系统，首先需要确定它的规则，包括规则前件中的二型模糊集合与规则后件中的区间权重；然后优化前件模糊集合及后件区间权重的参数以期获得满意性能。本节将给出总体方案，具体将在 5.3.2～5.3.5 节详细讨论。

步骤 1：确定 p 个输入变量论域的模糊划分数 $[m_1, m_2, \cdots, m_p]$，设定将训练数据集分块的块数 K。

步骤 2：根据整个数据集确定各输入变量的模糊划分，从而形成初始的一型模糊系统。

步骤 3：将数据集随机划分为 K 个数据块。利用每一个数据块根据 ANFIS 方法训练一型模糊系统，然后提取 K 个一型模糊系统前件中的一型模糊集合。

步骤 4：集成 K 个一型模糊系统前件中的一型模糊集合，形成 p 个输入变量的二型模糊划分，然后生成初始的二型模糊系统。

步骤 5：优化二型模糊系统的后件区间权重参数，得到最终的二型模糊系统。

在本算法中采取了两种方案来加快二型模糊系统学习速度。首先，在一型模糊系统形成阶段采用了并行处理机制；其次，在参数优化阶段采用了学习快速的最小二乘法。

同时，在该算法中仅有两类参数需要人工设定。一类是每一个输入变量 x_i 所属论域模糊划分数目 m_i $(i = 1, 2, \cdots, p)$。为防止出现规则爆炸问题，m_i 的值不能取得过大，一般 $2 \leqslant m_i \leqslant 5$ 即可。另一类是划分的数据块的个数 K，该数目取决于训练数据量以及处理器的并行处理能力。

5.3.2 输入论域的一型模糊划分

假定训练数据集为 $\left\{ \left(\boldsymbol{x}^t, y^t \right) \right\}_{t=1}^N$，其中，$\boldsymbol{x}^t = \left(x_1^t, x_2^t, \cdots, x_p^t \right)^{\mathrm{T}}$，$N$ 为训练数据个数。

首先，根据训练数据估计的第 s 个输入变量 x_s 的范围 $\left[\underline{U}_s, \overline{U}_s \right]$ 如下：

$$\underline{U}_s = \min_{t=1}^{N} \left\{ x_s^t \right\} \tag{5-5}$$

$$\overline{U}_s = \max_{t=1}^{N} \left\{ x_s^t \right\} \tag{5-6}$$

本章采用三角一型模糊集合对各输入变量的范围(即其论域)进行划分。变量 x_s 中的三角一型模糊集合 $A_s^{j_s}(x_s)$ 的隶属函数采用下述表达式进行计算:

$$\mu_{A_s^{j_s}}\left(x_s\right)=\begin{cases} 0, & x_s < a_s^{j_s} \\ \dfrac{x_s - a_s^{j_s}}{b_s^{j_s} - a_s^{j_s}}, & a_s^{j_s} \leqslant x_s \leqslant b_s^{j_s} \\ \dfrac{x_s - c_s^{j_s}}{b_s^{j_s} - c_s^{j_s}}, & b_s^{j_s} \leqslant x_s \leqslant c_s^{j_s} \\ 0, & x_s > c_s^{j_s} \end{cases} \tag{5-7}$$

输入变量的初始模糊划分如图 5-1 所示,其中,输入论域 $\left[\underline{U}_s, \overline{U}_s\right]$ 均匀地被 m_s 个三角一型模糊集合覆盖,即三角一型模糊集合 $A_s^{j_s}(x_s)$ 的参数可以表示为

$$\left(a_s^{j_s}, b_s^{j_s}, c_s^{j_s}\right) = \left(e_s^{j_s-1}, e_s^{j_s}, e_s^{j_s+1}\right) \tag{5-8}$$

其中,

$$e_s^{j_s} = \underline{U}_s + \left(j_s - 1\right)\frac{\overline{U}_s - \underline{U}_s}{m_s - 1} \tag{5-9}$$

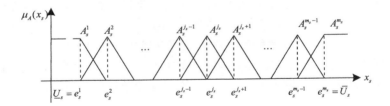

图 5-1　输入变量的初始模糊划分

然后,可以得到具有如下规则的一型模糊系统:

$$R^{j_1 j_2 \cdots j_p} : x_1 = A_1^{j_1}, x_2 = A_2^{j_2}, \cdots, x_p = A_p^{j_p} \rightarrow y = w^{j_1 j_2 \cdots j_p} \tag{5-10}$$

其中, $j_s = 1, 2, \cdots, m_s$, $s = 1, 2, \cdots, p$。

5.3.3　一型模糊系统的优化

为提高学习速度,采用随机机制将整个训练数据集划分为 K 个数据块。每一个数据块分别用来对上述初始的一型模糊系统进行优化。本章采用 ANFIS 方法对一型模糊系统进行训练。不同数据块所训练的一型模糊系统起源于式(5-10)所述

的同一个初始模糊系统。

从这一初始一型模糊系统出发，K 个数据块并行地用于 ANFIS 优化，最终得到 K 个不同的一型模糊系统。在 ANFIS 方法中，一型模糊系统前件模糊集合的参数利用最速下降法进行优化，而其后件参数采用最小二乘法与最速下降法相结合的混合算法进行优化。

假定经过 ANFIS 方法的训练得到的第 k 个一型模糊系统的规则具有下述形式：

$$R^{j_1,k j_2,k \cdots j_p,k} : x_1 = A_{1,k}^{j_1,k}, x_2 = A_{2,k}^{j_2,k}, \cdots, x_p = A_{p,k}^{j_p,k} \rightarrow y = w^{j_1,k \cdots j_p,k} \quad (5\text{-}11)$$

其中，$k = 1, 2, \cdots, K$；$j_{s,k} \in \{1, 2, \cdots, m_s\}$。

在每一个一型模糊系统规则库中共有 $\prod_{s=1}^{p} m_s$ 条模糊规则。训练得到的第 k 个一型模糊系统的规则前件中的一型模糊集合为 $A_{s,k}^{j_{s,k}}$。通过 ANFIS 方法训练后的该三角一型模糊集合 $A_{s,k}^{j_{s,k}}$ 的参数记为 $\left(a_{s,k}^{j_{s,k}}, b_{s,k}^{j_{s,k}}, c_{s,k}^{j_{s,k}} \right)$。

5.3.4 基于集成策略的二型模糊划分

本章通过集成 K 个一型模糊系统的一型模糊划分来得到二型模糊划分。本节采用梯形二型模糊集合来集成相对应的三角一型模糊集合。具体来说，第 s 个输入变量的二型模糊集合 $\tilde{A}_s^{j_s}$ 由相对应的三角一型模糊集合 $A_{s,1}^{j_s}, A_{s,2}^{j_s}, \cdots, A_{s,K}^{j_s}$ 集成得到。二型模糊集合 $\tilde{A}_s^{j_s}$ 具有 8 个参数 $\left(z_s^{j_s 1}, z_s^{j_s 2}, z_s^{j_s 3}, t_s^{j_s 1}, t_s^{j_s 2}, t_s^{j_s 3}, t_s^{j_s 4}, h_s^{j_s} \right)$，其中，$t_s^{j_s 1}, t_s^{j_s 2}, t_s^{j_s 3}, t_s^{j_s 4}$ 为其上隶属函数的参数；而 $z_s^{j_s 1}, z_s^{j_s 2}, z_s^{j_s 3}, h_s^{j_s}$ 为其下隶属函数的参数。具体的集成策略如图 5-2 所示。

根据图 5-2，梯形上隶属函数的参数根据 K 个一型模糊集合的参数采用如下公式进行确定：

$$t_s^{j_s 1} = \min_{k=1}^{K} \left\{ a_{s,k}^{j_s,k} \right\} \quad (5\text{-}12)$$

$$t_s^{j_s 2} = \min_{k=1}^{K} \left\{ b_{s,k}^{j_s,k} \right\} \quad (5\text{-}13)$$

$$t_s^{j_s 3} = \max_{k=1}^{K} \left\{ b_{s,k}^{j_s,k} \right\} \quad (5\text{-}14)$$

$$t_s^{j_s 4} = \max_{k=1}^{K} \left\{ c_{s,k}^{j_s,k} \right\} \quad (5\text{-}15)$$

下隶属函数的左、右端点通过下述公式可以确定：

$$z_s^{j_s 1} = \max_{k=1}^{K} \left\{ a_{s,k}^{j_s,k} \right\} \quad (5\text{-}16)$$

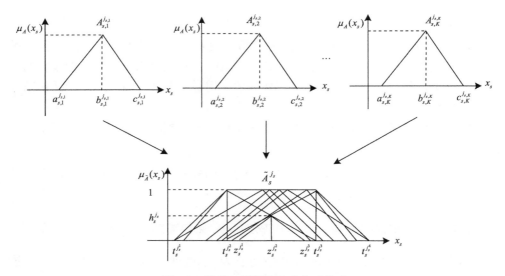

图 5-2 前件二型模糊集合集成策略

$$z_s^{j_s\,3} = \min_{k=1}^{K}\left\{ c_{s,k}^{j_s,k} \right\} \tag{5-17}$$

下隶属函数的中心及高度所组成的顶点 $\left(z_s^{j_s\,2}, h_s^{j_s}\right)$ 是所有三角一型模糊集合的左侧直线与右侧直线交点中的高度最小者。

K 个三角一型模糊集合的左侧直线及右侧直线共有 $K \times K$ 个交点，记为 $\left(v_s^{u,v}, h_s^{u,v}\right)$，其计算表达式为

$$v_s^{u,v} = \frac{b_{s,u}^{j_s,u} c_{s,v}^{j_s,v} - a_{s,u}^{j_s,u} b_{s,v}^{j_s,v}}{b_{s,u}^{j_s,u} + c_{s,v}^{j_s,v} - a_{s,u}^{j_s,u} - b_{s,v}^{j_s,v}} \tag{5-18}$$

$$h_s^{u,v} = \min\left\{ \max\left\{ \frac{v_s^{u,v} - a_{s,u}^{j_s,u}}{b_{s,u}^{j_s,u} - a_{s,u}^{j_s,u}}, 0 \right\}, 1 \right\} \tag{5-19}$$

其中，$u, v = 1, 2, \cdots, K$。

因此，顶点 $\left(z_s^{j_s\,2}, h_s^{j_s}\right)$ 可以采用下述表达式予以确定：

$$z_s^{j_s\,2} = v_s^{\tilde{u},\tilde{v}} \tag{5-20}$$

$$h_s^{j_s} = h_s^{\tilde{u},\tilde{v}} \tag{5-21}$$

其中，

$$\tilde{u}, \tilde{v} = \arg\min_{u,v=1}^{K}\left\{ h_s^{u,v} \right\} \tag{5-22}$$

5.3.5 规则后件参数的最小二乘优化

根据上述讨论,二型模糊系统规则前件通过集成方法确定以后,二型模糊系统规则后件的区间权重仍需要进一步地优化以期获得良好性能。本节将基于最小二乘法实现规则后件区间权重参数的优化。

首先,将二型模糊系统输入输出关系以向量形式表示为

$$y(\boldsymbol{x}) = \boldsymbol{f}(\boldsymbol{x})^{\mathrm{T}} \boldsymbol{w} \tag{5-23}$$

其中,

$$\boldsymbol{f}(\boldsymbol{x}) = \begin{bmatrix} \dfrac{\alpha \underline{f}^{1\cdots 1}(\boldsymbol{x})}{\displaystyle\sum_{j_1=1}^{m_1}\cdots\sum_{j_p=1}^{m_p} \underline{f}^{j_1\cdots j_p}(\boldsymbol{x})} \\ \vdots \\ \dfrac{\alpha \underline{f}^{m_1\cdots m_p}(\boldsymbol{x})}{\displaystyle\sum_{j_1=1}^{m_1}\cdots\sum_{j_p=1}^{m_p} \underline{f}^{j_1\cdots j_p}(\boldsymbol{x})} \\ \dfrac{\beta \overline{f}^{1\cdots 1}(\boldsymbol{x})}{\displaystyle\sum_{j_1=1}^{m_1}\cdots\sum_{j_p=1}^{m_p} \overline{f}^{j_1\cdots j_p}(\boldsymbol{x})} \\ \vdots \\ \dfrac{\beta \overline{f}^{m_1\cdots m_p}(\boldsymbol{x})}{\displaystyle\sum_{j_1=1}^{m_1}\cdots\sum_{j_p=1}^{m_p} \overline{f}^{j_1\cdots j_p}(\boldsymbol{x})} \end{bmatrix} \tag{5-24}$$

$$\boldsymbol{w} = \left[\underline{w}^{1\cdots 1}, \cdots, \underline{w}^{m_1\cdots m_p}, \overline{w}^{1\cdots 1}, \cdots, \overline{w}^{m_1\cdots m_p} \right]^{\mathrm{T}} \tag{5-25}$$

对于给定的训练样本数据 $\left\{ (\boldsymbol{x}^t, y^t) \right\}_{t=1}^{N}$,需要对二型模糊系统规则后件参数进行优化调整,实现二型模糊系统对样本数据的拟合,即

$$y(\boldsymbol{x}^t) = \boldsymbol{f}(\boldsymbol{x}^t)^{\mathrm{T}} \boldsymbol{w} = y^t, \quad t = 1, 2, \cdots, N \tag{5-26}$$

将式(5-26)表示为矩阵与向量形式如下:

$$\boldsymbol{Hw} = \boldsymbol{y} \tag{5-27}$$

其中,

$$\boldsymbol{H} = \left[\boldsymbol{f}(\boldsymbol{x}^1), \boldsymbol{f}(\boldsymbol{x}^2), \cdots, \boldsymbol{f}(\boldsymbol{x}^N) \right]^{\mathrm{T}} \tag{5-28}$$

$$\boldsymbol{y} = \left[y^1, y^2, \cdots, y^N \right]^{\mathrm{T}} \tag{5-29}$$

二型模糊系统规则后件参数的优化调整可通过求解下述最小二乘问题予以实现：

$$\begin{cases} \min\limits_{\boldsymbol{w}} \|\boldsymbol{Hw} - \boldsymbol{y}\| \\ \min\limits_{\boldsymbol{w}} \|\boldsymbol{w}\| \end{cases} \tag{5-30}$$

该问题的最小二乘解为

$$\hat{\boldsymbol{w}} = \boldsymbol{H}^+ \boldsymbol{y} \tag{5-31}$$

其中，$\boldsymbol{H}^+$ 是矩阵 $\boldsymbol{H}$ 的 Moore-Penrouse 广义逆矩阵。

存在多种方法求解矩阵的 Moore-Penrouse 广义逆矩阵，包括 Householder QR 方法、修正 Gram-Schmidt 方法、Givens QR 方法、奇异值分解（SVD）方法等。其中，SVD 方法是应用最为广泛的一种[32,33]。

对于秩为 r 的矩阵 $\boldsymbol{H}$，假定其 SVD 分解为

$$\boldsymbol{H} = \boldsymbol{U} \begin{bmatrix} \boldsymbol{\Delta}_r & \boldsymbol{0} \\ \boldsymbol{0} & \boldsymbol{0} \end{bmatrix} \boldsymbol{V}^{\mathrm{T}} \tag{5-32}$$

其中，$\boldsymbol{U}$ 和 $\boldsymbol{V}$ 为酉矩阵，$\boldsymbol{U} = [\boldsymbol{u}_1 | \boldsymbol{u}_2 | \cdots | \boldsymbol{u}_N]_{N \times N}$，$\boldsymbol{V} = [\boldsymbol{v}_1 | \boldsymbol{v}_2 | \cdots | \boldsymbol{v}_L]_{L \times L}$，$L = 2 \prod\limits_{j=1}^{p} m_j$；$\boldsymbol{\Delta}_r = \mathrm{diag}(\sigma_1, \cdots, \sigma_r)$，其中的 $\sigma_1, \cdots, \sigma_r$ 是 $\boldsymbol{H}$ 的非零奇异值。

从而，根据文献[32]和文献[33]中的结果可知，$\boldsymbol{H}$ 的 Moore-Penrouse 广义逆矩阵为

$$\boldsymbol{H}^+ = \boldsymbol{V} \begin{bmatrix} \boldsymbol{\Delta}_r^{-1} & \boldsymbol{0} \\ \boldsymbol{0} & \boldsymbol{0} \end{bmatrix} \boldsymbol{U}^{\mathrm{T}} \tag{5-33}$$

进一步，根据文献[32]可知，式(5-31)的最小二乘解的计算公式为

$$\hat{\boldsymbol{w}} = \sum_{i=1}^{r} \frac{\boldsymbol{u}_i^{\mathrm{T}} \boldsymbol{y}}{\sigma_i} \boldsymbol{v}_i \tag{5-34}$$

当广义逆矩阵采用 SVD 方法求解时速度很快，因此，采用最小二乘法对二型模糊系统后件参数进行优化的速度很快，运算复杂度较低，且能够取得很好的逼近性能与泛化性能。

5.4　仿真与比较

本节将采用 3 个基本问题与 1 个实际应用问题来验证所给出方法的有效性及优势。3 个基本问题分别为混沌 Mackey-Glass 时间序列预测、二阶时变系统辨识、非线性模型辨识。1 个实际应用问题是根据历史数据进行风速预测。

所提出的方法将会与一些主流方法进行比较，如 ANFIS、BPNN、RBF-AFS[21]、

DFNN[22]、GEBF-OSFNN[23]、TSCIT2FNN[24]以及 SimpleTS[27]。

采用下述均方误差平方根（RMSE）作为指标来衡量不同算法的性能：

$$\text{RMSE} = \sqrt{\frac{\sum_{t=1}^{N}\left[y\left(\boldsymbol{x}^{t}\right)-y^{t}\right]^{2}}{N}} \tag{5-35}$$

其中，N 为训练数据或测试数据的个数；$y\left(\boldsymbol{x}^{t}\right)$ 为来自不同方法的预测值。

为测试所给出方法的快速性，在同一测试平台上对 ANFIS 方法、BPNN 方法进行测试。需要说明的是 ANFIS 方法和 BPNN 方法采用整个数据集进行模型的训练。另外，在所有方法中，只有本章所给出的方法采用了随机策略，故对其测试了 100 遍，然后计算其 RMSE 指标和时间指标的 95%置信区间。

5.4.1 混沌 Mackey-Glass 时间序列预测

例 1 考虑混沌 Mackey-Glass 时间序列预测问题。二型模糊系统（T2FLS）、ANFIS 及 BPNN 方法用来对下述时滞微分方程所产生的时间序列进行预测：

$$\frac{\mathrm{d}x\left(t\right)}{\mathrm{d}t} = \frac{0.2x\left(t-\tau\right)}{1+x^{10}\left(t-\tau\right)} - 0.1x(t) \tag{5-36}$$

其中，$\tau = 17$。

在该仿真中，仿真数据从初始条件 $x(0)=1.2$，$x(k)=0\,(k<0)$ 开始生成。与文献[21]～文献[24]中一致，共产生 1000 对输入输出数据，其中前 500 对数据用来训练模型，而后 500 对数据用来测试。

在本例中，采用前面时刻的四输入 $\left[x\left(t-24\right),x\left(t-18\right),x\left(t-12\right),x\left(t-6\right)\right]$ 来预测当前时刻的取值 $x(t)$。

本章所给出二型模糊系统（T2FLS）的性能如图 5-3 所示。从该结果可以发现，数据驱动所设计的二型模糊系统性能良好，且其对测试数据的预测误差落入非常小的范围内。不同方法的比较结果如表 5-1 所示。表中"100（1）"表示在二型模糊系统设计过程中采用 ANFIS 方法针对每个数据块构造一型模糊系统时迭代了 100 次，而采用最小二乘法对后件参数训练时只需迭代 1 次。从统计角度而言，与 ANFIS、BPNN、RBF-AFS[21]、DFNN[22]、GEBF-OSFNN[23]、TSCIT2FNN[24]等方法相比较，本章所设计的二型模糊系统表现最为优越。就训练时间而言，与 ANFIS 和 BPNN 方法相比，本章给出的二型模糊系统设计方法具有最快的学习速度。

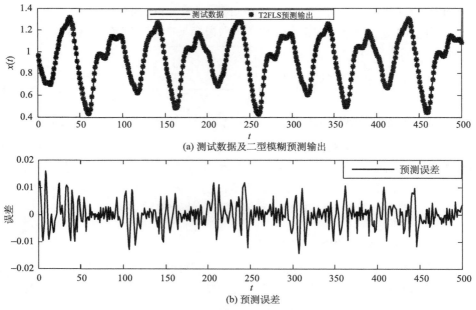

(a) 测试数据及二型模糊预测输出

(b) 预测误差

图 5-3 例 1 中的预测结果

表 5-1 例 1 中不同方法的性能比较

方法	训练 RMSE	测试 RMSE	学习步数	训练时间/s
T2FLS	[0.0040 0.0053]	[0.0042 0.0062]	100 (1)	[0.2667 0.7833]
ANFIS	0.0052	0.0055	100	6.6768
BPNN	0.0723	0.064	5000	7.5192
RBF-AFS[21]	0.0119	0.0131	NA	NA
DFNN[22]	0.0082	0.0127	NA	NA
GEBF-OSFNN[23]	0.0091	0.0087	NA	NA
TSCIT2FNN[24]	NA	0.005	500	NA

注："NA"表示该指标在相关文献中不存在或未计算。

5.4.2 二阶时变系统辨识

例 2 采用所提出的方法辨识下述二阶时变系统[25]：

$$y(t) = \frac{y(t-1)\,y(t-2)\,y(t-3)\,u(t-1)\,y(t-3)}{a(t)+y(t-2)^2+y(t-3)^2}$$
$$-\frac{y(t-1)\,y(t-2)\,y(t-3)\,u(t-1)\,b(t)+c(t)u(t)}{a(t)+y(t-2)^2+y(t-3)^2} \tag{5-37}$$

其中，时变参数 $a(t)$、$b(t)$ 和 $c(t)$ 的表达式为

$$a(t) = 1.2 - 0.2\cos(2\pi t/T) \tag{5-38}$$

$$b(t) = 1.0 - 0.4\sin(2\pi t/T) \tag{5-39}$$

$$c(t) = 1.0 + 0.4\sin(2\pi t/T) \tag{5-40}$$

其中，T 为采样时间。

本例中，采用两个输入变量 $y(t-1)$ 和 $u(t)$ 来预测当前输出值 $y(t)$。采用文献 [25]中所用的方式产生训练与测试数据。在训练数据中，当 $t = 1, 2, \cdots, 400$ 时，控制输入 $u(t)$ 在[-1，1]中随机产生；在其他情况下控制输入 $u(t) = \sin(\pi t/45)$。在测试数据中，控制输入 $u(t)$ 为

$$u(t) = \begin{cases} \sin\left(\dfrac{\pi t}{25}\right), & 1 \leqslant t \leqslant 250 \\ 1.0, & 250 \leqslant t \leqslant 500 \\ -1.0, & 500 \leqslant t \leqslant 750 \\ 0.3\sin\left(\dfrac{\pi t}{25}\right) + 0.1\sin\left(\dfrac{\pi t}{32}\right) + 0.6\sin\left(\dfrac{\pi t}{10}\right), & 750 \leqslant t \leqslant 1000 \end{cases} \tag{5-41}$$

对于测试数据，所给出方法的辨识结果与误差如图 5-4 所示。可见，二型模糊系统的性能是令人满意的。与 ANFIS、BPNN、T2 TSK FNS 和 T1 TSK FNS[25]

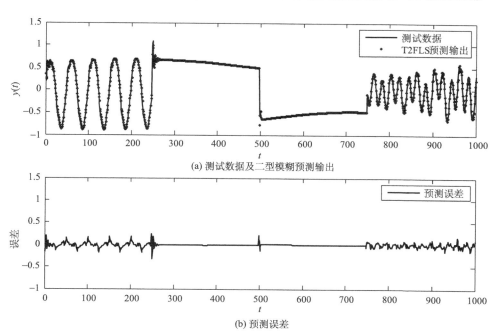

(a) 测试数据及二型模糊预测输出

(b) 预测误差

图5-4 例2中的预测结果

等方法的比较如表 5-2 所示。在本例中，所提出方法构建的二型模糊系统具有与其他方法类似或更好的性能。从统计的角度来看，与 ANFIS 和 BPNN 方法相比较，所给出方法需要更少的训练时间，且能达到更好的性能。

表 5-2　例 2 中不同方法的性能比较

方法	训练 RMSE	测试 RMSE	学习步数	训练时间/s
T2FLS	[0.0541 0.0658]	[0.0379 0.0463]	100（1）	[0.3948 0.5895]
ANFIS	0.0623	0.0447	100	3.9624
BPNN	0.1055	0.1111	10000	16.3020
T2 TSK FNS[25]	0.0253	0.0424	100	NA
T1TSK FNS[25]	0.0282	0.0598	100	NA

注：“NA”表示该指标在相关文献中不存在或未计算。

5.4.3　非线性模型辨识

例 3　采用所提出的方法辨识下述方程描述的非线性模型[26,27]：

$$y(t+1) = f\big(y(t), y(t-1), u(t)\big) = \frac{y(t)\,y(t-1)\big(y(t)-0.5\big)}{1+y^2(t)+y^2(t-1)} + u(t) \tag{5-42}$$

该模型具有三个输入变量 $\big[y(t), y(t-1), u(t)\big]$ 和一个输出变量 $y(t+1)$。训练与测试数据的采集方式与文献[26]和文献[27]相一致。总共得到 5000 组训练数据及 200 组测试数据。

对于测试数据，所给出方法的辨识结果与误差如图 5-5 所示。由图 5-5 可知，所提出方法针对测试数据的辨识误差落入非常小的范围内。与 ANFIS、BPNN、SANFIS[26] 和 SimpleTS[27]等方法的比较结果见表 5-3。相关结果再次验证了本章所给出方法在花费最少训练时间的同时达到最优性能。

5.4.4　风速预测

风速的准确预测非常有助于风力发电系统的调度和维护[34,35]。但风力本身具有随机性等强不确定性，这就使得准确的风速预测变得十分困难。本节采用风速时间序列数据测试所提出方法的性能及优势。

例 4　所用到的数据来自于加拿大官方天气网站（http:// climate. weather. gc. ca/）。选取加拿大 Regina 地区 2014 年 7 月 1 日～2015 年 7 月 31 日的风速。该数据通过风速传感器每小时测量一次，共有 9504 个样本数据。选用 2014 年 7 月 1 日～2015 年 6 月 30 日的 8760 个数据用于训练相关模型，而剩余的 2015 年 7 月份共 744 个数据用于测试。

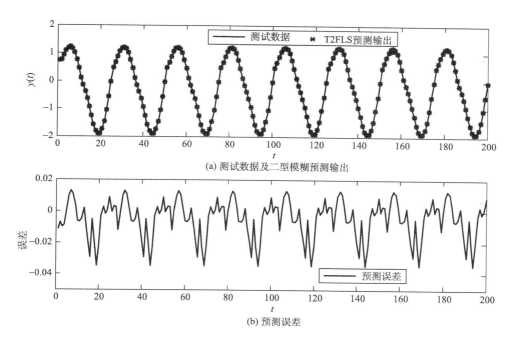

(a) 测试数据及二型模糊预测输出

(b) 预测误差

图 5-5 例 3 中的预测结果

表 5-3 例 3 中不同方法的性能比较

方法	训练 RMSE	测试 RMSE	学习步数	训练时间/s
T2FLS	[0.0152 0.0179]	[0.0111 0.0181]	100 (1)	[0.1829 0.8859]
ANFIS	0.0163	0.0143	100	11.8560
BPNN	0.1495	0.1717	5000	24.0090
SANFIS[26]	0.0539	0.0221	NA	NA
SimpleTS[27]	0.0528	0.0225	NA	NA

注："NA"表示该指标在相关文献中不存在或未计算。

在风速预测中，采用前 4 个小时的风速数据预测后 1 个小时的风速。通过训练，得到二型模糊系统的风速预测结果如图 5-6 所示。由图可知，本章所给出的方法能够取得满意的预测输出。与 ANFIS 和 BPNN 方法的比较结果见表 5-4。很明显，这几种方法能够给出近似的预测性能。但所设计的二型模糊系统学习速度大幅提升，比 ANFIS 方法约快 60 倍，而比 BPNN 方法约快 50 倍。

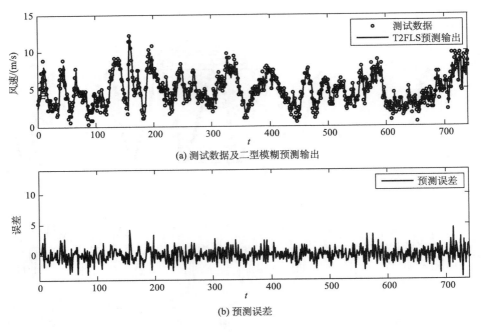

(a) 测试数据及二型模糊预测输出

(b) 预测误差

图 5-6　例 4 中的预测结果

表 5-4　例 4 中不同方法的性能比较

方法	训练 RMSE	测试 RMSE	学习步数	训练时间/s
T2FLS	[1.2854 1.2919]	[1.0550 1.0670]	100（1）	[1.1449 1.8176]
ANFIS	1.2972	1.0585	100	109.59
BPNN	1.3143	1.0672	10000	91.51

5.5　本 章 小 结

本章给出了一种快速的数据驱动二型模糊系统设计方法。在所给出的方法中，二型模糊系统规则前件采用一型模糊集合集成得到，而其后件区间参数通过最小二乘法优化得到。通过 3 个基本问题和 1 个实际应用问题验证了所给方法的有效性及优势。本章通过采用并行处理机制及最小二乘优化加快了二型模糊系统学习速度。所提出的方法具有快速性，非常适合处理大规模数据问题，如交通流预测、股市预测等。

参 考 文 献

[1]　CASTILLO O, MELIN P. A review on the design and optimization of interval type-2 fuzzy

controllers. Applied soft computing, 2012, 12(4): 1267-1278.

[2]   DAS A K, SUBRAMANIAN K, SUNDARAM S. An evolving interval type-2 neurofuzzy inference system and its metacognitive sequential learning algorithm. IEEE transactions on fuzzy systems, 2015, 23(6): 2080-2093.

[3]   WANG C H, CHENG C S, LEE T T. Dynamical optimal training for interval type-2 fuzzy neural network (T2FNN). IEEE transactions on systems, man and cybernetics, part B: cybernetics. 2004, 34(3):1462-1477.

[4]   LIN Y Y, LIAO S H, CHANG J Y, et al. Simplified interval type-2 fuzzy neural networks. IEEE transactions on neural networks and learning systems, 2014, 25(5): 959-969.

[5]   JUANG C F, CHEN C Y. Data-driven interval type-2 neural fuzzy system with high learning accuracy and improved model interpretability. IEEE transactions on cybernetics, 2013, 43(6): 1781-1795.

[6]   LI C, ZHANG G, WANG M, et al. Data-driven modeling and optimization of thermal comfort and energy consumption using type-2 fuzzy method. Soft computing, 2013, 17(11): 2075-2088.

[7]   YEH C Y, JENG W H R, LEE S J. Data-based system modeling using a type-2 fuzzy neural network with a hybrid learning algorithm. IEEE transactions on neural networks, 2011, 22(12): 2296-2309.

[8]   MENDEZ G M, DE LOS A H M. Hybrid learning mechanism for interval A2-C1 type-2 non-singleton type-2 Takagi-Sugeno-Kang fuzzy logic systems. Information sciences, 2013, 220(1): 149-169.

[9]   MENDEZ G M, DE LOS A H M. Hybrid learning for interval type-2 fuzzy logic systems based on orthogonal least-squares and back-propagation methods. Information sciences, 2009, 179(13): 2146-2157.

[10]   WU G D, HUANG P H. A vectorization-optimization method based type-2 fuzzy neural network for noisy data classification. IEEE transactions on fuzzy systems, 2013, 21(1): 1-15.

[11]   CARA A B, WAGNER C, HAGRAS H, et al. Multiobjective optimization and comparison of nonsingleton type-1 and singleton interval type-2 fuzzy logic systems. IEEE transactions on fuzzy systems, 2013, 21(3): 459-476.

[12]   HIDALGO D, MELIN P, CASTILLO O. An optimization method for designing type-2 fuzzy inference systems based on the footprint of uncertainty using genetic algorithms. Expert systems with applications, 2012, 39(4): 4590-4598.

[13]   NGUYEN S D, CHOI S B, NGUYEN Q H. An optimal design of interval type-2 fuzzy logic system with various experiments including magnetorheological fluid damper. Proceedings of the institution of mechanical engineers, part C: journal of mechanical engineering science, 2014, 228: 3090-3106.

[14]   JUANG C F, JANG W S. A type-2 neural fuzzy system learned through type-1 fuzzy rules and its FPGA-based hardware implementation. Applied soft computing, 2014, 18: 302-313.

[15]   JANG J S R. ANFIS: adaptive-network-based fuzzy inference system. IEEE transactions on systems, man and cybernetics, 1993, 23(3): 665-685.

[16] BAGHERI A, PEYHANI H M, AKBARI M. Financial forecasting using ANFIS networks with quantum-behaved particle swarm optimization. Expert systems with applications, 2014, 41(14): 6235-6250.

[17] DENG Z, CHOI K S, CAO L, et al. T2FELA: type-2 fuzzy extreme learning algorithm for fast training of interval type-2 TSK fuzzy logic system. IEEE transactions on neural networks and learning systems, 2014, 25(4): 664-676.

[18] OLATUNJI S O, SELAMAT A, ABDULRAHEEM A. A hybrid model through the fusion of type-2 fuzzy logic systems and extreme learning machines for modelling permeability prediction. Information fusion, 2014, 16: 29-45.

[19] GOH A T C. Back-propagation neural networks for modeling complex systems. Artificial intelligence in engineering, 1995, 9(3): 143-151.

[20] WANG L, ZENG Y, CHEN T. Back propagation neural network with adaptive differential evolution algorithm for time series forecasting. Expert systems with applications, 2015, 42(2): 855-863.

[21] CHO K B, WANG B H. Radial basis function based adaptive fuzzy systems and their applications to system identification and prediction. Fuzzy sets and systems, 1996, 83(3): 325-39.

[22] WU S Q, ER M J. Dynamic fuzzy neural networks-a novel approach to function approximation. IEEE transactions on systems, man and cybernetics, part B: cybernetics, 2000, 30(3): 58-364.

[23] WANG N. A generalized ellipsoidal basis function based online selfconstructing fuzzy neural network. Neural processing letters, 2011, 34(1): 13-37.

[24] LIN Y Y, CHANG J Y, LIN C T. A TSK-type-based self-evolving compensatory interval type-2 fuzzy neural network(TSCIT2FNN) and its applications. IEEE transactions on industrial electronics, 2014, 61(1): 447-459.

[25] ABIYEV R H, KAYNAK O. Type 2 fuzzy neural structure for identification and control of time-varying plants. IEEE transactions on industrial electronics, 2010, 57(12): 4147-4159.

[26] RONG H J, SUNDARARAJAN N, HUANG G B, et al. Sequential adaptive fuzzy inference system(SAFIS) for nonlinear system identification and prediction. Fuzzy sets and systems, 2006, 157(9): 1260-1275.

[27] ANGELOV P, FILEV D. Simpl-eTS: a simplified method for learning evolving Takagi-Sugeno fuzzy models//Proceedings of 2005 IEEE International Conference on Fuzzy Systems. Piscataway: IEEE, 2005: 1068-1073.

[28] WANG L X. A course in fuzzy systems. New Jersey: Prentice-Hall, 1999.

[29] WU D, MENDEL J M. On the continuity of type-1 and interval type-2 fuzzy logic systems. IEEE transactions on fuzzy systems, 2011, 19(1): 179-192.

[30] LI C, YI J, ZHANG G. On the monotonicity of interval type-2 fuzzy logic systems. IEEE transactions on fuzzy systems, 2014, 22(5): 1197-1212.

[31] BIGLARBEGIAN M, MELEK W, MENDEL J M. On the stability of interval type-2 TSK fuzzy logic control systems. IEEE transactions on systems, man and cybernetics, part B:

cybernetics, 2010, 41 (5): 798-818.

[32] GOLUB G H, VAN LOAN C F. Matrix computations. 4th ed. Maryland: The Johns Hopkins University Press, 2013.

[33] QUINTANA-ORTI G, QUINTANA-ORTI E S, PETITET A. Efficient solution of the rank-deficient linear least squares problem. SIAM journal on scientific computing, 1998, 20 (3): 1155-1163.

[34] SODER L, HOFMANN L, ORTHS A, et al. Experience from wind integration in some high penetration areas. IEEE transactions on energy conversion, 2007, 22 (1): 4-12.

[35] TASCIKARAOGLU A, UZUNOGLU M. A review of combined approaches for prediction of short-term wind speed and power. Renewable and sustainable energy reviews, 2014, 34: 243-254.

第6章 知识在二型模糊系统中的嵌入

6.1 引 言

在采用二型模糊系统进行系统建模时，二型模糊系统通常是基于训练数据中的信息构建的(即数据驱动方法)。虽然基于数据驱动的二型模糊系统设计方法可以获得较好的效果，但当样本数据由数量过少、不确定性过大等原因造成信息量不足、无法反映系统特性时，所得到系统模型的精度与泛化能力将受到限制。而在实际应用中，错误数据、数据中的噪声干扰等不确定性不可避免，且对于某些对象来说获得大量的训练数据所花费的代价过高，因而，训练数据中包含的信息往往不足。

另外，尽管很多系统或对象比较复杂，且具体的完整运行机理也不甚明了，但部分运行机理还是容易得到的，如系统的单调性(或部分单调)、凸性、对称性、静态增益极值等。这些知识独立于训练数据，可以部分地、客观地反映系统运行的规律或趋势，在很大程度上弥补训练数据中含有的信息量不足的缺点[1]。因此，近几年来，有许多研究工作讨论了如何将这些知识融合到支持向量机(SVM)[2-5]、神经网络(NN)[6-8]以及一型模糊系统(T1FLS)[9-17]中。这些研究工作表明，通过融合知识所得到的系统模型能更准确、更可靠地体现原系统，具有更好的泛化能力，在控制问题中能得到更优越的系统性能。

但是，目前在二型模糊系统设计与控制方面的研究中，往往只是利用了训练数据，未能充分利用知识中所包含的各种信息来弥补数据中信息量不足的缺陷。尽管二型模糊系统在处理各种不确定性、抗噪声干扰等方面都具有明显的优越性，但如果能在二型模糊系统设计过程中充分地利用知识所包含的各种信息，将有助于进一步提高所设计的二型模糊系统的性能，取得更好的效果。

针对上述问题，本章将讨论有界性、对称性、单调性等知识在二型模糊系统中的嵌入问题，指出为嵌入这些知识二型模糊系统参数应满足什么样的约束条件。第7章将进一步探讨在这些知识约束下的二型模糊系统的设计方案。

6.2 相 关 知 识

6.2.1 用到的模糊集合

在实际应用的一型与二型模糊系统中,广泛应用的是梯形模糊集合(包括一型与二型)和高斯模糊集合(包括一型与二型)。其中,梯形模糊集合的特例是三角形模糊集合。本章将主要采用这两种,下面予以详细讨论。

1. 梯形模糊集合(一型与二型)

图 6-1(a)给出了梯形一型模糊集合的情况。对于一般的梯形一型模糊集合 A,其隶属函数为

$$\mu_A(x) = \begin{cases} 0, & x \leqslant a \text{ 或 } x > d \\ h\dfrac{x-a}{b-a}, & a < x \leqslant b \\ h, & b < x \leqslant c \\ h\dfrac{x-d}{c-d}, & c < x \leqslant d \end{cases} \tag{6-1}$$

其中, $0 < h \leqslant 1$ 为其高度。

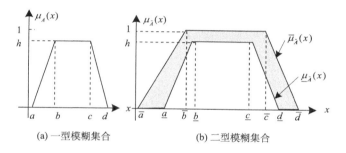

(a) 一型模糊集合   (b) 二型模糊集合

图 6-1　梯形模糊集合

将梯形一型模糊集合记为 $\mu_A(x) = \mu_A(x, a, b, c, d, h)$。当 $b = c$ 时,梯形一型模糊集合变为三角形一型模糊集合。因此,三角形一型模糊集合是梯形一型模糊集合的特例。在应用问题中,通常采用高度为 1 的标准梯形模糊集合。但此处考虑更为一般的情况,即 $0 < h \leqslant 1$。

图 6-1(b)给出了梯形二型模糊集合的情况。对于一般的梯形二型模糊集合 $\tilde{A}$,其上、下隶属函数 $\overline{\mu}_{\tilde{A}}(x)$ 和 $\underline{\mu}_{\tilde{A}}(x)$ 分别为

$$\begin{cases} \overline{\mu}_{\tilde{A}}(x) = \overline{\mu}_{\tilde{A}}(x, \overline{a}, \overline{b}, \overline{c}, \overline{d}, 1) \\ \underline{\mu}_{\tilde{A}}(x) = \underline{\mu}_{\tilde{A}}(x, \underline{a}, \underline{b}, \underline{c}, \underline{d}, h) \end{cases} \tag{6-2}$$

其中, $\overline{a} \leqslant \underline{a}$, $\overline{b} \leqslant \underline{b}$, $\underline{c} \leqslant \overline{c}$, $\underline{d} \leqslant \overline{d}$。

将梯形二型模糊集合记为 $\mu_{\tilde{A}}(x) = \mu_{\tilde{A}}(x, \overline{a}, \overline{b}, \overline{c}, \overline{d}, \underline{a}, \underline{b}, \underline{c}, \underline{d}, h)$。当 $\underline{b} = \underline{c}$ 且 $\overline{b} = \overline{c}$ 时,梯形二型模糊集合变为三角形二型模糊集合。

2. 高斯模糊集合(一型与二型)

图 6-2(a)给出了高斯一型模糊集合的情况。对于一般的高斯一型模糊集合 A，其隶属函数为

$$\mu_A(x) = \mu_A(x,a,b,\sigma,h) = \begin{cases} h \cdot e^{-\frac{(x-a)^2}{2\sigma^2}}, & x \leqslant a \\ h, & a < x \leqslant b \\ h \cdot e^{-\frac{(x-b)^2}{2\sigma^2}}, & x > b \end{cases} \tag{6-3}$$

当 $a = b$ 且 $h = 1$ 时，一般高斯一型模糊集合变为广泛应用的标准高斯一型模糊集合。

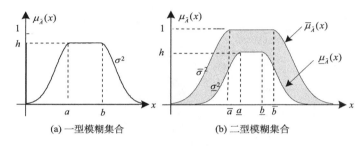

(a) 一型模糊集合　　　　　　　(b) 二型模糊集合

图 6-2　　一般高斯模糊集合

图 6-2(b)给出了一般高斯二型模糊集合的情况。对于一般的高斯二型模糊集合 $\tilde{A}$，其上、下隶属函数 $\overline{\mu}_{\tilde{A}}(x)$ 和 $\underline{\mu}_{\tilde{A}}(x)$ 的表达式分别为

$$\begin{cases} \overline{\mu}_{\tilde{A}}(x) = \overline{\mu}_{\tilde{A}}(x,\overline{a},\overline{b},\overline{\sigma},1) \\ \underline{\mu}_{\tilde{A}}(x) = \underline{\mu}_{\tilde{A}}(x,\underline{a},\underline{b},\underline{\sigma},h) \end{cases} \tag{6-4}$$

其中，$\overline{a} \leqslant \underline{a}$，$\underline{b} \leqslant \overline{b}$，$\underline{\sigma} \leqslant \overline{\sigma}$。

将一般高斯二型模糊集合记为 $\mu_{\tilde{A}}(x) = \mu_{\tilde{A}}(x,\overline{a},\overline{b},\underline{a},\underline{b},\overline{\sigma},\underline{\sigma},h)$。当 $\underline{a} = \underline{b}$ 且 $\overline{a} = \overline{b}$ 时，一般高斯二型模糊集合变为广泛应用的标准高斯二型模糊集合。

6.2.2　讨论的模糊系统

在本章中，考虑具有如下完备规则库的二型模糊系统：

$$R^{i_1 i_2 \cdots i_p}: x_1 = \tilde{A}_1^{i_1}, x_2 = \tilde{A}_2^{i_2}, \cdots, x_p = \tilde{A}_p^{i_p} \rightarrow y = \left[\underline{w}^{i_1 i_2 \cdots i_p}, \overline{w}^{i_1 i_2 \cdots i_p} \right] \tag{6-5}$$

其中，p 为输入变量的个数；$\tilde{A}_j^{i_j}$ $(j = 1, 2, \cdots, p; i_j = 1, 2, \cdots, m_j)$ 为规则前件部分的变量 x_j 所在论域上的二型模糊集合；$\left[\underline{w}^{i_1 i_2 \cdots i_p}, \overline{w}^{i_1 i_2 \cdots i_p} \right]$ 为规则后件部分的区间权重。

在该完备的规则库中，共有 $\prod\limits_{j=1}^{p} m_j$ 条模糊规则。

当精确值 $\boldsymbol{x} = (x_1, x_2, \cdots, x_p)^{\mathrm{T}}$ 输入二型模糊系统后，采用单点值模糊器，模糊规则 $R^{i_1 i_2 \cdots i_p}$ 的激活强度为区间值，可表示为

$$F^{i_1 \cdots i_p}(\boldsymbol{x}, \boldsymbol{\theta}_a) = \left[\underline{f}^{i_1 \cdots i_p}(\boldsymbol{x}, \boldsymbol{\theta}_a), \overline{f}^{i_1 \cdots i_p}(\boldsymbol{x}, \boldsymbol{\theta}_a) \right] \tag{6-6}$$

其中，$\boldsymbol{\theta}_a$ 为二型模糊系统规则前件中所有二型模糊集合的参数构成的参数向量，且 $\underline{f}^{i_1 \cdots i_p}(\boldsymbol{x}, \boldsymbol{\theta}_a)$ 及 $\overline{f}^{i_1 \cdots i_p}(\boldsymbol{x}, \boldsymbol{\theta}_a)$ 可由下式计算得到

$$\begin{cases} \underline{f}^{i_1 \cdots i_p}(\boldsymbol{x}, \boldsymbol{\theta}_a) = \underline{\mu}_{\tilde{A}_1^{i_1}}\left(x_1, \boldsymbol{\theta}_1^{i_1}\right) * \cdots * \underline{\mu}_{\tilde{A}_p^{i_p}}\left(x_p, \boldsymbol{\theta}_p^{i_p}\right) \\ \overline{f}^{i_1 \cdots i_p}(\boldsymbol{x}, \boldsymbol{\theta}_a) = \overline{\mu}_{\tilde{A}_1^{i_1}}\left(x_1, \boldsymbol{\theta}_1^{i_1}\right) * \cdots * \overline{\mu}_{\tilde{A}_p^{i_p}}\left(x_p, \boldsymbol{\theta}_p^{i_p}\right) \end{cases} \tag{6-7}$$

其中，$*$ 表示 t-范数中的最小 (min) 算子或代数积 (product) 算子；$\boldsymbol{\theta}_j^{i_j}$ 为二型模糊集合 $\tilde{A}_j^{i_j}$ 的参数集合，且 $\boldsymbol{\theta}_a = \left[\left(\boldsymbol{\theta}_1^{i_1}\right)^{\mathrm{T}}, \left(\boldsymbol{\theta}_2^{i_2}\right)^{\mathrm{T}}, \cdots, \left(\boldsymbol{\theta}_p^{i_p}\right)^{\mathrm{T}} \right]^{\mathrm{T}}$。

记

$$y_l^n(\boldsymbol{x}, \boldsymbol{\theta}) = \frac{\sum\limits_{i_1=1}^{m_1} \cdots \sum\limits_{i_p=1}^{m_p} f^{i_1 \cdots i_p}(\boldsymbol{x}, \boldsymbol{\theta}_a) \underline{w}^{i_1 \cdots i_p}}{\sum\limits_{i_1=1}^{m_1} \cdots \sum\limits_{i_p=1}^{m_p} f^{i_1 \cdots i_p}(\boldsymbol{x}, \boldsymbol{\theta}_a)} \tag{6-8}$$

$$y_r^n(\boldsymbol{x}, \boldsymbol{\theta}) = \frac{\sum\limits_{i_1=1}^{m_1} \cdots \sum\limits_{i_p=1}^{m_p} f^{i_1 \cdots i_p}(\boldsymbol{x}, \boldsymbol{\theta}_a) \overline{w}^{i_1 \cdots i_p}}{\sum\limits_{i_1=1}^{m_1} \cdots \sum\limits_{i_p=1}^{m_p} f^{i_1 \cdots i_p}(\boldsymbol{x}, \boldsymbol{\theta}_a)} \tag{6-9}$$

其中，$\boldsymbol{\theta} = \left[\boldsymbol{\theta}_a^{\mathrm{T}}, \boldsymbol{\theta}_c^{\mathrm{T}} \right]^{\mathrm{T}}$ 为二型模糊系统规则前后件中所有参数构成的参数向量，而 $\boldsymbol{\theta}_c$ 为规则后件中所有参数 $\underline{\omega}^{j_1 j_2 \cdots j_p}$ 及 $\overline{\omega}^{j_1 j_2 \cdots j_p}$ 构成的参数向量；$f^{i_1 \cdots i_p}(\boldsymbol{x}, \boldsymbol{\theta}_a)$ 取值为 $\underline{f}^{i_1 \cdots i_p}(\boldsymbol{x}, \boldsymbol{\theta}_a)$ 或 $\overline{f}^{i_1 \cdots i_p}(\boldsymbol{x}, \boldsymbol{\theta}_a)$。最终对于 $y_l^n(\boldsymbol{x})$ 和 $y_r^n(\boldsymbol{x})$ 可得到 $2^{\prod\limits_{j=1}^{p} m_j}$ 种组合形式，即 $n = 1, 2, \cdots, K$，$K = 2^{\prod\limits_{j=1}^{p} m_j}$。

在后面讨论中，为简化起见，上述表达式中的参数向量有时将会隐去。

正如第 2 章所讨论的，采用不同降型与解模糊算法时所得到的二型模糊系统输出表达式不同。此处，将给出本章所用到的降型与解模糊算法，包括 KM 方法[18]、DY 方法[19]、BMM 方法[20]、WT 方法[21]以及 NT 方法[22,23]。

1. KM 方法

当采用 KM 方法时，二型模糊系统通过 COS 降型器可得到区间输出 $[y_l(\boldsymbol{x}), y_r(\boldsymbol{x})]$，其中，

$$y_l(\boldsymbol{x}) = \min_{n=1}^{K} y_l^n(\boldsymbol{x}) \tag{6-10}$$

$$y_r(\boldsymbol{x}) = \max_{n=1}^{K} y_r^n(\boldsymbol{x}) \tag{6-11}$$

然后，通过中心平均解模糊器 (Center Average Defuzzifier)，二型模糊系统的精确输出为

$$y_{\mathrm{o}}(\boldsymbol{x}) = \frac{1}{2}\big[y_l(\boldsymbol{x}) + y_r(\boldsymbol{x})\big] \tag{6-12}$$

除 KM 方法外，本章所采用的 DY 方法、BMM 方法、WT 方法以及 NT 方法等要求规则后件为单点值[19-23]，即 $\underline{w}^{i_1\cdots i_p} = \overline{w}^{i_1\cdots i_p} = w^{i_1\cdots i_p}$。从而，表达式 $y_l^n(\boldsymbol{x})$ 和 $y_r^n(\boldsymbol{x})$ 变为 $y^n(\boldsymbol{x}) = y_l^n(\boldsymbol{x}) = y_r^n(\boldsymbol{x})$。

2. DY 方法

Du 和 Ying 在文献[19]中提出了一种新的针对二型模糊系统的输出处理环节。采用 DY 方法的二型模糊系统的最终输出是 K 个可能值 $y^n(\boldsymbol{x})$ 的平均值，其中 $K = 2^{\prod_{j=1}^{p} m_j}$，即

$$y_{\mathrm{o}}(\boldsymbol{x}) = \frac{1}{K}\sum_{n=1}^{K} y^n(\boldsymbol{x}) \tag{6-13}$$

3. BMM 方法

Biglarbegian 等在文献[20]中提出了 BMM 方法来简化二型模糊系统的降型及解模糊运算。采用该方法，二型模糊系统的最终输出为 $y^1(\boldsymbol{x})$ 和 $y^K(\boldsymbol{x})$ 的加权平均值，即

$$
\begin{aligned}
y_{\mathrm{o}}(\boldsymbol{x}) &= \alpha y^1(\boldsymbol{x}) + \beta y^K(\boldsymbol{x}) \\
&= \alpha \frac{\displaystyle\sum_{i_1=1}^{m_1}\cdots\sum_{i_p=1}^{m_p}\underline{f}^{i_1\cdots i_p}(\boldsymbol{x})w^{i_1\cdots i_p}}{\displaystyle\sum_{i_1=1}^{m_1}\cdots\sum_{i_p=1}^{m_p}\underline{f}^{i_1\cdots i_p}(\boldsymbol{x})} + \beta \frac{\displaystyle\sum_{i_1=1}^{m_1}\cdots\sum_{i_p=1}^{m_p}\overline{f}^{i_1\cdots i_p}(\boldsymbol{x})w^{i_1\cdots i_p}}{\displaystyle\sum_{i_1=1}^{m_1}\cdots\sum_{i_p=1}^{m_p}\overline{f}^{i_1\cdots i_p}(\boldsymbol{x})}
\end{aligned}
\tag{6-14}
$$

其中，$\alpha, \beta \geqslant 0$，且 $\alpha + \beta = 1$。

4. WT 方法

Wu 和 Tan 在文献[21]中提出了 WT 方法。该方法通过构造等价一型模糊集合来实现降型及解模糊运算。采用 WT 方法的二型模糊系统的输出表达式为

$$y_0(\boldsymbol{x}) = \frac{\sum_{i_1=1}^{m_1} \cdots \sum_{i_p=1}^{m_p} f^{i_1 \cdots i_p}(\boldsymbol{x}) w^{i_1 \cdots i_p}}{\sum_{i_1=1}^{m_1} \cdots \sum_{i_p=1}^{m_p} f^{i_1 \cdots i_p}(\boldsymbol{x})} \tag{6-15}$$

其中,

$$f^{i_1 \cdots i_p}(\boldsymbol{x}) = \prod_{j=1}^{p} \mu_{A_j^{ij}}(x_j) \tag{6-16}$$

式中,

$$\mu_{A_j^{ij}}(x_j) = [1 - \eta_j^{ij}(x_j)] \overline{\mu}_{\tilde{A}_j^{ij}}(x_j) + \eta_j^{ij}(x_j) \underline{\mu}_{\tilde{A}_j^{ij}}(x_j) \tag{6-17}$$

此处,$\eta_j^{ij}(x_j)$ 为输入变量的函数,对于不同二型模糊集合该函数值是不同的[21]。

很明显,在该输出处理环节,如何确定函数 $\eta_j^{ij}(x_j)$ 是关键,也是一大挑战性问题。

5. NT 方法

在文献[22]和文献[23]中,Nie 和 Tan 给出了 NT 方法,该方法是 WT 方法的特例。当 $\eta_j^{ij}(x_j) = \dfrac{1}{2}$ 时,WT 方法变为 NT 方法。从而,采用 NT 方法的二型模糊系统的输入输出关系为

$$y_0(\boldsymbol{x}) = \frac{\sum_{i_1=1}^{m_1} \cdots \sum_{i_p=1}^{m_p} f^{i_1 \cdots i_p}(\boldsymbol{x}) w^{i_1 \cdots i_p}}{\sum_{i_1=1}^{m_1} \cdots \sum_{i_p=1}^{m_p} f^{i_1 \cdots i_p}(\boldsymbol{x})} \tag{6-18}$$

其中,

$$f^{i_1 \cdots i_p}(\boldsymbol{x}) = \prod_{j=1}^{p} \left[\frac{1}{2} \overline{\mu}_{\tilde{A}_j^{ij}}(x_j) + \frac{1}{2} \underline{\mu}_{\tilde{A}_j^{ij}}(x_j) \right] \tag{6-19}$$

很明显,在上述处理环节中,KM 方法和 DY 方法运算量较大,而其他几种运算量相对较小。另外,当不确定性消失后,二型模糊集合 $\tilde{A}_j^{ij}$ 变为一型模糊集合 A_j^{ij},区间权重 $\left[\underline{w}^{i_1 \cdots i_p}, \overline{w}^{i_1 \cdots i_p} \right]$ 变为单点权重 $w^{i_1 \cdots i_p}$。同时 $y_l(\boldsymbol{x})$ 和 $y_r(\boldsymbol{x})$ 变成同一

个函数 $y_\circ(\boldsymbol{x})$。此时，一型模糊系统的输入输出关系为

$$y_\circ(\boldsymbol{x}) = \dfrac{\displaystyle\sum_{i_1=1}^{m_1}\cdots\sum_{i_p=1}^{m_p} f^{i_1\cdots i_p}(\boldsymbol{x}) w^{i_1\cdots i_p}}{\displaystyle\sum_{i_1=1}^{m_1}\cdots\sum_{i_p=1}^{m_p} f^{i_1\cdots i_p}(\boldsymbol{x})} \tag{6-20}$$

其中，

$$f^{i_1\cdots i_p}(\boldsymbol{x}) = \prod_{j=1}^{p} \mu_{A_j^{ij}}(x_j) \tag{6-21}$$

6.3　输入输出有界性知识的嵌入

输入输出有界性很自然地确保了二型模糊系统的输入输出稳定性（Bounded-Input-Bounded-Output（BIBO）Stability）。而这一性质在实际应用中通常需要满足。关于这一先验知识，可以得到如下结论。

定理 6-1　采用 KM 方法的二型模糊系统的输出 $y_\circ(\boldsymbol{x})$ 落入区间 $B = \left[\underline{b}, \overline{b}\right]$ 内，即 $y_\circ(\boldsymbol{x}) \in B$，如果二型模糊系统的规则后件参数满足如下条件：

$$\min_{\substack{i_j=1,\cdots,m_j\\j=1,\cdots,p}}\left\{\underline{w}^{i_1\cdots i_p}\right\} \geqslant \underline{b} \ \text{及} \ \max_{\substack{i_j=1,\cdots,m_j\\j=1,\cdots,p}}\left\{\overline{w}^{i_1\cdots i_p}\right\} \leqslant \overline{b} \tag{6-22}$$

证明：对任意的 $y_l^n(\boldsymbol{x})$ 和 $y_r^n(\boldsymbol{x})$，下述关系成立，即

$$\min_{\substack{i_j=1,\cdots,m_j\\j=1,\cdots,p}}\left\{\underline{w}^{i_1\cdots i_p}\right\} \leqslant y_l^n(\boldsymbol{x}) = \dfrac{\displaystyle\sum_{i_1=1}^{m_1}\cdots\sum_{i_p=1}^{m_p} f^{i_1\cdots i_p}(\boldsymbol{x}) \underline{w}^{i_1\cdots i_p}}{\displaystyle\sum_{i_1=1}^{m_1}\cdots\sum_{i_p=1}^{m_p} f^{i_1\cdots i_p}(\boldsymbol{x})}$$

$$\leqslant \dfrac{\displaystyle\sum_{i_1=1}^{m_1}\cdots\sum_{i_p=1}^{m_p} f^{i_1\cdots i_p}(\boldsymbol{x}) \overline{w}^{i_1\cdots i_p}}{\displaystyle\sum_{i_1=1}^{m_1}\cdots\sum_{i_p=1}^{m_p} f^{i_1\cdots i_p}(\boldsymbol{x})} = y_r^n(\boldsymbol{x}) \leqslant \max_{\substack{i_j=1,\cdots,m_j\\j=1,\cdots,p}}\left\{\overline{w}^{i_1\cdots i_p}\right\} \tag{6-23}$$

因此可知：

$$\min_{\substack{i_j=1,\cdots,m_j\\j=1,\cdots,p}}\left\{\underline{w}^{i_1\cdots i_p}\right\} \leqslant y_l(\boldsymbol{x}) = \min_{n=1}^{K} y_l^n(\boldsymbol{x}) \leqslant \max_{\substack{i_j=1,\cdots,m_j\\j=1,\cdots,p}}\left\{\overline{w}^{i_1\cdots i_p}\right\} \tag{6-24}$$

$$\min_{\substack{i_j=1,\cdots,m_j\\j=1,\cdots,p}}\left\{\underline{w}^{i_1\cdots i_p}\right\} \leqslant y_r(\boldsymbol{x}) = \max_{n=1}^{K} y_r^n(\boldsymbol{x}) \leqslant \max_{\substack{i_j=1,\cdots,m_j\\j=1,\cdots,p}}\left\{\overline{w}^{i_1\cdots i_p}\right\} \tag{6-25}$$

从而有

$$\min_{\substack{i_j=1,\cdots,m_j \\ j=1,\cdots,p}} \left\{ \underline{w}^{i_1\cdots i_p} \right\} \leqslant y_0(\boldsymbol{x}) = \frac{1}{2}\left[y_l(\boldsymbol{x}) + y_r(\boldsymbol{x}) \right] \leqslant \max_{\substack{i_j=1,\cdots,m_j \\ j=1,\cdots,p}} \left\{ \overline{w}^{i_1\cdots i_p} \right\} \qquad (6\text{-}26)$$

从而得证：当 $\min\limits_{\substack{i_j=1,\cdots,m_j \\ j=1,\cdots,p}} \left\{ \underline{w}^{i_1\cdots i_p} \right\} \geqslant \underline{b}$ 及 $\max\limits_{\substack{i_j=1,\cdots,m_j \\ j=1,\cdots,p}} \left\{ \overline{w}^{i_1\cdots i_p} \right\} \leqslant \overline{b}$ 时，采用 KM 方法的二型模糊系统输出 $y(\boldsymbol{x}) \in B$。

当采用其他几种降型与解模糊方法时，可得类似结论。

定理 6-2 采用 DY 方法、BMM 方法、WT 方法以及 NT 方法的二型模糊系统的输出 $y_0(\boldsymbol{x})$ 都将落入区间 $B = \left[\underline{b}, \overline{b} \right]$ 内，即 $y_0(\boldsymbol{x}) \in B$，如果二型模糊系统的规则后件参数满足如下条件：

$$\underline{b} \leqslant \min_{\substack{i_j=1,\cdots,m_j \\ j=1,\cdots,p}} \left\{ w^{i_1\cdots i_p} \right\} \leqslant \overline{b} \qquad (6\text{-}27)$$

证明：证明过程与定理 6-1 类似，此处从略。

对于一型模糊系统，类似结论仍成立，如下。

定理 6-3 一型模糊系统的输出 $y_0(\boldsymbol{x})$ 都将落入区间 $B = \left[\underline{b}, \overline{b} \right]$ 内，即 $y_0(\boldsymbol{x}) \in B$，如果其规则后件参数满足如下条件：

$$\underline{b} \leqslant \min_{\substack{i_j=1,\cdots,m_j \\ j=1,\cdots,p}} \left\{ w^{i_1\cdots i_p} \right\} \leqslant \overline{b} \qquad (6\text{-}28)$$

对于有界性这一知识，只需要约束二型模糊系统规则后件参数就可以保证该知识被嵌入二型模糊系统中，而不需要对二型模糊系统规则前件的参数构成约束。因此，对各个输入论域的二型模糊划分就没有具体的要求和约束。

6.4 奇偶对称性知识的嵌入

对许多应用问题，特别是控制问题，为它们所设计的模糊系统应该是奇对称或偶对称的。下面的定理展示了如何约束二型模糊系统的参数，以使对称性这一知识嵌入二型模糊系统中。

定理 6-4 采用 KM 方法的二型模糊系统是奇对称的，即 $y_0(-\boldsymbol{x}) = -y_0(\boldsymbol{x})$，如果下述条件可以满足：

(1) $\forall j \in \{1, 2, \cdots, p\}$，第 j 个输入论域被关于原点对称分布的 m_j 个二型模糊集合 $\tilde{A}_j^1, \tilde{A}_j^2, \cdots, \tilde{A}_j^{m_j}$ 所划分，即 $\mu_{\tilde{A}_j^{i_j}}(x_j) = \mu_{\tilde{A}_j^{m_j+1-i_j}}(-x_j)$；

(2) 规则 $R^{i_1\cdots i_p}$ 和 $R^{(m_1+1-i_1)\cdots(m_p+1-i_p)}$ 后件中的权重参数满足 $\left[\underline{w}^{i_1\cdots i_p}, \overline{w}^{i_1\cdots i_p} \right] = \left[-\overline{w}^{(m_1+1-i_1)\cdots(m_p+1-i_p)}, -\underline{w}^{(m_1+1-i_1)\cdots(m_p+1-i_p)} \right]$。

证明：由于输入论域被关于原点对称分布的二型模糊集合所划分，从而有

$$F^{i_1 \cdots i_p}(\boldsymbol{x}) = F^{(m_1+1-i_1)\cdots(m_p+1-i_p)}(-\boldsymbol{x}) \tag{6-29}$$

$$\left[\underline{w}^{j_1 \cdots i_p}, \overline{w}^{j_1 \cdots i_p}\right] = \left[-\overline{w}^{(m_1+1-i_1)\cdots(m_p+1-i_p)}, -\underline{w}^{(m_1+1-i_1)\cdots(m_p+1-i_p)}\right] \tag{6-30}$$

因此，有

$$\begin{aligned}
y_l^n(-\boldsymbol{x}) &= \frac{\displaystyle\sum_{i_1=1}^{m_1}\cdots\sum_{i_p=1}^{m_p} f^{i_1 \cdots i_p}(-\boldsymbol{x})\underline{w}^{j_1 \cdots i_p}}{\displaystyle\sum_{i_1=1}^{m_1}\cdots\sum_{i_p=1}^{m_p} f^{i_1 \cdots i_p}(-\boldsymbol{x})} \\[2mm]
&= \frac{\displaystyle\sum_{i_1=1}^{m_1}\cdots\sum_{i_p=1}^{m_p} f^{(m_1+1-i_1)\cdots(m_p+1-i_p)}(\boldsymbol{x})\left(-\overline{w}^{(m_1+1-i_1)\cdots(m_p+1-i_p)}\right)}{\displaystyle\sum_{i_1=1}^{m_1}\cdots\sum_{i_p=1}^{m_p} f^{(m_1+1-i_1)\cdots(m_p+1-i_p)}(\boldsymbol{x})} \\[2mm]
&= -\frac{\displaystyle\sum_{j_1=1}^{m_1}\cdots\sum_{j_p=1}^{m_p} f^{j_1 \cdots j_p}(\boldsymbol{x})\overline{w}^{j_1 \cdots j_p}}{\displaystyle\sum_{j_1=1}^{m_1}\cdots\sum_{j_p=1}^{m_p} f^{j_1 \cdots j_p}(\boldsymbol{x})} \\[2mm]
&= -y_r^n(\boldsymbol{x})
\end{aligned} \tag{6-31}$$

以类似的方式可以证明 $y_r^n(-\boldsymbol{x}) = -y_l^n(\boldsymbol{x})$。从而，有

$$y_l(-\boldsymbol{x}) = \min_{n=1}^{K} y_l^n(-\boldsymbol{x}) = \min_{n=1}^{K} - y_r^n(\boldsymbol{x}) = -\max_{n=1}^{K} y_r^n(\boldsymbol{x}) = -y_r(\boldsymbol{x}) \tag{6-32}$$

$$y_r(-\boldsymbol{x}) = \max_{n=1}^{K} y_r^n(-\boldsymbol{x}) = \max_{n=1}^{K} - y_l^n(\boldsymbol{x}) = -\min_{n=1}^{K} y_l^n(\boldsymbol{x}) = -y_l(\boldsymbol{x}) \tag{6-33}$$

因此，有

$$y_o(-\boldsymbol{x}) = \frac{1}{2}\left[y_l(-\boldsymbol{x}) + y_r(-\boldsymbol{x})\right] = -\frac{1}{2}\left[y_l(\boldsymbol{x}) + y_r(\boldsymbol{x})\right] = -y_o(\boldsymbol{x}) \tag{6-34}$$

故该定理成立。

对于其他几种降型与解模糊方法，可得类似结论。

定理 6-5 采用 DY 方法、BMM 方法、WT 方法以及 NT 方法的二型模糊系统是奇对称的，即 $y_o(-\boldsymbol{x}) = -y_o(\boldsymbol{x})$，如果下述条件可以满足：

（1）$\forall j \in \{1, 2, \cdots, p\}$，第 j 个输入论域被关于原点对称分布的 m_j 个二型模糊集合 $\tilde{A}_j^1, \tilde{A}_j^2, \cdots, \tilde{A}_j^{m_j}$ 所划分，即 $\mu_{\tilde{A}_j^{ij}}(x_j) = \mu_{\tilde{A}_j^{m_j+1-i_j}}(-x_j)$；

（2）规则 $R^{i_1 \cdots i_p}$ 和 $R^{(m_1+1-i_1)\cdots(m_p+1-i_p)}$ 后件中的权重参数满足 $w^{i_1 \cdots i_p} = -w^{(m_1+1-i_1)\cdots(m_p+1-i_p)}$。

证明：证明过程与定理 6-4 类似且更为简单，故此处从略。

对于一型模糊系统，类似结论仍成立，如下。

定理 6-6 一型模糊系统是奇对称的，即 $y_o(-\boldsymbol{x}) = -y_o(\boldsymbol{x})$，如果下述条件可以满足：

（1）$\forall j \in \{1, 2, \cdots, p\}$，第 j 个输入论域被关于原点对称分布的 m_j 个一型模糊集合 $A_j^1, A_j^2, \cdots, A_j^{m_j}$ 所划分，即 $\mu_{A_j^{ij}}(x_j) = \mu_{A_j^{m_j+1-ij}}(-x_j)$；

（2）规则 $R^{i_1 \cdots i_p}$ 和 $R^{(m_1+1-i_1) \cdots (m_p+1-i_p)}$ 后件中的权重参数满足 $w^{i_1 \cdots i_p} = -w^{(m_1+1-i_1) \cdots (m_p+1-i_p)}$。

图 6-3 给出了输入论域被关于原点对称分布的二型模糊集合所划分的一个具体例子。在该例中采用奇数个二型模糊集合进行了划分。

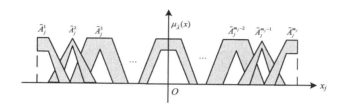

图 6-3　输入论域的对称划分

根据定理 6-4 和定理 6-5，很容易证明：如果奇对称的二型模糊系统的输入为 $\boldsymbol{0}$，那么其输出也为 0，即 $y(\boldsymbol{0}) = 0$。　当二型模糊系统用于控制问题时，此时的二型模糊控制器通常需要满足该性质。

关于偶对称性这一知识，可以得到与奇对称性类似的结论，证明过程与上面类似，此处从略。

定理 6-7 采用 KM 方法的二型模糊系统是偶对称的，即 $y_o(-\boldsymbol{x}) = y_o(\boldsymbol{x})$，如果下述条件可以满足：

（1）$\forall j \in \{1, 2, \cdots, p\}$，第 j 个输入论域被关于原点对称分布的 m_j 个二型模糊集合 $\tilde{A}_j^1, \tilde{A}_j^2, \cdots, \tilde{A}_j^{m_j}$ 所划分，即 $\mu_{\tilde{A}_j^{ij}}(x_j) = \mu_{\tilde{A}_j^{m_j+1-ij}}(-x_j)$；

（2）规则 $R^{i_1 \cdots i_p}$ 和 $R^{(m_1+1-i_1) \cdots (m_p+1-i_p)}$ 后件中的权重参数满足 $\left[\underline{w}^{i_1 \cdots i_p}, \overline{w}^{i_1 \cdots i_p} \right] = \left[\underline{w}^{(m_1+1-i_1) \cdots (m_p+1-i_p)}, \overline{w}^{(m_1+1-i_1) \cdots (m_p+1-i_p)} \right]$。

定理 6-8 采用 DY 方法、BMM 方法、WT 方法以及 NT 方法的二型模糊系统是偶对称的，即 $y_o(-\boldsymbol{x}) = y_o(\boldsymbol{x})$，如果下述条件可以满足：

（1）$\forall j \in \{1, 2, \cdots, p\}$，第 j 个输入论域被关于原点对称分布的 m_j 个二型模糊集合 $\tilde{A}_j^1, \tilde{A}_j^2, \cdots, \tilde{A}_j^{m_j}$ 所划分，即 $\mu_{\tilde{A}_j^{ij}}(x_j) = \mu_{\tilde{A}_j^{m_j+1-ij}}(-x_j)$；

（2）规则 $R^{i_1 \cdots i_p}$ 和 $R^{(m_1+1-i_1) \cdots (m_p+1-i_p)}$ 后件中的权重参数满足 $w^{i_1 \cdots i_p} = w^{(m_1+1-i_1) \cdots (m_p+1-i_p)}$。

定理 6-9 一型模糊系统是偶对称的，即 $y_\circ(-x) = y_\circ(x)$，如果下述条件可以满足：

(1) $\forall j \in \{1, 2, \cdots, p\}$，第 j 个输入论域被关于原点对称分布的 m_j 个一型模糊集合 $A_j^1, A_j^2, \cdots, A_j^{m_j}$ 所划分，即 $\mu_{A_j^{i_j}}(x_j) = \mu_{A_j^{m_j+1-i_j}}(-x_j)$；

(2) 规则 $R^{i_1 \cdots i_p}$ 和 $R^{(m_1+1-i_1)\cdots(m_p+1-i_p)}$ 后件中的权重参数满足 $w^{i_1 \cdots i_p} = w^{(m_1+1-i_1)\cdots(m_p+1-i_p)}$。

注：上述定理 6-4、定理 6-5、定理 6-7、定理 6-8 中的第一个条件是对二型模糊系统前件参数的约束。

对于一般梯形二型模糊集合 $\mu_{\tilde{A}_j^{i_j}} = \mu_{\tilde{A}_j^{i_j}}\left(x, \overline{a}_j^{i_j}, \overline{b}_j^{i_j}, \overline{c}_j^{i_j}, \overline{d}_j^{i_j}, \underline{a}_j^{i_j}, \underline{b}_j^{i_j}, \underline{c}_j^{i_j}, \underline{d}_j^{i_j}, h_j^{i_j}\right)$，定理 6-4、定理 6-5、定理 6-7、定理 6-8 中的第一个条件要求：对 $\forall j \in \{1, 2, \cdots, p\}$，$\forall \theta \in \left\{\overline{a}_j^{i_j}, \overline{b}_j^{i_j}, \overline{c}_j^{i_j}, \overline{d}_j^{i_j}, \underline{a}_j^{i_j}, \underline{b}_j^{i_j}, \underline{c}_j^{i_j}, \underline{d}_j^{i_j}\right\}$，有 $\theta_j^{i_j} = -\theta_j^{m_j+1-i_j}$，且对 $\theta = h_j^{i_j}$，有 $\theta_j^{i_j} = \theta_j^{m_j+1-i_j}$。

对于一般高斯二型模糊集合 $\mu_{\tilde{A}_j^{i_j}} = \mu_{\tilde{A}_j^{i_j}}\left(x, \overline{a}_j^{i_j}, \overline{b}_j^{i_j}, \underline{a}_j^{i_j}, \underline{b}_j^{i_j}, \overline{\sigma}_j^{i_j}, \underline{\sigma}_j^{i_j}, h_j^{i_j}\right)$，定理 6-4、定理 6-5、定理 6-7、定理 6-8 中的第一个条件要求：对 $\forall j \in \{1, 2, \cdots, p\}$，$\forall \theta \in \left\{\overline{a}_j^{i_j}, \overline{b}_j^{i_j}, \underline{a}_j^{i_j}, \underline{b}_j^{i_j}\right\}$，有 $\theta_j^{i_j} = -\theta_j^{m_j+1-i_j}$，且对 $\forall \theta \in \left\{\overline{\sigma}_j^{i_j}, \underline{\sigma}_j^{i_j}, h_j^{i_j}\right\}$，有 $\theta_j^{i_j} = \theta_j^{m_j+1-i_j}$。

对于一型模糊系统前件参数的约束可得类似结论。

上述定理通过对规则前件与后件参数的约束保证了奇对称和偶对称这些知识可以被嵌入二型模糊系统及一型模糊系统中。

6.5 单调性知识的嵌入

6.5.1 问题描述与定义

在很多实际问题中(如系统辨识、控制器设计)，系统输入输出之间满足单调性关系。例如，①在水温控制系统(Water Heating System)[11]中，水温将会随控制温度的变化而出现单调性的变化。②在车摆系统[24]的控制中，为其设计的合理的控制器应满足摆角与作用在小车上的力之间的单调性。

近年来，有些学者讨论了如何将单调性这一知识嵌入支撑向量机、神经网络(NN)、一型模糊系统(T1FLS)等的设计中来提高所得到的系统的性能。文献[9]~文献[17]给出了能保证一型模糊系统(T1FLS)输入输出单调性的参数条件。尽管二型模糊系统可以由一型模糊系统扩展得到，但由于二型模糊系统输入输出关系的复杂性，并不能保证由单调的一型模糊系统扩展后得到的二型模糊系统仍保持单调性。为探讨二型模糊系统的单调性问题，首先给出模糊系统单调性的定义。

定义 6-1（单调性[12]）　一个模糊系统是关于其第 k 个输入变量 x_k 单调增的，如果对于 $\forall x_k^1 \leqslant x_k^2 \in X_k$ 和所有组合 $(x_1,\cdots,x_{k-1},x_{k+1},\cdots,x_p)$ 满足 $y_o(x_1,\cdots,x_k^1,\cdots,x_p) \leqslant y_o(x_1,\cdots,x_k^2,\cdots,x_p)$。同样地，一个模糊系统是关于其第 k 个输入变量 x_k 单调减的，如果对于 $\forall x_k^1 \leqslant x_k^2 \in X_k$ 和所有组合 $(x_1,\cdots,x_{k-1},x_{k+1},\cdots,x_p)$ 满足 $y_o(x_1,\cdots,x_k^1,\cdots,x_p) \geqslant y_o(x_1,\cdots,x_k^2,\cdots,x_p)$。

6.5.2 节将探讨采用不同降型及解模糊方法时，二型模糊系统输入输出关系的单调性问题。主要针对单调增展开论述，其结论很容易推广到单调减的情况。

6.5.2　单调性条件

为给出二型模糊系统单调的条件，首先给出两个引理。

引理 6-1　$y_l^n(\boldsymbol{x})$ 和 $y_r^n(\boldsymbol{x})$（$n = 1,2,\cdots,K$）都是关于输入变量 x_k 单调增的，如果二型模糊规则前件与后件满足下述条件：

（1）对于任意的 $x_k^2 \geqslant x_k^1 \in X_k, 1 \leqslant l \leqslant r \leqslant m_k$，有 $\mu_{A_k^r}(x_k^2)\mu_{A_k^l}(x_k^1) \geqslant \mu_{A_k^r}(x_k^1) \cdot \mu_{A_k^l}(x_k^2)$，其中，$\mu_{A_k^r}$ 为 $\underline{\mu}_{\tilde{A}_k^r}$ 或 $\overline{\mu}_{\tilde{A}_k^r}$，$\mu_{A_k^l}$ 为 $\underline{\mu}_{\tilde{A}_k^l}$ 或 $\overline{\mu}_{\tilde{A}_k^l}$；

（2）对于所有组合 $(x_1,\cdots,x_{k-1},x_{k+1},\cdots,x_p)$，有 $\underline{w}^{i_1\cdots i_{k-1}i_k i_{k+1}\cdots i_p} \leqslant \underline{w}^{i_1\cdots i_{k-1}(i_k+1)i_{k+1}\cdots i_p}$，$\overline{w}^{i_1\cdots i_{k-1}i_k i_{k+1}\cdots i_p} \leqslant \overline{w}^{i_1\cdots i_{k-1}(i_k+1)i_{k+1}\cdots i_p}$，其中，$i_k = 1,2,\cdots,m_k-1$。

证明：首先证当 $\boldsymbol{x}^1 = (x_1,\cdots,x_k^1,\cdots,x_p) \leqslant \boldsymbol{x}^2 = (x_1,\cdots,x_k^2,\cdots,x_p)$ 时，有 $y_l^n(\boldsymbol{x}^1) \leqslant y_l^n(\boldsymbol{x}^2)$。

注意到

$$y_l^n(\boldsymbol{x}) = \frac{\sum_{i_1=1}^{m_1}\cdots\sum_{i_p=1}^{m_p} f^{i_1\cdots i_p}(\boldsymbol{x})\underline{w}^{i_1\cdots i_p}}{\sum_{i_1=1}^{m_1}\cdots\sum_{i_p=1}^{m_p} f^{i_1\cdots i_p}(\boldsymbol{x})} = \frac{\sum_{i_1=1}^{m_1}\cdots\sum_{i_p=1}^{m_p} \underline{w}^{i_1\cdots i_p}\prod_{j=1}^{p}\mu_{A_j}^{i_j}(x_j)}{\sum_{i_1=1}^{m_1}\cdots\sum_{i_p=1}^{m_p}\prod_{j=1}^{p}\mu_{A_j}^{i_j}(x_j)} \tag{6-35}$$

其中，$\prod_{j=1}^{p}\mu_{A_j}^{i_j}(x_j)$ 为 $\prod_{j=1}^{p}\underline{\mu}_{A_j}^{i_j}(x_j)$ 或 $\prod_{j=1}^{p}\overline{\mu}_{A_j}^{i_j}(x_j)$。

为表述方便，$y_l^n(\boldsymbol{x})$ 的表达式可重新表述为

$$y_l^n(\boldsymbol{x}) = \frac{\sum_{i_1=1}^{m_1}\cdots\sum_{i_{k-1}=1}^{m_{k-1}}\sum_{i_{k+1}=1}^{m_{k+1}}\cdots\sum_{i_p=1}^{m_p}\left[\prod_{\substack{j=1,\\j\neq k}}^{p}\mu_{A_j}^{i_j}(x_j)\sum_{i_k=1}^{m_k}\underline{w}^{i_1\cdots i_p}\mu_{A_k}^{i_k}(x_k)\right]}{\sum_{i_1=1}^{m_1}\cdots\sum_{i_{k-1}=1}^{m_{k-1}}\sum_{i_{k+1}=1}^{m_{k+1}}\cdots\sum_{i_p=1}^{m_p}\left[\prod_{\substack{j=1,\\j\neq k}}^{p}\mu_{A_j}^{i_j}(x_j)\sum_{i_k=1}^{m_k}\mu_{A_k}^{i_k}(x_k)\right]} = \frac{\sum_{v=1}^{M}\alpha^v\sum_{i_k=1}^{m_k}\underline{w}^{vi_k}\mu_{A_k}^{i_k}(x_k)}{\sum_{v=1}^{M}\alpha^v\sum_{i_k=1}^{m_k}\mu_{A_k}^{i_k}(x_k)}$$

$$\tag{6-36}$$

其中，$M = \prod\limits_{\substack{j=1, \\ j \neq k}}^{p} m_j$；$v = v(i_1, \cdots, i_{k-1}, i_{k+1}, \cdots, i_p)$ 是 $i_1, \cdots, i_{k-1}, i_{k+1}, \cdots, i_p$ 的组合，且

$$\alpha^v = \alpha^{v(i_1, \cdots, i_{k-1}, i_{k+1}, \cdots, i_p)} = \prod\limits_{\substack{j=1, \\ j \neq k}}^{p} \mu_{A_j^{i_j}}(x_j) \, 。$$

进而，可得

$$y_l^n(\pmb{x}^2) - y_l^n(\pmb{x}^1)$$

$$= \frac{\sum\limits_{s=1}^{M} \alpha^s \sum\limits_{l=1}^{m_k} \underline{w}^{sl} \mu_{A_k^l}(x_k^2)}{\sum\limits_{s=1}^{M} \alpha^s \sum\limits_{l=1}^{m_k} \mu_{A_k^l}(x_k^2)} - \frac{\sum\limits_{t=1}^{M} \alpha^t \sum\limits_{r=1}^{m_k} \underline{w}^{tr} \mu_{A_k^r}(x_k^1)}{\sum\limits_{t=1}^{M} \alpha^t \sum\limits_{r=1}^{m_k} \mu_{A_k^r}(x_k^1)}$$

$$= \frac{1}{\varepsilon} \left[\sum\limits_{s=1}^{M} \sum\limits_{t=1}^{M} \alpha^s \alpha^t \sum\limits_{l=1}^{m_k} \sum\limits_{r=1}^{m_k} \underline{w}^{sl} \mu_{A_k^l}(x_k^2) \mu_{A_k^r}(x_k^1) - \sum\limits_{s=1}^{M} \sum\limits_{t=1}^{M} \alpha^s \alpha^t \sum\limits_{l=1}^{m_k} \sum\limits_{r=1}^{m_k} \underline{w}^{tr} \mu_{A_k^l}(x_k^2) \mu_{A_k^r}(x_k^1) \right]$$

(6-37)

其中，

$$\varepsilon = \left[\sum\limits_{s=1}^{M} \alpha^s \sum\limits_{l=1}^{m_k} \mu_{A_k^l}(x_k^2) \right] \left[\sum\limits_{t=1}^{M} \alpha^t \sum\limits_{r=1}^{m_k} \mu_{A_k^r}(x_k^1) \right] > 0 \tag{6-38}$$

考虑到如下事实：

$$\sum\limits_{s=1}^{M} \sum\limits_{t=1}^{M} \alpha^s \alpha^t \sum\limits_{l=1}^{m_k} \sum\limits_{r=1}^{m_k} \underline{w}^{tr} \mu_{A_k^l}(x_k^2) \mu_{A_k^r}(x_k^1) = \sum\limits_{s=1}^{M} \sum\limits_{t=1}^{M} \alpha^s \alpha^t \sum\limits_{l=1}^{m_k} \sum\limits_{r=1}^{m_k} \underline{w}^{sr} \mu_{A_k^l}(x_k^2) \mu_{A_k^r}(x_k^1) \tag{6-39}$$

将式 (6-39) 代入式 (6-37)，可得

$$y_l^n(\pmb{x}^2) - y_l^n(\pmb{x}^1)$$

$$= \frac{1}{\varepsilon} \left[\sum\limits_{s=1}^{M} \sum\limits_{t=1}^{M} \alpha^s \alpha^t \sum\limits_{l=1}^{m_k} \sum\limits_{r=1}^{m_k} (\underline{w}^{sl} - \underline{w}^{sr}) \mu_{A_k^l}(x_k^2) \mu_{A_k^r}(x_k^1) \right] \tag{6-40}$$

$$= \frac{1}{\varepsilon} \left[\sum\limits_{s=1}^{M} \sum\limits_{t=1}^{M} \alpha^s \alpha^t \sum\limits_{l=1}^{m_k} \sum\limits_{r=l+1}^{m_k} (\underline{w}^{sr} - \underline{w}^{sl}) \left(\mu_{A_k^r}(x_k^2) \mu_{A_k^l}(x_k^1) - \mu_{A_k^l}(x_k^2) \mu_{A_k^r}(x_k^1) \right) \right]$$

根据条件 (1)，可得

$$\mu_{A_k^r}(x_k^2) \mu_{A_k^l}(x_k^1) - \mu_{A_k^l}(x_k^2) \mu_{A_k^r}(x_k^1) \geqslant 0 \tag{6-41}$$

根据条件 (2)，对于 $r > l$，有

$$\underline{w}^{sr} - \underline{w}^{sl} \geqslant 0 \tag{6-42}$$

根据式 (6-40)～式 (6-42)，可得 $y_l^n(\pmb{x}^2) \geqslant y_l^n(\pmb{x}^1)$。

类似地，可证 $y_r^n(\pmb{x}^2) \geqslant y_r^n(\pmb{x}^1)$。

综上，该引理成立。

引理 6-2 如果 $a_1 \leqslant b_1, a_2 \leqslant b_2, \cdots, a_n \leqslant b_n$，则 $\min\{a_1, a_2, \cdots, a_n\} \leqslant \min\{b_1, b_2, \cdots, b_n\}$，且 $\max\{a_1, a_2, \cdots, a_n\} \leqslant \max\{b_1, b_2, \cdots, b_n\}$。

证明： 该引理的证明很明显，从略。

根据上述引理，对于基于 KM 方法的二型模糊系统，可得如下结论。

定理 6-10 基于 KM 方法的二型模糊系统是关于输入变量 x_k 单调增的，如果二型模糊规则前件与后件满足下述条件：

（1）对于任意的 $x_k^2 \geqslant x_k^1 \in X_k, 1 \leqslant l \leqslant r \leqslant m_k$，有 $\mu_{A_k^r}(x_k^2)\mu_{A_k^l}(x_k^1) \geqslant \mu_{A_k^r}(x_k^1)\mu_{A_k^l}(x_k^2)$，其中，$\mu_{A_k^r}$ 为 $\underline{\mu}_{\tilde{A}_k^r}$ 或 $\overline{\mu}_{\tilde{A}_k^r}$，$\mu_{A_k^l}$ 为 $\underline{\mu}_{\tilde{A}_k^l}$ 或 $\overline{\mu}_{\tilde{A}_k^l}$；

（2）对于所有组合 $(x_1, \cdots, x_{k-1}, x_{k+1}, \cdots, x_p)$，有 $\underline{w}^{i_1 \cdots i_{k-1} i_k i_{k+1} \cdots i_p} \leqslant \underline{w}^{i_1 \cdots i_{k-1} (i_k+1) i_{k+1} \cdots i_p}$，$\overline{w}^{i_1 \cdots i_{k-1} i_k i_{k+1} \cdots i_p} \leqslant \overline{w}^{i_1 \cdots i_{k-1} (i_k+1) i_{k+1} \cdots i_p}$，其中，$i_k = 1, 2, \cdots, m_k - 1$。

证明： 根据引理 6-1，$\forall \boldsymbol{x}^1 = (x_1, \cdots, x_k^1, \cdots, x_p) \leqslant \boldsymbol{x}^2 = (x_1, \cdots, x_k^2, \cdots, x_p)$，对于 $n = 1, 2, \cdots, K$ 有 $y_l^n(\boldsymbol{x}^1) \leqslant y_l^n(\boldsymbol{x}^2)$ 且 $y_r^n(\boldsymbol{x}^1) \leqslant y_r^n(\boldsymbol{x}^2)$。

从而，根据引理 6-2 得

$$y_l(\boldsymbol{x}^1) = \min_{n=1}^K y_l^n(\boldsymbol{x}^1) \leqslant \min_{n=1}^K y_l^n(\boldsymbol{x}^2) = y_l(\boldsymbol{x}^2) \tag{6-43}$$

$$y_r(\boldsymbol{x}^1) = \max_{n=1}^K y_r^n(\boldsymbol{x}^1) \leqslant \max_{n=1}^K y_r^n(\boldsymbol{x}^2) = y_r(\boldsymbol{x}^2) \tag{6-44}$$

根据式（6-12）、式（6-43）、式（6-44），可得

$$y_o(\boldsymbol{x}^1) = \frac{1}{2}\left[y_l(\boldsymbol{x}^1) + y_r(\boldsymbol{x}^1)\right] \leqslant \frac{1}{2}\left[y_l(\boldsymbol{x}^2) + y_r(\boldsymbol{x}^2)\right] = y_o(\boldsymbol{x}^2) \tag{6-45}$$

综上，该定理得证。

作为二型模糊系统的特例，上述结论对于一型模糊系统仍然成立。

定理 6-11 一型模糊系统是关于输入变量 x_k 单调增的，如果其模糊规则前件与后件满足下述条件：

（1）对于任意的 $x_k^2 \geqslant x_k^1 \in X_k, 1 \leqslant r \leqslant m_k$，有 $\mu_{A_k^r}(x_k^2)\mu_{A_k^l}(x_k^1) \geqslant \mu_{A_k^r}(x_k^1) \cdot \mu_{A_k^l}(x_k^2)$；

（2）对于所有组合 $(i_1, \cdots, i_{k-1}, i_{k+1}, \cdots, i_p)$，有 $w^{i_1 \cdots i_{k-1} i_k i_{k+1} \cdots i_p} \leqslant w^{i_1 \cdots i_{k-1} (i_k+1) i_{k+1} \cdots i_p}$，其中，$i_k = 1, 2, \cdots, m_k - 1$。

对于其他几种降型与解模糊方法，可得类似结论。

定理 6-12 采用 DY 方法、BMM 方法、WT 方法以及 NT 方法的二型模糊系统是关于输入变量 x_k 单调增的，如果二型模糊规则前件与后件满足下述条件：

（1）对于任意的 $x_k^2 \geqslant x_k^1 \in X_k, 1 \leqslant l \leqslant r \leqslant m_k$，有 $\mu_{A_k^r}(x_k^2)\mu_{A_k^l}(x_k^1) \geqslant \mu_{A_k^r}(x_k^1) \cdot \mu_{A_k^l}(x_k^2)$，其中，$\mu_{A_k^r}$ 为 $\underline{\mu}_{\tilde{A}_k^r}$ 或 $\overline{\mu}_{\tilde{A}_k^r}$，$\mu_{A_k^l}$ 为 $\underline{\mu}_{\tilde{A}_k^l}$ 或 $\overline{\mu}_{\tilde{A}_k^l}$；

（2）对于所有组合 $(i_1, \cdots, i_{k-1}, i_{k+1}, \cdots, i_p)$，有 $w^{i_1 \cdots i_{k-1} i_k i_{k+1} \cdots i_p} \leqslant w^{i_1 \cdots i_{k-1} (i_k+1) i_{k+1} \cdots i_p}$，

其中，$i_k = 1, 2, \cdots, m_k - 1$。

注：在 WT 方法中，只考虑 $\eta_j^1(x_j) = \eta_j^2(x_j) = \cdots = \eta_j^{N_j}(x_j) = \eta_j$ 的情况，其中，$j = 1, 2, \cdots, p$。

证明：下面针对 DY 方法、BMM 方法分别证明。由于 WT 方法需要用到嵌入模糊集合的概念，将在 6.5.3 节予以证明。另外，NT 方法是 WT 方法的特例，其证明从略。

① DY 方法。

根据引理 6-1，$\forall \boldsymbol{x}^1 = (x_1, \cdots, x_k^1, \cdots, x_p) \leqslant \boldsymbol{x}^2 = (x_1, \cdots, x_k^2, \cdots, x_p)$，对于 $n = 1, 2, \cdots, K$ 有 $y^n(\boldsymbol{x}^1) \leqslant y^n(\boldsymbol{x}^2)$。从而可得

$$y_o(\boldsymbol{x}^1) = \frac{1}{K} \sum_{n=1}^{K} y^n(\boldsymbol{x}^1) \leqslant \frac{1}{K} \sum_{n=1}^{K} y^n(\boldsymbol{x}^2) = y_o(\boldsymbol{x}^2) \tag{6-46}$$

② BMM 方法。

根据引理 6-1，$\forall \boldsymbol{x}^1 = (x_1, \cdots, x_k^1, \cdots, x_p) \leqslant \boldsymbol{x}^2 = (x_1, \cdots, x_k^2, \cdots, x_p)$，有 $y^1(\boldsymbol{x}^1) \leqslant y^1(\boldsymbol{x}^2)$ 和 $y^K(\boldsymbol{x}^1) \leqslant y^K(\boldsymbol{x}^2)$。从而可得

$$y_o(\boldsymbol{x}^1) = \alpha y^1(\boldsymbol{x}^1) + \beta y^K(\boldsymbol{x}^1) \leqslant \alpha y^1(\boldsymbol{x}^2) + \beta y^K(\boldsymbol{x}^2) = y_o(\boldsymbol{x}^2) \tag{6-47}$$

上述关于一型与二型模糊系统的单调性条件对一型与二型模糊集合的形状和种类未加以限制。上述定理中关于规则后件的条件容易验证，但关于规则前件中模糊集合的条件仍不直观。6.5.3 节将针对梯形模糊集合与高斯模糊集合给出具体的条件。

6.5.3 规则前件中的模糊集合需满足的单调性条件

首先考虑梯形模糊集合需满足的条件，然后讨论高斯模糊集合的情况。

1. 梯形模糊集合需满足的条件

引理 6-3 考虑如图 6-4 所示的两个梯形一型模糊集合 $\mu_{A^l}(x) = \mu_{A^l}(x, a^l, b^l, c^l, d^l, h^l)$ 和 $\mu_{A^r}(x) = \mu_{A^r}(x, a^r, b^r, c^r, d^r, h^r)$。若 $a^l \leqslant a^r, b^l \leqslant b^r, c^l \leqslant c^r, d^l \leqslant d^r$，则对任意的 $x^2 \geqslant x^1 \in X$ 有 $\mu_{A^r}(x^2) \mu_{A^l}(x^1) \geqslant \mu_{A^r}(x^1) \mu_{A^l}(x^2)$。

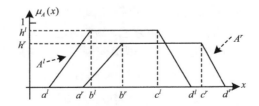

图 6-4　引理 6-3 中的梯形一型模糊集合

证明： 对于梯形一型模糊集合 A^l ，记 $S_1^l = \{x | x \leqslant a^l\}$ ， $S_2^l = \{x | a^l < x \leqslant b^l\}$ ，

$S_3^l = \{x | b^l < x \leqslant c^l\}$ ， $S_4^l = \{x | c^l < x < d^l\}$ ， $S_5^l = \{x | x \geqslant d^l\}$ 。

对于梯形一型模糊集合 A^r ，记 $S_1^r = \{x | x \leqslant a^r\}$ ， $S_2^r = \{x | a^r < x \leqslant b^r\}$ ，

$S_3^r = \{x | b^r < x \leqslant c^r\}$ ， $S_4^r = \{x | c^r < x < d^r\}$ ， $S_5^r = \{x | x \geqslant d^r\}$ 。

另外，记 $R_1 = S_1^l \bigcup S_1^r$, $R_2 = S_5^l \bigcup S_5^r$, $R_3 = S_2^l \bigcap S_2^r$, $R_4 = S_3^l \bigcap S_2^r$, $R_5 = S_3^l \bigcap S_3^r$,

$R_6 = S_4^l \bigcap S_2^r$, $R_7 = S_4^l \bigcap S_3^r$, $R_8 = S_4^l \bigcap S_4^r$ 。其中某些 R_i 可能为空集。

如图 6-4 所示 $X = R_1 \bigcup R_2 \bigcup R_3 \bigcup R_4 \bigcup R_5 \bigcup R_6 \bigcup R_7 \bigcup R_8$ 。考虑下面几种情况。

(1) 如果 x^1 或 $x^2 \in R_1$ ，则 $\mu_{A^r}(x^1) = 0$ ；从而， $\mu_{A^r}(x^2)\mu_{A^l}(x^1) \geqslant \mu_{A^r}(x^1)\mu_{A^l}(x^2)$ 。

(2) 如果 x^1 或 $x^2 \in R_2$ ，则 $\mu_{A^l}(x^2) = 0$ ；从而， $\mu_{A^r}(x^2)\mu_{A^l}(x^1) \geqslant \mu_{A^r}(x^1)\mu_{A^l}(x^2)$ 。

如果 x^1 或 x^2 不落入 $R_1 \bigcup R_2$ ，即 $x^1, x^2 \in [a^r, d^l] = R_3 \bigcup R_4 \bigcup R_5 \bigcup R_6 \bigcup R_7 \bigcup R_8$ ，则 $\mu_{A^l}(x^2) > 0$ 且 $\mu_{A^l}(x^1) > 0$ 。因此，为证明 $\mu_{A^r}(x^2)\mu_{A^l}(x^1) \geqslant \mu_{A^r}(x^1)\mu_{A^l}(x^2)$ ，只需要证明如下方程：

$$\frac{\mu_{A^r}(x^2)}{\mu_{A^l}(x^2)} - \frac{\mu_{A^r}(x^1)}{\mu_{A^l}(x^1)} \geqslant 0, \quad \forall x^2 \geqslant x^1 \qquad (6\text{-}48)$$

即 $\dfrac{\mu_{A^r}(x)}{\mu_{A^l}(x)}$ 在 $[a^r, d^l]$ 中关于 x 单调增。

由于 $\mu_{A^r}(x)$ 和 $\mu_{A^l}(x)$ 是连续的，故仅需证明 $\dfrac{\mu_{A^r}(x)}{\mu_{A^l}(x)}$ 在 $R_3, R_4, R_5, R_6, R_7, R_8$ 中分别关于 x 单调增。

在这六个区域中， $\mu_{A^l}(x)$ 和 $\mu_{A^r}(x)$ 是可导的，因此，在任一区域有

$$\frac{\mu_{A^r}(x)}{\mu_{A^l}(x)} \text{ 单调增}$$

$$\Leftrightarrow \frac{\mathrm{d}}{\mathrm{d}x}\left(\frac{\mu_{A^r}(x)}{\mu_{A^l}(x)}\right) \geqslant 0$$

$$\Leftrightarrow \frac{\mathrm{d}\mu_{A^r}(x)}{\mathrm{d}x}\mu_{A^l}(x) - \frac{\mathrm{d}\mu_{A^l}(x)}{\mathrm{d}x}\mu_{A^r}(x) \geqslant 0 \qquad (6\text{-}49)$$

根据上述讨论，当 $x \in [a^r, d^l]$ 时，为证明 $\mu_{A^r}(x^2)\mu_{A^l}(x^1) \geqslant \mu_{A^r}(x^1)\mu_{A^l}(x^2)$ ，仅需证明在区域 $R_i (i = 3, 4, 5, 6, 7, 8)$ 分别有 $\dfrac{\mathrm{d}\mu_{A^r}(x)}{\mathrm{d}x}\mu_{A^l}(x) - \dfrac{\mathrm{d}\mu_{A^l}(x)}{\mathrm{d}x}\mu_{A^r}(x) \geqslant 0$ 。

(3) 在区域 $R_3 = S_2^l \bigcap S_2^r$ 中，有

$$\frac{\mathrm{d}\mu_{A^r}(x)}{\mathrm{d}x}\mu_{A^l}(x) - \frac{\mathrm{d}\mu_{A^l}(x)}{\mathrm{d}x}\mu_{A^r}(x) = \frac{h^r}{b^r - a^r}\frac{h^l(x - a^l)}{b^l - a^l} - \frac{h^l}{b^l - a^l}\frac{h^r(x - a^r)}{b^r - a^r}$$
$$= \frac{h^r h^l(a^r - a^l)}{(b^r - a^r)(b^l - a^l)} \tag{6-50}$$

当 $a^l \leqslant a^r$，$a^r < b^r$ 且 $a^l < b^l$ 时，显然 $\dfrac{\mathrm{d}\mu_{A^r}(x)}{\mathrm{d}x}\mu_{A^l}(x) - \dfrac{\mathrm{d}\mu_{A^l}(x)}{\mathrm{d}x}\mu_{A^r}(x) \geqslant 0$。

(4) 在区域 R_4, R_5, R_6, R_7 中，有 $\dfrac{\mathrm{d}\mu_{A^r}(x)}{\mathrm{d}x} \geqslant 0$ 且 $\dfrac{\mathrm{d}\mu_{A^l}(x)}{\mathrm{d}x} \leqslant 0$。从而，$\dfrac{\mathrm{d}\mu_{A^r}(x)}{\mathrm{d}x}\mu_{A^l}(x) - \dfrac{\mathrm{d}\mu_{A^l}(x)}{\mathrm{d}x}\mu_{A^r}(x) \geqslant 0$。

(5) 在区域 $R_8 = S_4^l \bigcap S_4^r$ 中，有

$$\frac{\mathrm{d}\mu_{A^r}(x)}{\mathrm{d}x}\mu_{A^l}(x) - \frac{\mathrm{d}\mu_{A^l}(x)}{\mathrm{d}x}\mu_{A^r}(x) = \frac{h^r}{c^r - d^r}\frac{h^l(x - d^l)}{c^l - d^l} - \frac{h^l}{c^l - d^l}\frac{h^r(x - d^r)}{c^r - d^r}$$
$$= \frac{h^r h^l(d^r - d^l)}{(c^r - d^r)(c^l - d^l)} \tag{6-51}$$

当 $d^l \leqslant d^r$，$c^r < d^r$ 且 $c^l < d^l$ 时，显然 $\dfrac{\mathrm{d}\mu_{A^r}(x)}{\mathrm{d}x}\mu_{A^l}(x) - \dfrac{\mathrm{d}\mu_{A^l}(x)}{\mathrm{d}x}\mu_{A^r}(x) \geqslant 0$。

根据上述讨论该引理成立。

根据引理 6-3，可得如下结论。

定理 6-13 对于梯形一型模糊集合 $A^1, A^2, \cdots, A^m$，其中，$\mu_{A^j}(x) = \mu_{A^j}(x, a^j, b^j, c^j, d^j, h^j)$，如果对任意的 $1 \leqslant l \leqslant r \leqslant m$ 有 $a^l \leqslant a^r, b^l \leqslant b^r, c^l \leqslant c^r, d^l \leqslant d^r$，则定理 6-11 中关于规则前件中模糊集合的条件成立。

图 6-5 展示了满足定理 6-13 要求的梯形一型模糊集合的排列情况。其中图 6-5(a) 展示了具有不同高度与宽度的一般梯形一型模糊集合所形成的划分。图 6-5(b) 是满足要求的具有相同高度与宽度的梯形一型模糊集合所形成的划分。而图 6-5(c) 则是满足要求的三角一型模糊集合所形成的划分。其中图 6-5(b) 和图 6-5(c) 中的模糊划分情况在很多建模与控制问题中广泛采用。

定理 6-14 对于输入论域 X 中的梯形二型模糊集合 $\tilde{A}^1, \tilde{A}^2, \cdots, \tilde{A}^m$，其中，$\mu_{\tilde{A}^j}(x) = \mu_{\tilde{A}^j}(x, \overline{a}^j, \overline{b}^j, \overline{c}^j, \overline{d}^j, \underline{a}^j, \underline{b}^j, \underline{c}^j, \underline{d}^j, h^j)$，如果对任意 $1 \leqslant l \leqslant r \leqslant m$ 有 $\underline{a}^l \leqslant \underline{a}^r, \underline{b}^l \leqslant \overline{b}^r, \overline{c}^l \leqslant \underline{c}^r, \overline{d}^l \leqslant \underline{d}^r$，则定理 6-10 和定理 6-12 中关于规则前件中二型模糊集合的条件成立。

证明：对于梯形二型模糊集合 $\mu_{\tilde{A}}(x) = \mu_{\tilde{A}}(x, \overline{a}, \overline{b}, \overline{c}, \overline{d}, \underline{a}, \underline{b}, \underline{c}, \underline{d}, h)$，其参数满足条件 $\overline{a} \leqslant \underline{a}, \overline{b} \leqslant \underline{b}, \underline{c} \leqslant \overline{c}, \underline{d} \leqslant \overline{d}$。

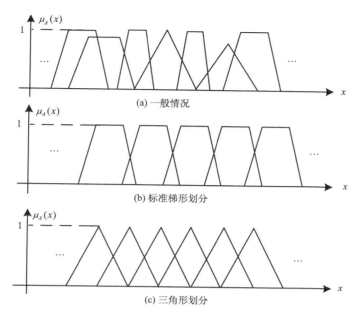

(a) 一般情况

(b) 标准梯形划分

(c) 三角形划分

图 6-5　满足定理 6-13 要求的梯形一型模糊划分

为证明该定理，需证明下述 4 种情况。

（1）$\mu_{A^r} = \underline{\mu}_{\tilde{A}^r}$ 和 $\mu_{A^l} = \underline{\mu}_{\tilde{A}^l}$。

根据定理 6-14 中条件 $\underline{a}^l \leqslant \overline{a}^r$，$\underline{b}^l \leqslant \overline{b}^r$，$\overline{c}^l \leqslant \underline{c}^r$，$\overline{d}^l \leqslant \underline{d}^r$ 及参数条件，可得 $\underline{a}^l \leqslant \underline{a}^r$，$\underline{b}^l \leqslant \underline{b}^r$，$\underline{c}^l \leqslant \underline{c}^r$，$\underline{d}^l \leqslant \underline{d}^r$。从而，根据引理 6-3，对任意 $x^2 \geqslant x^1 \in X$ 有 $\underline{\mu}_{A^r}(x^2)\underline{\mu}_{A^l}(x^1) \geqslant \underline{\mu}_{A^r}(x^1)\underline{\mu}_{A^l}(x^2)$。

（2）$\mu_{A^r} = \underline{\mu}_{\tilde{A}^r}$ 和 $\mu_{A^l} = \overline{\mu}_{\tilde{A}^l}$。

根据定理 6-14 中条件 $\underline{a}^l \leqslant \overline{a}^r$，$\underline{b}^l \leqslant \overline{b}^r$，$\overline{c}^l \leqslant \underline{c}^r$，$\overline{d}^l \leqslant \underline{d}^r$ 及参数条件，可得 $\overline{a}^l \leqslant \underline{a}^r$，$\overline{b}^l \leqslant \underline{b}^r$，$\overline{c}^l \leqslant \underline{c}^r$，$\overline{d}^l \leqslant \underline{d}^r$。从而，根据引理 6-3，对任意 $x^2 \geqslant x^1 \in X$ 有 $\underline{\mu}_{A^r}(x^2)\overline{\mu}_{A^l}(x^1) \geqslant \underline{\mu}_{A^r}(x^1)\overline{\mu}_{A^l}(x^2)$。

（3）$\mu_{A^r} = \overline{\mu}_{\tilde{A}^r}$ 和 $\mu_{A^l} = \underline{\mu}_{\tilde{A}^l}$。

根据定理 6-14 中条件 $\underline{a}^l \leqslant \overline{a}^r$，$\underline{b}^l \leqslant \overline{b}^r$，$\overline{c}^l \leqslant \underline{c}^r$，$\overline{d}^l \leqslant \underline{d}^r$ 及参数条件，可得 $\underline{a}^l \leqslant \overline{a}^r$，$\underline{b}^l \leqslant \overline{b}^r$，$\underline{c}^l \leqslant \overline{c}^r$，$\underline{d}^l \leqslant \overline{d}^r$。从而，根据引理 6-3，对任意 $x^2 \geqslant x^1 \in X$ 有 $\overline{\mu}_{A^r}(x^2)\underline{\mu}_{A^l}(x^1) \geqslant \overline{\mu}_{A^r}(x^1)\underline{\mu}_{A^l}(x^2)$。

（4）$\mu_{A^r} = \overline{\mu}_{\tilde{A}^r}$ 和 $\mu_{A^l} = \overline{\mu}_{\tilde{A}^l}$。

根据定理 6-14 中条件 $\underline{a}^l \leqslant \overline{a}^r$，$\underline{b}^l \leqslant \overline{b}^r$，$\overline{c}^l \leqslant \underline{c}^r$，$\overline{d}^l \leqslant \underline{d}^r$ 及参数条件，可得 $\overline{a}^l \leqslant \overline{a}^r$，$\overline{b}^l \leqslant \overline{b}^r$，$\overline{c}^l \leqslant \overline{c}^r$，$\overline{d}^l \leqslant \overline{d}^r$。从而，根据引理 6-3，对任意 $x^2 \geqslant x^1 \in X$ 有 $\overline{\mu}_{A^r}(x^2)\overline{\mu}_{A^l}(x^1) \geqslant \overline{\mu}_{A^r}(x^1)\overline{\mu}_{A^l}(x^2)$。

综上，该定理得证。

图 6-6 展示了满足定理 6-14 要求的梯形二型模糊集合的排列情况。其中，图 6-6(a) 展示了具有不同形状的梯形二型模糊集合所形成的划分。图 6-6(b) 是满足要求的具有相同形状的梯形二型模糊集合所形成的划分。而图 6-6(c) 则是满足要求的三角二型模糊集合所形成的划分。其中图 6-6(b) 和图 6-6(c) 中的二型模糊划分情况在很多基于二型模糊系统的建模与控制问题中广泛采用。

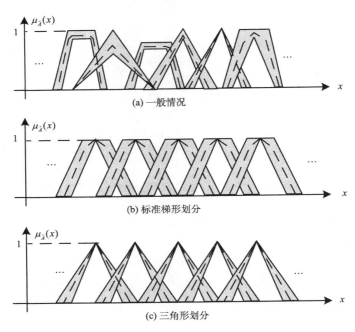

(a) 一般情况

(b) 标准梯形划分

(c) 三角形划分

图 6-6　满足定理 6-14 要求的梯形二型模糊划分

2. 高斯模糊集合需满足的条件

对于高斯一型与二型模糊集合，可得下述结论。

引理 6-4　考虑如图 6-7 所示的两个一般高斯一型模糊集合 $\mu_{A^l}(x) = \mu_{A^l}(x, a^l, b^l, \sigma^l, h^l)$ 和 $\mu_{A^r}(x) = \mu_{A^r}(x, a^r, b^r, \sigma^r, h^r)$。若 $a^l \leqslant a^r, b^l \leqslant b^r$，且 $(\sigma^r)^2 h^l = (\sigma^l)^2 h^r$，则对任意的 $x^2 \geqslant x^1 \in X$ 有 $\mu_{A^r}(x^2)\mu_{A^l}(x^1) \geqslant \mu_{A^r}(x^1)\mu_{A^l}(x^2)$。

证明：对于一般高斯一型模糊集合 A^l，记 $S_1^l = \left\{x \middle| x \leqslant a^l\right\}$，$S_2^l = \left\{x \middle| a^l < x \leqslant b^l\right\}$，$S_3^l = \left\{x \middle| x > b^l\right\}$。

对于一般高斯一型模糊集合 A^r，记 $S_1^r = \left\{x \middle| x \leqslant a^r\right\}$，$S_2^r = \left\{x \middle| a^r < x \leqslant b^r\right\}$，$S_3^r = \left\{x \middle| x > b^r\right\}$。

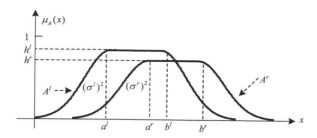

图 6-7 引理 6-4 中的一般高斯一型模糊集合

另外，记 $R_1 = S_1^l \bigcap S_1^r$，$R_2 = S_2^l \bigcap S_1^r$，$R_3 = S_2^l \bigcap S_2^r$，$R_4 = S_3^l \bigcap S_1^r$，$R_5 = S_3^l \bigcap S_2^r$，$R_6 = S_3^l \bigcap S_3^r$。其中某些 R_i 可能为空集。

如图 6-7 所示，$X = R_1 \bigcup R_2 \bigcup R_3 \bigcup R_4 \bigcup R_5 \bigcup R_6$。在这六个区域中，$\mu_{A^l}(x)$ 和 $\mu_{A^r}(x)$ 是连续可导的，因此，根据引理 6-3 证明过程可知，为证明 $\mu_{A^r}(x^2)\mu_{A^l}(x^1) \geqslant \mu_{A^r}(x^1)\mu_{A^l}(x^2)$，仅需证明在任一区域分别有 $\dfrac{\mathrm{d}\mu_{A^r}(x)}{\mathrm{d}x}\mu_{A^l}(x) - \dfrac{\mathrm{d}\mu_{A^l}(x)}{\mathrm{d}x}\mu_{A^r}(x) \geqslant 0$。

（1）在区域 $R_1 = S_1^l \bigcap S_1^r$ 中，有

$$
\begin{aligned}
&\frac{\mathrm{d}\mu_{A^r}(x)}{\mathrm{d}x}\mu_{A^l}(x) - \frac{\mathrm{d}\mu_{A^l}(x)}{\mathrm{d}x}\mu_{A^r}(x) \\
&= \frac{-h^r(x - a^r)\mu_{A^r}(x)}{(\sigma^r)^2}\mu_{A^l}(x) - \frac{-h^l(x - a^l)\mu_{A^l}(x)}{(\sigma^l)^2}\mu_{A^r}(x) \\
&= \frac{\mu_{A^r}(x)\mu_{A^l}(x)\left[\left((\sigma^r)^2 h^l - (\sigma^l)^2 h^r\right)x + \left((\sigma^l)^2 h^r a^r - (\sigma^r)^2 h^l a^l\right)\right]}{(\sigma^r)^2(\sigma^l)^2}
\end{aligned}
\tag{6-52}
$$

因 $a^l \leqslant a^r$，且 $(\sigma^r)^2 h^l = (\sigma^l)^2 h^r$，从而得 $\dfrac{\mathrm{d}\mu_{A^r}(x)}{\mathrm{d}x}\mu_{A^l}(x) - \dfrac{\mathrm{d}\mu_{A^l}(x)}{\mathrm{d}x}\mu_{A^r}(x) \geqslant 0$。

（2）在区域 R_2, R_3, R_4 和 R_5 中，有 $\dfrac{\mathrm{d}\mu_{A^r}(x)}{\mathrm{d}x} \geqslant 0$ 且 $\dfrac{\mathrm{d}\mu_{A^l}(x)}{\mathrm{d}x} \leqslant 0$。因此，$\dfrac{\mathrm{d}\mu_{A^r}(x)}{\mathrm{d}x}\mu_{A^l}(x) - \dfrac{\mathrm{d}\mu_{A^l}(x)}{\mathrm{d}x}\mu_{A^r}(x) \geqslant 0$。

（3）在区域 $R_6 = S_3^l \bigcap S_3^r$ 中，有

$$
\begin{aligned}
&\frac{\mathrm{d}\mu_{A^r}(x)}{\mathrm{d}x}\mu_{A^l}(x) - \frac{\mathrm{d}\mu_{A^l}(x)}{\mathrm{d}x}\mu_{A^r}(x) \\
&= \frac{-h^r(x - b^r)\mu_{A^r}(x)}{(\sigma^r)^2}\mu_{A^l}(x) - \frac{-h^l(x - b^l)\mu_{A^l}(x)}{(\sigma^l)^2}\mu_{A^r}(x) \\
&= \frac{\mu_{A^r}(x)\mu_{A^l}(x)\left[\left((\sigma^r)^2 h^l - (\sigma^l)^2 h^r\right)x + \left((\sigma^l)^2 h^r b^r - (\sigma^r)^2 h^l b^l\right)\right]}{(\sigma^r)^2(\sigma^l)^2}
\end{aligned}
\tag{6-53}
$$

因 $b^l \leqslant b^r$ ，且 $(\sigma^r)^2 h^l = (\sigma^l)^2 h^r$ ，从而得 $\dfrac{\mathrm{d}\mu_{A^r}(x)}{\mathrm{d}x}\mu_{A^l}(x) - \dfrac{\mathrm{d}\mu_{A^l}(x)}{\mathrm{d}x}\mu_{A^r}(x) \geqslant 0$ 。

综上可知，该引理成立。

根据引理 6-4，可得如下结论。

定理 6-15 对于一般高斯一型模糊集合 $A^1, A^2, \cdots, A^m$ ，其中，$\mu_{A^j}(x) = \mu_{A^j}(x, a^j, b^j, \sigma^j, h^j)$ ，如果对任意的 $1 \leqslant l \leqslant r \leqslant m$ 有 $a^l \leqslant a^r, b^l \leqslant b^r$ ，$\sigma^l = \sigma^r, h^l = h^r$ ，则定理 6-11 中的关于规则前件中模糊集合的条件成立。

图 6-8 展示了满足定理 6-15 要求的高斯一型模糊集合的排列情况。其中图 6-8(a)展示了具有不同形状的一般高斯一型模糊集合所形成的划分。图 6-8(b)是满足要求的具有相同形状的一般高斯一型模糊集合所形成的划分。而图 6-8(c)则是满足要求的标准高斯一型模糊集合所形成的划分。其中图 6-8(c)中的模糊划分情况在很多建模与控制问题中广泛采用。

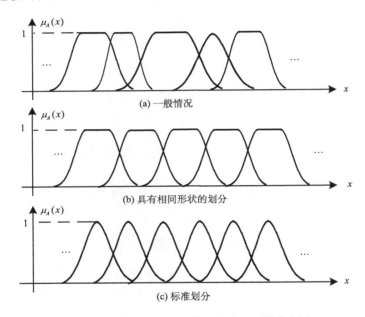

图 6-8 满足定理 6-15 要求的高斯一型模糊划分

定理 6-16 对于输入论域 X 中的一般高斯二型模糊集合 $\tilde{A}^1, \tilde{A}^2, \cdots, \tilde{A}^m$ ，其中，$\mu_{\tilde{A}^j}(x) = \mu_{\tilde{A}^j}(x, \overline{a}^j, \overline{b}^j, \underline{a}^j, \underline{b}^j, \overline{\sigma}^j, \underline{\sigma}^j, h^j)$ ，如果对任意 $1 \leqslant l \leqslant r \leqslant m$ 有 $\underline{a}^l \leqslant \overline{a}^r, \overline{b}^l \leqslant \underline{b}^r$ ，$\overline{\sigma}^l = \overline{\sigma}^r = \overline{\sigma}$ ，$\underline{\sigma}^l = \underline{\sigma}^r = \underline{\sigma}$ ，且 $h^l = h^r = \dfrac{\underline{\sigma}^2}{\overline{\sigma}^2}$ ，则定理 6-10 和定理 6-12 中关于规则前件中二型模糊集合的条件成立。

证明： 对于一般高斯二型模糊集合 $\mu_{\tilde{A}}(x) = \mu_{\tilde{A}}(x, \overline{a}, \overline{b}, \underline{a}, \underline{b}, \overline{\sigma}, \underline{\sigma}, h)$ ，其参数满足条件 $\overline{a} \leqslant \underline{a}, \underline{b} \leqslant \overline{b}, \underline{\sigma} \leqslant \overline{\sigma}$ 。

为证明该定理，需证明下述 4 种情况。

(1) $\mu_{A^r} = \underline{\mu}_{\tilde{A}^r}$ 和 $\mu_{A^l} = \underline{\mu}_{\tilde{A}^l}$。

根据参数条件及定理 6-16 中条件 $\underline{a}^l \leqslant \overline{a}^r$，$\overline{b}^l \leqslant \underline{b}^r$，$\underline{\sigma}^l = \underline{\sigma}^r = \underline{\sigma}$，$h^l = h^r$，可得 $\underline{a}^l \leqslant \underline{a}^r$，$\underline{b}^l \leqslant \underline{b}^r$，$(\underline{\sigma}^r)^2 h^l = (\underline{\sigma}^l)^2 h^r$。从而，根据引理 6-4，对任意 $x^2 \geqslant x^1 \in X$ 有 $\underline{\mu}_{A^r}(x^2)\underline{\mu}_{A^l}(x^1) \geqslant \underline{\mu}_{A^r}(x^1)\underline{\mu}_{A^l}(x^2)$。

(2) $\mu_{A^r} = \underline{\mu}_{\tilde{A}^r}$ 和 $\mu_{A^l} = \overline{\mu}_{\tilde{A}^l}$。

根据参数条件及定理 6-16 中条件 $\underline{a}^l \leqslant \overline{a}^r$，$\overline{b}^l \leqslant \underline{b}^r$，$\overline{\sigma}^l = \overline{\sigma}^r = \overline{\sigma}$，$\underline{\sigma}^l = \underline{\sigma}^r = \underline{\sigma}$，$h^r = \dfrac{\underline{\sigma}^2}{\overline{\sigma}^2}$，以及 $\overline{\mu}_{\tilde{A}^l}$ 的高度为 1 这一事实，可得 $\overline{a}^l \leqslant \underline{a}^r$，$\overline{b}^l \leqslant \underline{b}^r$，$(\underline{\sigma}^r)^2 \cdot 1 = (\overline{\sigma}^l)^2 h^r$。从而，根据引理 6-4，对任意 $x^2 \geqslant x^1 \in X$ 有 $\underline{\mu}_{A^r}(x^2)\overline{\mu}_{A^l}(x^1) \geqslant \underline{\mu}_{A^r}(x^1)\overline{\mu}_{A^l}(x^2)$。

(3) $\mu_{A^r} = \overline{\mu}_{\tilde{A}^r}$ 和 $\mu_{A^l} = \underline{\mu}_{\tilde{A}^l}$。

根据定理 6-16 中条件 $\underline{a}^l \leqslant \overline{a}^r$，$\overline{b}^l \leqslant \underline{b}^r$，$\overline{\sigma}^l = \overline{\sigma}^r = \overline{\sigma}$，$\underline{\sigma}^l = \underline{\sigma}^r = \underline{\sigma}$，$h^l = \dfrac{\underline{\sigma}^2}{\overline{\sigma}^2}$，以及 $\overline{\mu}_{\tilde{A}^r}$ 的高度为 1 这一事实，可得 $\underline{a}^l \leqslant \overline{a}^r$，$\underline{b}^l \leqslant \overline{b}^r$，$(\overline{\sigma}^r)^2 h^l = (\underline{\sigma}^l)^2 \cdot 1$。从而，根据引理 6-4，对任意 $x^2 \geqslant x^1 \in X$ 有 $\overline{\mu}_{A^r}(x^2)\underline{\mu}_{A^l}(x^1) \geqslant \overline{\mu}_{A^r}(x^1)\underline{\mu}_{A^l}(x^2)$。

(4) $\mu_{A^r} = \overline{\mu}_{\tilde{A}^r}$ 和 $\mu_{A^l} = \overline{\mu}_{\tilde{A}^l}$。

根据定理 6-16 中条件 $\underline{a}^l \leqslant \overline{a}^r$，$\overline{b}^l \leqslant \underline{b}^r$，$\overline{\sigma}^l = \overline{\sigma}^r$，以及 $\overline{\mu}_{\tilde{A}^r}$ 和 $\overline{\mu}_{\tilde{A}^l}$ 的高度为 1 这一事实，可得 $\overline{a}^l \leqslant \overline{a}^r$，$\overline{b}^l \leqslant \overline{b}^r$，$(\overline{\sigma}^r)^2 \cdot 1 = (\overline{\sigma}^l)^2 \cdot 1$。从而，根据引理 6-4，对任意 $x^2 \geqslant x^1 \in X$ 有 $\overline{\mu}_{A^r}(x^2)\overline{\mu}_{A^l}(x^1) \geqslant \overline{\mu}_{A^r}(x^1)\overline{\mu}_{A^l}(x^2)$。

图 6-9 展示了满足定理 6-16 要求的高斯二型模糊集合的排列情况。其中，图 6-9(a) 展示了具有不同形状的一般高斯二型模糊集合所形成的划分。图 6-9(b) 是满足要求的具有相同形状的高斯二型模糊集合所形成的划分。而图 6-9(c) 则是满足要求的标准高斯二型模糊集合所形成的划分。其中图 6-9(b) 和图 6-9(c) 中的二型模糊划分情况在很多建模与控制问题中广泛采用。

3. 嵌入一型模糊集合的条件

对于二型模糊集合 $\tilde{A}^j$ 而言，它的一类嵌入一型模糊集合 A^j 可以表示为

$$\mu_{A^j}(x) = (1 - \eta)\overline{\mu}_{\tilde{A}^j}(x) + \eta \underline{\mu}_{\tilde{A}^j}(x), \quad \eta \in [0,1] \tag{6-54}$$

图 6-6 和图 6-9 所示二型模糊集合中的嵌入一型模糊集合在相应图中由虚线刻画。由图 6-6 和图 6-9 可知，嵌入模糊集合可能既不是梯形的也不是一般高斯型的。尽管嵌入一型模糊集合可能是不标准的，但仍可得到类似结论。

定理 6-17 假定二型模糊集合 $\tilde{A}^1, \tilde{A}^2, \cdots, \tilde{A}^m$ 满足定理 6-10 和定理 6-12 中关于规则前件中二型模糊集合的条件。对于由式 (6-54) 刻画的它们的嵌入一型模糊集合 $A^1, A^2, \cdots, A^m$ 而言，定理 6-11 中关于规则前件中一型模糊集合的条件成立。

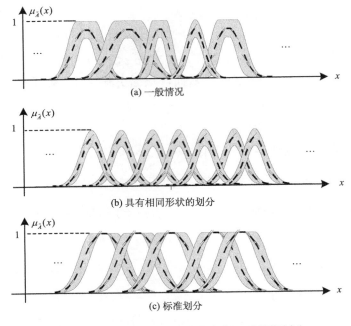

(a) 一般情况

(b) 具有相同形状的划分

(c) 标准划分

图 6-9　满足定理 6-16 要求的高斯二型模糊划分

证明： 由于二型模糊集合 $\tilde{A}^1,\tilde{A}^2,\cdots,\tilde{A}^m$ 满足定理 6-10 和定理 6-12 中的关于规则前件中二型模糊集合的条件，从而，$\forall x^2 \geqslant x^1 \in X, r \geqslant l$，可得

$$\underline{\mu}_{\tilde{A}^r}(x^2)\underline{\mu}_{\tilde{A}^l}(x^1) \geqslant \underline{\mu}_{\tilde{A}^r}(x^1)\underline{\mu}_{\tilde{A}^l}(x^2) \tag{6-55}$$

$$\underline{\mu}_{\tilde{A}^r}(x^2)\overline{\mu}_{\tilde{A}^l}(x^1) \geqslant \underline{\mu}_{\tilde{A}^r}(x^1)\overline{\mu}_{\tilde{A}^l}(x^2) \tag{6-56}$$

$$\overline{\mu}_{\tilde{A}^r}(x^2)\underline{\mu}_{\tilde{A}^l}(x^1) \geqslant \overline{\mu}_{\tilde{A}^r}(x^1)\underline{\mu}_{\tilde{A}^l}(x^2) \tag{6-57}$$

$$\overline{\mu}_{\tilde{A}^r}(x^2)\overline{\mu}_{\tilde{A}^l}(x^1) \geqslant \overline{\mu}_{\tilde{A}^r}(x^1)\overline{\mu}_{\tilde{A}^l}(x^2) \tag{6-58}$$

进而，有

$$
\begin{aligned}
\mu_{A^r}(x^2)\mu_{A^l}(x^1) &= [(1-\eta)\overline{\mu}_{\tilde{A}^r}(x^2)+\eta\underline{\mu}_{\tilde{A}^r}(x^2)][(1-\eta)\overline{\mu}_{\tilde{A}^l}(x^1)+\eta\underline{\mu}_{\tilde{A}^l}(x^1)] \\
&= (1-\eta)^2\,\overline{\mu}_{\tilde{A}^r}(x^2)\overline{\mu}_{\tilde{A}^l}(x^1)+\eta(1-\eta)\overline{\mu}_{\tilde{A}^r}(x^2)\underline{\mu}_{\tilde{A}^l}(x^1) \\
&\quad +\eta(1-\eta)\underline{\mu}_{\tilde{A}^r}(x^2)\overline{\mu}_{\tilde{A}^l}(x^1)+\eta^2\underline{\mu}_{\tilde{A}^r}(x^2)\underline{\mu}_{\tilde{A}^l}(x^1) \\
&\geqslant (1-\eta)^2\,\overline{\mu}_{\tilde{A}^l}(x^2)\overline{\mu}_{\tilde{A}^r}(x^1)+\eta(1-\eta)\overline{\mu}_{\tilde{A}^l}(x^2)\underline{\mu}_{\tilde{A}^r}(x^1) \\
&\quad +\eta(1-\eta)\underline{\mu}_{\tilde{A}^l}(x^2)\overline{\mu}_{\tilde{A}^r}(x^1)+\eta^2\underline{\mu}_{\tilde{A}^l}(x^2)\underline{\mu}_{\tilde{A}^r}(x^1) \\
&= [(1-\eta)\overline{\mu}_{\tilde{A}^r}(x^1)+\eta\underline{\mu}_{\tilde{A}^r}(x^1)][(1-\eta)\overline{\mu}_{\tilde{A}^l}(x^2)+\eta\underline{\mu}_{\tilde{A}^l}(x^2)] \\
&= \mu_{A^r}(x^1)\mu_{A^l}(x^2)
\end{aligned}
\tag{6-59}
$$

因此，定理 6-11 中关于规则前件中一型模糊集合的条件成立。该定理得证。

基于定理 6-17,可以给出定理 6-12 中基于 WT 方法的二型模糊系统单调性的证明,具体过程如下。

在 WT 方法中,当 $\eta_j^1(x_j) = \eta_j^2(x_j) = \cdots = \eta_j^{m_j}(x_j) = \eta_j$ 时,二型模糊系统的输入输出映射等同于具有下述前件模糊集合的一型模糊系统的输入输出映射:

$$\mu_{A_j^{ij}}(x_j) = (1 - \eta_j)\overline{\mu}_{\tilde{A}_j^{ij}}(x_j) + \eta_j \underline{\mu}_{\tilde{A}_j^{ij}}(x_j), \quad j = 1, 2, \cdots, p \tag{6-60}$$

由于二型模糊系统的第 k 个输入变量的模糊划分满足定理 6-12 中关于规则前件模糊集合的要求,且 $\eta_k^1(x_k) = \eta_k^2(x_k) = \cdots = \eta_k^{m_k}(x_k) = \eta_k$,从而,根据定理 6-17,相应嵌入一型模糊集合满足定理 6-11 中关于规则前件中一型模糊集合的条件。

因此,根据定理 6-11 可知,等价的一型模糊系统是关于变量 x_k 单调增的,也就是说基于 WT 方法的二型模糊系统是关于变量 x_k 单调增的。

综上,定理 6-12 得证。

6.5.4 举例

本节通过仿真例子来验证上述定理 6-10、定理 6-11 及定理 6-12。在下述例子中,对于二型模糊系统考虑如图 6-10 所示的灰色区域刻画的梯形与高斯二型模糊集合。对于一型模糊系统考虑如图 6-10 所示的虚线刻画的梯形与高斯一型模糊集合。

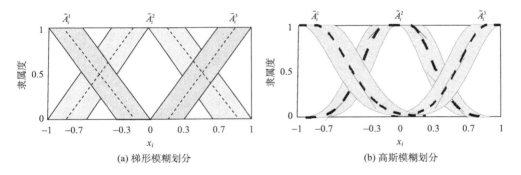

图 6-10 梯形与高斯模糊划分

1. 单输入变量情况

本例采用单输入变量的情况验证关于二型模糊系统单调性的定理 6-10 和定理 6-12。对于 KM 方法,采用表 6-1 所示的模糊规则;而对于其他的输出处理方法,采用表 6-2 所示的模糊规则。

表 6-1	具有区间权重的单输入模糊规则库			表 6-2	具有精确权重的单输入模糊规则库		

x_1	$\tilde{A}_1^1$	$\tilde{A}_1^2$	$\tilde{A}_1^3$
w	[0.7 1.3]	[1.7 2.3]	[2.7 3.3]

x_1	$\tilde{A}_1^1$	$\tilde{A}_1^2$	$\tilde{A}_1^3$
w	1	2	3

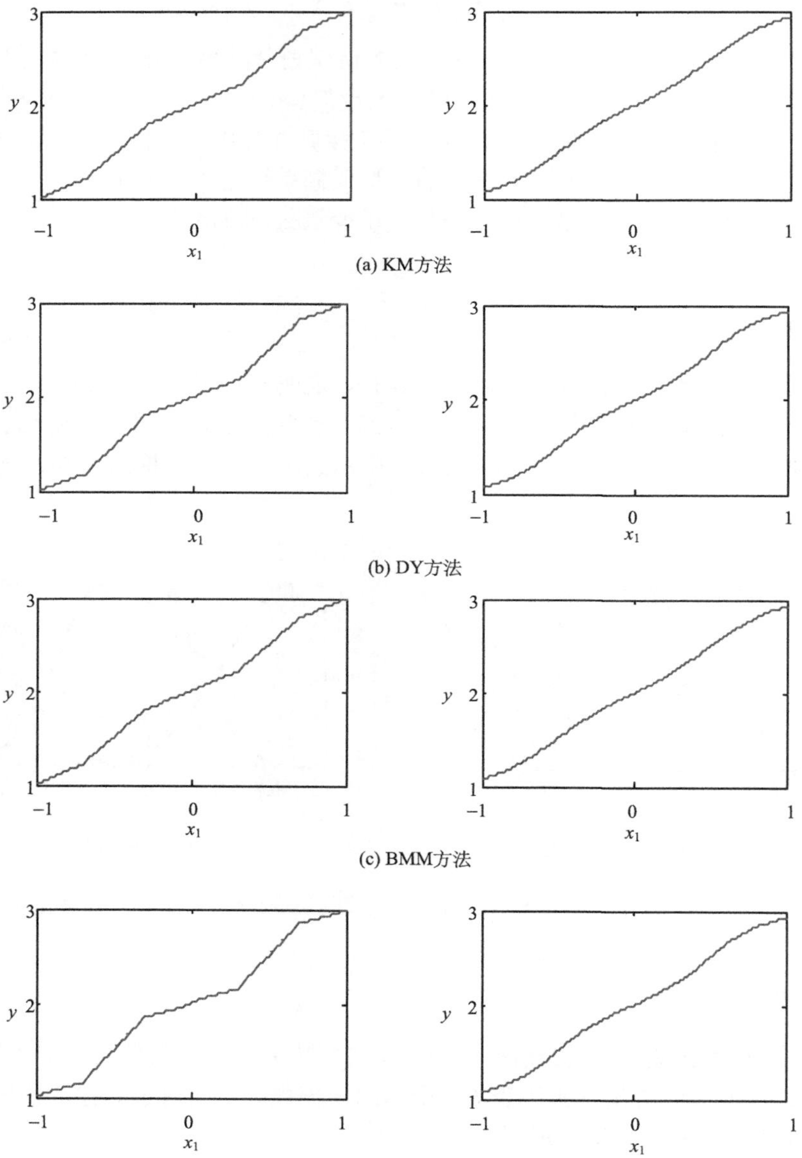

(a) KM方法

(b) DY方法

(c) BMM方法

(d) WT($\eta(x)$=0.5)及NT方法

图 6-11　不同输出处理方法下二型模糊系统的输入输出映射

很明显，上述规则库及二型模糊划分符合定理 6-10 和定理 6-12 中关于规则前件及后件参数的约束条件。

图 6-11 给出了 KM、DY、BMM、WT$(\eta(x)=0.5)$及 NT 等方法下二型模糊系统输入输出映射，其中，左侧为梯形二型模糊划分的情况，而右侧对应高斯二型模糊划分的情况。从图 6-11 可观察到采用不同输出处理方法的二型模糊系统的输入输出映射是单调的，与定理 6-10 及定理 6-12 中的结果是一致的。

2. 两输入变量情况

本例采用两输入变量的情况验证关于二型模糊系统单调性的定理 6-10 和定理 6-12。对于 KM 方法，采用表 6-3 所示的模糊规则；而对于其他的输出处理方法，采用表 6-4 所示的模糊规则。

表 6-3   具有区间权重的两输入模糊规则库

$x_1 \setminus x_2$	$\tilde{A}_2^1$	$\tilde{A}_2^2$	$\tilde{A}_2^3$
$\tilde{A}_1^1$	[0.7 1.3]	[1.7 2.3]	[2.7 3.3]
$\tilde{A}_1^2$	[1.7 2.3]	[2.7 3.3]	[3.7 4.3]
$\tilde{A}_1^3$	[2.7 3.3]	[3.7 4.3]	[4.7 5.3]

表 6-4   具有精确权重的两输入模糊规则库

$x_1 \setminus x_2$	$\tilde{A}_2^1$	$\tilde{A}_2^2$	$\tilde{A}_2^3$
$\tilde{A}_1^1$	1	2	3
$\tilde{A}_1^2$	2	3	4
$\tilde{A}_1^3$	3	4	5

很明显，上述规则库及二型模糊划分再次符合定理 6-10 和定理 6-12 中关于规则前件及后件参数的约束条件。

图 6-12(a)给出了基于 KM 方法的二型模糊系统的输入输出映射全貌，其中，左侧为梯形二型模糊划分的情况，而右侧对应高斯二型模糊划分的情况。为直观显示，图 6-12(b)给出了图 6-12(a)的不同切片情况。从图 6-12 可观察到基于 KM 方法的二型模糊系统的输入输出映射是单调的。该结果与定理 6-10 中的结果是一致。

图 6-13 给出了 DY、BMM、WT$(\eta(x)=0.5)$及 NT 等方法下二型模糊系统输入输出映射，其中左侧为梯形二型模糊划分的情况，而右侧对应高斯二型模糊划分的情况。从图 6-13 可观察到基于 DY、BMM、WT$(\eta(x)=0.5)$及 NT 等

方法的二型模糊系统的输入输出映射也是单调的。该结果与定理 6-12 中的结果是一致的。

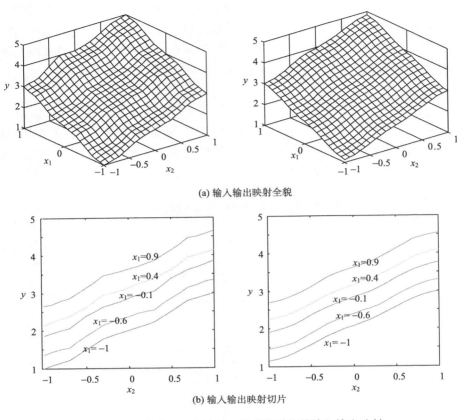

(a) 输入输出映射全貌

(b) 输入输出映射切片

图 6-12　基于 KM 方法的二型模糊系统的输入输出映射

3．一型模糊系统情况

本例采用单输入与两输入变量的情况验证关于一型模糊系统的单调性（定理 6-11）。对于单输入情况，采用表 6-2 所示的模糊规则；而对于两输入情况，采用表 6-4 所示的模糊规则。模糊规则中的一型模糊集合由如图 6-10 所示的虚线刻画。

图 6-14 给出了单输入与两输入情况下一型模糊系统的输入输出映射，其中左侧为梯形一型模糊划分的情况，而右侧对应高斯一型模糊划分的情况。从图 6-14 可观察到单输入与两输入情况下的一型模糊系统的输入输出映射也是单调的。相关结果与定理 6-11 中的结论是一致的。

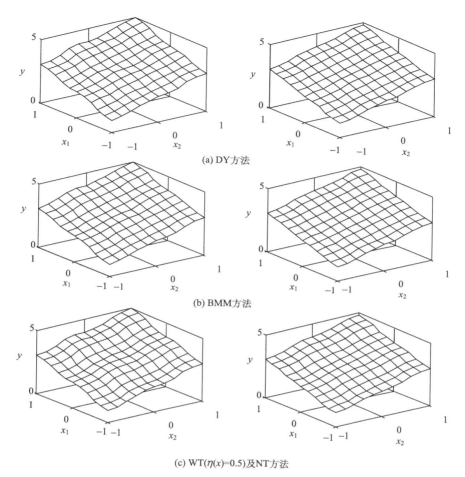

(a) DY方法

(b) BMM方法

(c) WT($\eta(x)$=0.5)及NT方法

图6-13　基于 DY、BMM、WT($\eta(x) = 0.5$)及 NT 方法的二型模糊系统的输入输出映射

4. 基于 UB 方法的二型模糊系统

除上述二型降型与解模糊方法外，不确定边界降型与中心解模糊方法（Uncertainty Bound Type-Reduction and COS Defuzzification Method，UB 方法）[25]也广泛应用于模糊建模与控制问题中。

采用上述规则库与二型模糊划分，基于 UB 方法的二型模糊系统的输入输出映射如图 6-15 所示。其中图 6-15(a)为单输入情况，而图 6-15(b)为两输入情况。同样，左侧图形对应的是梯形二型模糊划分，而右侧图形对应的是高斯二型模糊划分。

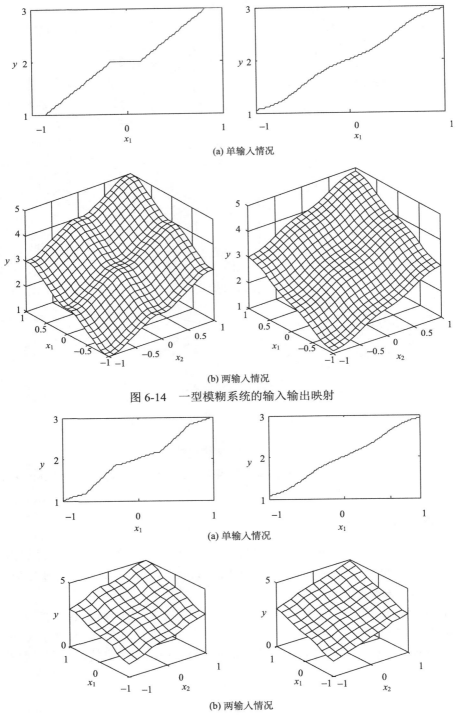

(a) 单输入情况

(b) 两输入情况

图 6-14　一型模糊系统的输入输出映射

(a) 单输入情况

(b) 两输入情况

图 6-15　基于 UB 方法的二型模糊系统的输入输出映射

图 6-15 表明基于 UB 方法的二型模糊系统的输入输出映射满足单调性。但是，由于其输入输出表达式的复杂性，对于基于该方法的二型模糊系统单调性问题，无法贸然得到类似于定理 6-10 和定理 6-12 中的结论。因此，基于 UB 方法的二型模糊系统的单调性仍需进一步探讨。

6.5.5　进一步的讨论

如果将 6.2 节中的模糊规则 $(i_1 \cdots i_p)$ 的后件替换为 $y^{i_1 \cdots i_p}(\boldsymbol{x}) = c_1^{i_1 \cdots i_p} x_1 + c_2^{i_1 \cdots i_p} x_2 + \cdots + c_p^{i_1 \cdots i_p} x_p + c_{p+1}^{i_1 \cdots i_p}$，则简化的二型模糊系统变为一般 TSK 二型模糊系统[26]。类似地，对于一般 TSK 二型模糊系统，可得到下述结论。

定理 6-18　采用 KM 方法、DY 方法、BMM 方法、WT 方法以及 NT 方法中的任意一种，一般 TSK 二型模糊系统是关于输入变量 x_k 单调增的，如果二型模糊规则前件与后件满足下述条件：

（1）对于任意的 $x_k^2 \geqslant x_k^1 \in X_k, 1 \leqslant l \leqslant r \leqslant m_k$，有 $\mu_{A_k^r}(x_k^2)\mu_{A_k^l}(x_k^1) \geqslant \mu_{A_k^r}(x_k^1) \cdot \mu_{A_k^l}(x_k^2)$，其中，$\mu_{A_k^r}$ 为 $\underline{\mu}_{\tilde{A}_k^r}$ 或 $\overline{\mu}_{\tilde{A}_k^r}$，$\mu_{A_k^l}$ 为 $\underline{\mu}_{\tilde{A}_k^l}$ 或 $\overline{\mu}_{\tilde{A}_k^l}$；

（2）对于所有组合 $(i_1, \cdots, i_{k-1}, i_{k+1}, \cdots, i_p)$，有 $\forall \boldsymbol{x}, y^{i_1 \cdots i_{k-1} i_k i_{k+1} \cdots i_p}(\boldsymbol{x}) \leqslant y^{i_1 \cdots i_{k-1}(i_k+1) i_{k+1} \cdots i_p}(\boldsymbol{x})$，其中 $i_k = 1, 2, \cdots, m_k - 1$。

证明： 该定理的证明与定理 6-10 和定理 6-12 的证明类似，从略。

为保证模糊系统输出的单调性，其单调性条件涉及模糊规则前件及后件的参数要求。观察规则后件的单调性要求易知：规则后件需满足单调性排序。对于规则前件的要求不是如此明显，下面做具体分析。

对于一型模糊集合，文献[27]和文献[28]讨论了其排序问题。对于两个凸一型模糊集合 A 和 B，其 α-截集分别记为 $A_\alpha = [A_\alpha^L, A_\alpha^R]$ 和 $B_\alpha = [B_\alpha^L, B_\alpha^R]$，其中，$A_\alpha^L$ 和 B_α^L 分别为一型模糊集合 A 和 B 的 α-截集的左端点，而 A_α^U 和 B_α^U 分别为一型模糊集合 A 和 B 的 α-截集的右端点。如果对于任意 $\alpha \in [0,1]$，有 $A_\alpha^L \leqslant B_\alpha^L$ 且 $A_\alpha^R \leqslant B_\alpha^R$，则称一型模糊集合 A 和 B 满足偏序关系 $A \preceq B$[27,28]。因此，根据定理 6-13 的结果可知：具有相同高度的符合定理 6-13 要求的梯形一型模糊集合 $A^1, A^2, \cdots, A^m$ 满足偏序关系 $A^1 \preceq A^2 \preceq \cdots \preceq A^m$。根据定理 6-15 中的结果可知：符合定理 6-15 要求的一般高斯一型模糊集合 $A^1, A^2, \cdots, A^m$ 满足偏序关系 $A^1 \preceq A^2 \preceq \cdots \preceq A^m$。

上述关于一型模糊集合的偏序关系可以推广到二型模糊集合。对于两个凸二型模糊集合 $\tilde{A}$ 和 $\tilde{B}$，如果 $\underline{\tilde{A}} \preceq \underline{\tilde{B}}$，$\overline{\tilde{A}} \preceq \overline{\tilde{B}}$，则称二型模糊集合 $\tilde{A}$ 和 $\tilde{B}$ 满足偏序关系 $\tilde{A} \preceq \tilde{B}$，其中，$\underline{\tilde{A}}$、$\underline{\tilde{B}}$ 分别是二型模糊集合 $\tilde{A}$ 和 $\tilde{B}$ 的下隶属函数，而 $\overline{\tilde{A}}$、$\overline{\tilde{B}}$ 分别为二型模糊集合 $\tilde{A}$ 和 $\tilde{B}$ 的上隶属函数。根据定理 6-14 的结果可知：下隶属函数具有相同高度的符合定理 6-14 要求的梯形二型模糊集合 $\tilde{A}^1, \tilde{A}^2, \cdots, \tilde{A}^m$ 满足偏序关系 $\tilde{A}^1 \preceq \tilde{A}^2 \preceq \cdots \preceq \tilde{A}^m$。根据定理 6-16 中的结果可知：符合定理 6-16 要求的一般高

斯二型模糊集合 $\tilde{A}^1, \tilde{A}^2, \cdots, \tilde{A}^m$ 满足偏序关系 $\tilde{A}^1 \preceq \tilde{A}^2 \preceq \cdots \preceq \tilde{A}^m$。

6.6 本 章 小 结

本章探讨了如何在二型模糊系统中嵌入有界性、对称性、单调性等知识,给出了嵌入相关知识时二型模糊系统前件参数与后件参数应满足的条件。对于有界性而言,只需约束后件参数,而对于对称性及单调性,需同时约束规则前件与后件参数。本章的结果为后续设计嵌入知识的二型模糊系统提供了保证。

参 考 文 献

[1] JOHANSEN T A. Identification of non-linear systems using empirical data and prior knowledge-an optimization approach. Automatica, 1996, 32(3): 337-356.

[2] SCHAOLKOPF B, SIMARD P, SMOLA A J. Prior knowledge in support vector kernels//Proceedings of the 1997 Conference on Advances in Neural Information Processing Systems. California: Neural Information Processing Systems Foundation, 1997: 640-646.

[3] WANG L, XUE P, CHAN K L. Incorporating prior knowledge into SVM for image retrieval//Proceedings of the 17th International Conference on Pattern Recognition. Piscataway: IEEE, 2004: 981-984.

[4] WU X Y, SRIHARI R. Incorporating prior knowledge with weighted margin support vector machines//Proceedings of the 10th ACM SIGKDD International Conference on Knowledge Discovery and Data Mining. NY: ACM, 2004: 326-333.

[5] LAUER F, BLOCH G. Incorporating prior knowledge in support vector machines for classification: a review. Neurocomputing, 2008, 71: 1578-1594.

[6] CHEN C W, CHEN D Z. Prior-knowledge-based feed forward network simulation of true boiling point curve of crude oil. Computers and chemistry, 2001, 25: 541-550.

[7] MILANI S, STRMNIK S, SEL D, et al. Incorporating prior knowledge into artificial neural networks an industrial case study. Neurocomputing, 2004, 62: 131-151.

[8] JOERDING W H, MEADOR J L. Encoding a priori information in feedforward networks. Neural networks, 1991, 4: 847-856.

[9] ABONYI J, BABUSKA R, VERBRUGGEN H B, et al. Incorporating prior knowledge in fuzzy model identification. International journal of systems science, 2000, 31: 657-667.

[10] ABONYI J, BABUSKA R, CHOVAN T, et al. Incorporating prior knowledge in fuzzy C-regression models - application to system identification//Proceedings of the Intelligent Systems in Control and Measurement Symposium. Veszprem, 2000: 99-110.

[11] LINDSKOG P, LJUNG L. Ensuring monotonic gain characteristics in estimated models by fuzzy model structures. Automatica, 2000, 36: 311-317.

[12] WON J M, PARK S Y, LEE J S. Parameter conditions for monotonic Takagi-Sugeno- Kang fuzzy system. Fuzzy sets and system, 2002, 132: 135-146.

[13] WU C J, SUNG A H. A general purpose fuzzy controller for monotone functions. IEEE

transactions on systems, man and cybernetics, part B: cybernetics, 1996, 26(5): 803-808.

[14] WU C J. Guaranteed accurate fuzzy controllers for monotone functions. Fuzzy sets and systems, 1997, 92: 71-82.

[15] ZHAO H, ZHU C. Monotone fuzzy control method and its control performance//Proceedings of 2000 IEEE International Conference on System, Man, Cybernetics. Piscataway: IEEE, 2000: 3740-3745.

[16] KOO K, WON J M, LEE J S. Least squares identification of monotonic fuzzy systems//Annual Meeting of the North American Fuzzy Information Processing Society (NAFIPS). Piscataway: IEEE, 2004: 745-749.

[17] BROEKHOVEN E V, BAETS B D. Monotone Mamdani-Assilian models under mean of maxima defuzzification. Fuzzy sets and systems, 2008, 159(21): 2819-2844.

[18] LIANG Q, MENDEL J M. Interval type-2 fuzzy logic systems: theory and design. IEEE transactions on fuzzy systems, 2000, 8(5): 535-549.

[19] DU X, YING H. Derivation and analysis of the analytical structures of the interval type-2 fuzzy-PI and PD controllers. IEEE transactions fuzzy systems, 2010, 18(4): 802-814.

[20] BIGLARBEGIAN M, MELEK W W, MENDEL J M. On the stability of interval type-2 TSK fuzzy logic control systems. IEEE transactions on systems, man and cybernetics, part B: cybernetics, 2010, 40(3): 798-818.

[21] WU D, TAN W W. Computationally efficient type-reduction strategies for a type-2 fuzzy logic controller//Proceedings of the 14th IEEE International Conference on Fuzzy Systems. Piscataway: IEEE, 2005: 353-358.

[22] NIE M, TAN W W. Towards an efficient type-reduction method for interval type-2 fuzzy logic systems//Proceedings of the 17th IEEE International Conference on Fuzzy Systems. Piscataway: IEEE, 2008: 1425-1432.

[23] NIE M, TAN W W. Analytical structure and characteristics of symmetric centroid type-reduced interval type-2 fuzzy PI and PD controllers. IEEE transactions on fuzzy systems, 2012, 20(3): 416-430.

[24] YI J, YUBAZAKI N. Stabilization fuzzy control of inverted pendulum systems. Artificial intelligence in engineering, 2000, 14: 153-163.

[25] WU H, MENDEL J M. Uncertainty bounds and their use in the design of interval type-2 fuzzy logic systems. IEEE transactions on fuzzy systems, 2002, 10(5): 622-639.

[26] WU D, MENDEL J M. On the continuity of type-1 and interval type-2 fuzzy logic systems. IEEE transactions on fuzzy systems, 2011, 19(1): 179-192.

[27] RAMIK J, RIMANEK J. Inequality relation between fuzzy numbers and its use in fuzzy optimization. Fuzzy sets systems, 1985, 16(2): 123-138.

[28] VALVIS E. A new linear ordering of fuzzy numbers on subsets of F(R). Fuzzy optimization and decision making, 2009, 8(2): 141-163.

第7章 知识与数据驱动二型模糊系统构建

7.1 引　言

二型模糊系统所需要反映的规律主要由其模糊规则库决定[1-3]，二型模糊系统的设计实际上就是模糊规则的设定及其参数的调整。另外，二型模糊系统的模糊规则将直接影响二型模糊系统融合知识的能力。

根据上述分析，为实现知识与数据混合驱动二型模糊系统的构建，本章给出的知识与数据混合驱动二型模糊系统设计方案如图7-1所示。

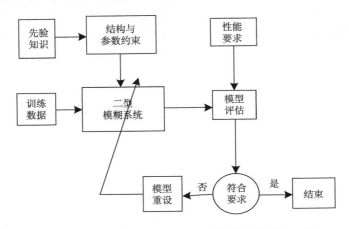

图 7-1　知识与数据混合驱动二型模糊系统设计方案

在该方案中，为实现知识与数据混合驱动二型模糊系统设计，需要解决的主要问题包括两方面。

(1) 如何将先验知识转化为对二型模糊系统结构与参数的约束。

(2) 在上述约束的基础上，如何利用训练数据中的信息来优化二型模糊系统的参数，从而设计出能满足先验知识及对训练数据逼近精度要求的二型模糊系统。

第一个问题在第6章已进行了具体讨论，本章将针对第二个问题进行详细讨论，并给出其在建模问题中的具体应用。

7.2 总 体 方 案

当二型模糊系统用于建模、辨识及预测等问题时，假定有 N 对输入输出数据

$(\boldsymbol{x}^1, y^1), (\boldsymbol{x}^2, y^2), \cdots, (\boldsymbol{x}^N, y^N)$ 用来构建二型模糊系统, 其中 $\boldsymbol{x}^k = \left(x_1^k, x_2^k, \cdots, x_p^k\right)^{\mathrm{T}}$, p 为输入变量个数。对于所给定的训练数据来说, 所构建的二型模糊系统首先应能最小化下述均方误差函数:

$$E = \frac{1}{2} \sum_{k=1}^{N} \left| y_{\mathrm{o}}(\boldsymbol{x}^k, \boldsymbol{\theta}) - y^k \right|^2 \tag{7-1}$$

其中, $y_{\mathrm{o}}(\boldsymbol{x}^k, \boldsymbol{\theta})$ 为所构建的二型模糊系统的输出; $\boldsymbol{\theta}$ 为二型模糊系统所有的前件参数与后件参数的集合。

如第 6 章所述, 当考虑各类知识时, 这些知识对二型模糊系统前件参数和/或后件参数构成约束。当考虑第 6 章所讨论的有界性、对称性、单调性等知识时, 所得到的前件与后件约束都是线性的。可以将相关参数约束写成矩阵与向量形式。假定所得到的参数约束的抽象表达式为

$$\begin{cases} \boldsymbol{C}_{\mathrm{eq}}\boldsymbol{\theta} = \boldsymbol{b}_{\mathrm{eq}} \\ \boldsymbol{C}\boldsymbol{\theta} \leqslant \boldsymbol{b} \end{cases} \tag{7-2}$$

其中, 约束矩阵 $\boldsymbol{C}_{\mathrm{eq}}, \boldsymbol{C}$ 与向量 $\boldsymbol{b}_{\mathrm{eq}}, \boldsymbol{b}$ 的具体表达式将在 7.3 节进行详细讨论。

综上可知, 知识与数据混合驱动下二型模糊系统的构建问题可以转化为如下约束优化问题:

$$\begin{cases} \min_{\boldsymbol{\theta}} \quad \frac{1}{2} \sum_{k=1}^{N} \left| y_{\mathrm{o}}(\boldsymbol{x}^k, \boldsymbol{\theta}) - y^k \right|^2 \\ \text{subject to} \begin{cases} \boldsymbol{C}_{\mathrm{eq}}\boldsymbol{\theta} = \boldsymbol{b}_{\mathrm{eq}} \\ \boldsymbol{C}\boldsymbol{\theta} \leqslant \boldsymbol{b} \end{cases} \end{cases} \tag{7-3}$$

当对二型模糊系统前件参数与后件参数同时进行优化时, 由于二型模糊系统的输出与其前件中隶属函数的参数是非线性的关系, 故该约束优化问题需要采用非线性优化方法加以解决, 如遗传算法[4]、粒子群算法[5]等。

为简化问题处理, 可以将二型模糊系统前件与后件参数分别确定。其中, 二型模糊规则前件参数通过对论域的直观划分即可实现, 此时, 只需对后件参数进行优化即可。

在本章所给出的知识与数据混合驱动二型模糊建模方案中, 假定在二型模糊系统中模糊规则的前件模糊集合已通过直观划分或经验设定确定好, 此时仅需确定模糊规则后件参数。记模糊规则后件参数向量为 $\boldsymbol{w}$, 此时, 知识与数据驱动二型模糊系统的构建转化为如下约束优化问题:

$$\begin{cases} \min_{\boldsymbol{w}} J(\boldsymbol{w}) = \sum_{k=1}^{M} \left(y^k - y(\boldsymbol{x}^k, \boldsymbol{w}) \right)^2 \\ \text{subject to} \begin{cases} \boldsymbol{C}_{\mathrm{eq}}\boldsymbol{w} = \boldsymbol{b}_{\mathrm{eq}} \\ \boldsymbol{C}\boldsymbol{w} \leqslant \boldsymbol{b} \end{cases} \end{cases} \tag{7-4}$$

由于二型模糊系统的输出 $y_\circ(x^k, w)$ 与其后件中的区间权重 w 是线性的，即

$$y_\circ(x^k, w) = \xi(x^k)w \tag{7-5}$$

其中，$\xi(x^k)$ 为归一化后的二型模糊规则的激活强度向量。

从而，上述约束优化问题转化为带有约束的线性最小二乘问题[6]：

$$\begin{cases} \min\limits_{w} \quad J(w) = \sum_{k=1}^{N} \left(y^k - y(x^k, w) \right)^2 \\ \qquad\qquad = \dfrac{1}{2}(y - \Phi w)^{\mathrm{T}}(y - \Phi w) \\ \text{subject to} \begin{cases} C_{\mathrm{eq}} w = b_{\mathrm{eq}} \\ Cw \leqslant b \end{cases} \end{cases} \tag{7-6}$$

其中，

$$\Phi = \left[\xi(x^1)^{\mathrm{T}}, \xi(x^2)^{\mathrm{T}}, \cdots, \xi(x^N)^{\mathrm{T}} \right]^{\mathrm{T}} \tag{7-7}$$

$$y = [y^1, y^2, \cdots, y^N]^{\mathrm{T}} \tag{7-8}$$

对于该约束线性最小二乘优化问题，存在很多的数学工具与方法用来实现其求解，如 Active-Set 方法[7-9]、Trust-Region-Relfective 方法[10-12]等。此处不再详述，可参见相关参考文献获取详细的约束最小二乘优化策略。

7.3　优化问题中的线性约束条件

在上述构建知识与数据驱动二型模糊系统的约束优化问题中，给出具体的约束矩阵 C_{eq}, C 与向量 b_{eq}, b 的表达式是很关键的。下面针对单输入及两输入的情况给出讨论，对于更多输入的情况结论是类似的，只是表达式较为复杂。

7.3.1　单输入情况

假设在单输入情况下，二型模糊系统共有 M 条模糊规则，即

$$\left\{ R^j : x = \tilde{A}^j \rightarrow y = [\underline{w}^j, \overline{w}^j] \right\}_{j=1}^{M} \tag{7-9}$$

此时，约束表达式 $\begin{cases} C_{\mathrm{eq}} w = b_{\mathrm{eq}} \\ Cw \leqslant b \end{cases}$ 中的参数向量 w 为

$$w = \left[\underline{w}^1, \underline{w}^2, \cdots, \underline{w}^M, \overline{w}^1, \overline{w}^2, \cdots, \overline{w}^M \right]^{\mathrm{T}} \tag{7-10}$$

而 $C_{\mathrm{eq}}, C, b_{\mathrm{eq}}, b$ 在各种知识约束下的具体表达式如下。

(1) 单调增情况下的约束矩阵与向量为

$$\begin{cases} C_{eq}=0 \\ b_{eq}=0 \\ C = \begin{bmatrix} V & 0 \\ 0 & V \end{bmatrix} \\ b = 0 \end{cases} \tag{7-11}$$

其中，"0"表示元素为0的矩阵、矩阵块或向量，而

$$V = \begin{bmatrix} 1 & -1 & 0 & \cdots & 0 & 0 \\ 0 & 1 & -1 & \cdots & 0 & 0 \\ \vdots & \vdots & \vdots & & \vdots & \vdots \\ 0 & 0 & 0 & \cdots & 1 & -1 \end{bmatrix} \in \mathbf{R}^{(M-1)\times M} \tag{7-12}$$

(2) 单调减情况下的约束矩阵与向量为

$$\begin{cases} C_{eq}=0 \\ b_{eq}=0 \\ C = \begin{bmatrix} -V & 0 \\ 0 & -V \end{bmatrix} \\ b = 0 \end{cases} \tag{7-13}$$

其中，V 的表达式同式(7-12)。

(3) 奇对称情况下的约束矩阵与向量为

$$\begin{cases} C_{eq}=\begin{bmatrix} I_M, R(I_M) \end{bmatrix} \\ b_{eq}=0 \\ C = 0 \\ b = 0 \end{cases} \tag{7-14}$$

其中，I_M 代表 $M \times M$ 单位矩阵；$R(I_M)$ 表示 $M \times M$ 单位矩阵 I_M 顺时针方向旋转 $90°$ 得到的矩阵。

(4) 偶对称情况下的约束矩阵与向量(考虑奇数个模糊集合进行划分的情况，即 M 为奇数)为

$$\begin{cases} C = 0 \\ b = 0 \\ b_{eq}=0 \\ C_{eq}=\begin{bmatrix} I_L & 0_{L\times 1} & -R(I_L) & 0_{L\times L} & 0_{L\times 1} & 0_{L\times L} \\ 0_{1\times L} & 1 & 0_{1\times L} & 0_{1\times L} & -1 & 0_{1\times L} \\ 0_{L\times L} & 0_{L\times 1} & 0_{L\times L} & I_L & 0_{L\times 1} & -R(I_L) \end{bmatrix} \end{cases} \tag{7-15}$$

其中，$L = \dfrac{M-1}{2}$；I_L 代表 $L \times L$ 单位矩阵；$R(I_L)$ 表示 $L \times L$ 单位矩阵 I_L 顺时针

方向旋转 90° 得到的矩阵。

(5) 输入输出有界情况下的约束矩阵与向量为

$$\begin{cases} C_{\mathrm{eq}} = 0 \\ b_{\mathrm{eq}} = 0 \\ C = \begin{bmatrix} -I_M & 0 \\ 0 & I_M \end{bmatrix} \\ b = \left[\underbrace{-\underline{b} \quad \cdots \quad -\underline{b}}_{M} \quad \underbrace{\overline{b} \quad \cdots \quad \overline{b}}_{M} \right]^{\mathrm{T}} \end{cases} \tag{7-16}$$

7.3.2 两输入情况

假设在两输入情况下，二型模糊系统共有 $M = m_1 \times m_2$ 条模糊规则，即

$$\left\{ R^{j_1 j_2} : x_1 = \tilde{A}_1^{j_1}, x_2 = \tilde{A}_2^{j_2} \to y = [\underline{w}^{j_1 j_2}, \overline{w}^{j_1 j_2}], j_1 = 1, 2, \cdots, m_1, j_2 = 1, 2, \cdots, m_2 \right\} \tag{7-17}$$

此时，约束表达式 $\begin{cases} C_{\mathrm{eq}} w = b_{\mathrm{eq}} \\ C w \leqslant b \end{cases}$ 中的参数向量 w 为

$$w = \left[\underline{w}^{11}, \cdots, \underline{w}^{1m_2}, \cdots, \underline{w}^{m_1 1}, \cdots, \underline{w}^{m_1 m_2}, \overline{w}^{11}, \cdots, \overline{w}^{1m_2}, \cdots, \overline{w}^{m_1 1}, \cdots, \overline{w}^{m_1 m_2} \right]^{\mathrm{T}} \tag{7-18}$$

而 $C_{\mathrm{eq}}, C, b_{\mathrm{eq}}, b$ 在单调增这一知识约束下的约束矩阵与向量具体表达式为

$$\begin{cases} C_{\mathrm{eq}} = 0 \\ b_{\mathrm{eq}} = 0 \\ C = \begin{bmatrix} \tilde{J}_{m_1(m_2-1) \times M} & 0 \\ \tilde{\tilde{J}}_{(m_1-1)m_2 \times M} & 0 \\ 0 & \tilde{J}_{m_1(m_2-1) \times M} \\ 0 & \tilde{\tilde{J}}_{(m_1-1)m_2 \times M} \end{bmatrix} \\ b = 0 \end{cases} \tag{7-19}$$

其中，

$$\tilde{J} = \begin{bmatrix} J_{(m_2-1) \times m_2} & \cdots & 0 \\ 0 & & 0 \\ 0 & \cdots & J_{(m_2-1) \times m_2} \end{bmatrix}_{m_1(m_2-1) \times M} \tag{7-20}$$

$$\tilde{\tilde{J}} = \begin{bmatrix} I_{m_2} & -I_{m_2} & 0 & \cdots & 0 & 0 \\ 0 & I_{m_2} & -I_{m_2} & \cdots & 0 & 0 \\ \vdots & \vdots & \vdots & & \vdots & \vdots \\ 0 & 0 & 0 & \cdots & I_{m_2} & -I_{m_2} \end{bmatrix}_{(m_1-1)m_2 \times M} \tag{7-21}$$

式中，$\boldsymbol{I}_{m_2}$ 代表 $m_2 \times m_2$ 单位矩阵，且矩阵 $\boldsymbol{J}_{(m_2-1)\times m_2}$ 为

$$\boldsymbol{J}_{(m_2-1)\times m_2} = \begin{bmatrix} 1 & -1 & 0 & \cdots & 0 & 0 \\ 0 & 1 & -1 & \cdots & 0 & 0 \\ \vdots & \vdots & \vdots & & \vdots & \vdots \\ 0 & 0 & 0 & \cdots & 1 & -1 \end{bmatrix} \in \mathbf{R}^{(m_2-1)\times m_2} \tag{7-22}$$

单调减所构成的线性约束类似可得，从略。

7.4 在单输入问题中的应用

本节将通过在单输入问题中的仿真应用来验证知识与数据驱动二型模糊系统的逼近能力和泛化能力，揭示其优越性，并分析其深层次原因。

7.4.1 问题描述

考虑如下非线性函数：

$$g(x) = \left(\frac{|x|}{3}\right)^2 \tanh(|x|) \tag{7-23}$$

其中，$x \in [-3, 3]$。很明显，该函数为偶对称函数，其函数值有界且位于[0, 1]，该函数在区间[-3, 0]上单调减，而在区间[0, 3]上单调增。

带有噪声干扰的训练数据通过下式采样得到

$$\tilde{y}(x) = g(x) + \tilde{n} \tag{7-24}$$

其中，$\tilde{n}$ 为均匀分布于[-h, h]的可加噪声。

在该仿真试验中，测试三种不同幅度的噪声干扰，取 h 分别为 $h = 20\%$、30% 及 40%。在每种情况下，考虑训练数据数目分别为 30、60、100、200 和 300 五种情形。对于第 i 种情形，记其训练数据的集合为 $\bar{D}_i = \left\{ (x^1, \tilde{y}^1), (x^2, \tilde{y}^2), \cdots, (x^{N_i}, \tilde{y}^{N_i}) \right\}$。同时，$\bar{D}_i$ 对应的无噪声干扰的数据集合 $D_i = \left\{ (x^1, g(x^1)), (x^2, g(x^2)), \cdots, (x^{N_i}, g(x^{N_i})) \right\}$ 选作测试集，该测试集可以用来反映训练得到的二型模糊系统逼近实际系统的能力，从而反映出二型模糊系统的泛化性能。

在仿真中，为揭示出知识与数据驱动二型模糊系统的优越性，设计了四种类型的模糊系统（FLS）来辨识该非线性函数：基于知识与数据的二型模糊系统（KD-T2FLS）、只基于数据的二型模糊系统（D-T2FLS）、基于知识与数据的一型模糊系统（KD-T1FLS）、只基于数据的一型模糊系统（D-T1FLS）。

为评价上述四种模糊系统，采用了训练数据与测试数据的均方误差平方根（Root of the Mean Squared Errors，RMSE）作为指标来衡量其逼近性能与泛化性能。相关指标的计算公式为

$$\delta_i = \left[\frac{1}{N_i} \sum_{k=1}^{N_i} \left(\tilde{y}^k - \hat{y}(x^k) \right)^2 \right]^{\frac{1}{2}} \tag{7-25}$$

$$\sigma_i = \left[\frac{1}{N_i} \sum_{k=1}^{N_i} \left(g(x^k) - \hat{y}(x^k) \right)^2 \right]^{\frac{1}{2}} \tag{7-26}$$

其中，$\hat{y}(x^k)$ 为模糊系统关于输入 x^k 的输出。第一个指标 δ_i 可以反映不同模糊系统在第 i 种情形下逼近能力的大小，而第二个指标 σ_i 可以反映不同模糊系统在第 i 种情形下的泛化能力。对于这两个指标来说，其值越小，模糊系统的相应性能就越好。

对于每一个模糊系统，采用 7 条模糊规则，规则前件中的模糊集合的隶属函数可参见图 7-2。很显然，图 7-2 中关于输入论域的模糊划分符合第 6 章定理中给出的嵌入知识的要求。因此，剩下的问题就是利用 7.2 节和 7.3 节给出的优化方案实现规则后件中的权重参数学习。

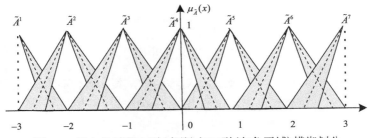

图 7-2　输入论域的一型（虚线）与二型（灰色区域）模糊划分

7.4.2　仿真结果

如前所述，考虑三种强度的噪声干扰，在每种干扰下，考虑五种情形。因为存在噪声干扰，故在每种情形下数据采集与系统辨识过程运行 50 次，然后求各指标的均值。第 i 种情形下的指标均值可由下式求得

$$\tilde{\delta}_i = \frac{1}{T} \sum_{j=1}^{T} \delta_i^j \tag{7-27}$$

$$\tilde{\sigma}_i = \frac{1}{T} \sum_{j=1}^{T} \sigma_i^j \tag{7-28}$$

其中，$T = 50$；δ_i^j 和 σ_i^j 分别为在第 i 种情形下第 j 次运行时求得的第一个指标与第二个指标。

1. 噪声等级为 $h = 20\%$ 时的结果

在该种情况下，噪声干扰均匀地分布于 $[-20\%, 20\%]$。上述四种模糊系统关于

训练及测试数据的均方误差平方根(RMSE)指标如图 7-3 所示。

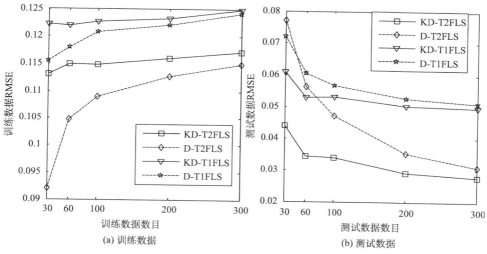

(a) 训练数据   (b) 测试数据

图 7-3   噪声干扰[-20%，20%]时，四种模糊系统关于训练及测试数据的 RMSE 指标

2. 噪声等级为 $h = 30\%$ 时的结果

在该种情况下，噪声干扰均匀地分布于[-30%, 30%]。上述四种模糊系统关于训练及测试数据的均方误差平方根(RMSE)指标如图 7-4 所示。

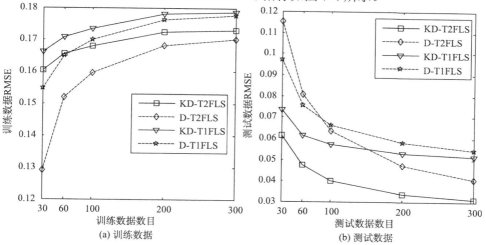

(a) 训练数据   (b) 测试数据

图 7-4   噪声干扰[-30%, 30%]时，四种模糊系统关于训练及测试数据的 RMSE 指标

3. 噪声等级为 $h = 40\%$ 时的结果

在该种情况下，噪声干扰均匀地分布于[-40%, 40%]。上述四种模糊系统关于训练及测试数据的均方误差平方根(RMSE)指标如图 7-5 所示。

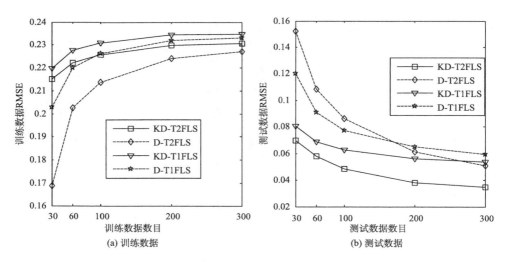

(a) 训练数据　　　　　　　　　　　　(b) 测试数据

图 7-5　噪声干扰[−40%, 40%]时，四种模糊系统关于训练及测试数据的 RMSE 指标

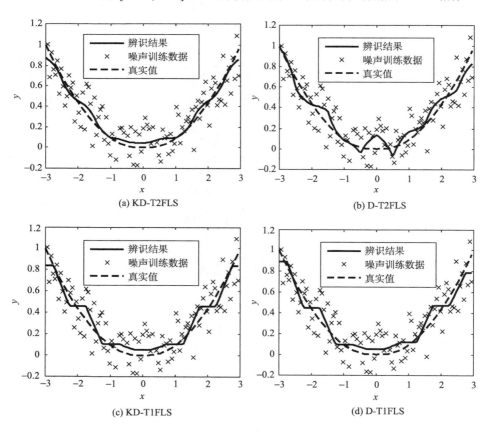

(a) KD-T2FLS　　　　　　　　　　　　(b) D-T2FLS

(c) KD-T1FLS　　　　　　　　　　　　(d) D-T1FLS

图 7-6　四种模糊系统的辨识结果

7.4.3 辨识结果举例

图 7-6 展示了四种模糊系统的辨识结果。此时，训练数据的个数为 100，噪声干扰均匀地分布于[-30%, 30%]。此种情况下得到的四种模糊系统的模糊规则见表 7-1。

表 7-1 四种模糊系统的模糊规则

规则前件		规则后件 y 权重			
		KD-T2FLS	D-T2FLS	KD-T1FLS	D-T1FLS
x	$\tilde{A}^1$	[0.8749, 0.8749]	[-0.1480, 2.1250]	0.8385	0.8855
	$\tilde{A}^2$	[0.4513, 0.4513]	[-0.4727, 1.3298]	0.4570	0.4468
	$\tilde{A}^3$	[0.0670, 0.1268]	[-1.0351, 1.1992]	0.1059	0.0962
	$\tilde{A}^4$	[0.0431, 0.0431]	[-0.6679, 0.9396]	0.0499	0.0499
	$\tilde{A}^5$	[0.0670, 0.1268]	[-0.1614, 0.5027]	0.1059	0.1156
	$\tilde{A}^6$	[0.4513, 0.4513]	[0.3260, 0.6599]	0.4570	0.4679
	$\tilde{A}^7$	[0.8749, 0.8749]	[0.8490, 0.8490]	0.8385	0.7841

7.4.4 比较与讨论

本节将从以下 4 个方面比较上述四种模糊系统的性能，并分析深层原因。

1. 逼近能力

如上所述，关于训练数据的均方误差平方根指标 δ_t 可以反映所建系统的逼近能力。由图 7-3(a)、图 7-4(a) 及图 7-5(a) 可知，D-T2FLS 具有最好的逼近能力，其次为 KD-T2FLS，最后为 D-T1FLS 及 KD-T1FLS。根据仿真结果中的性能指标，从总体上来说，二型模糊系统(D-T2FLS 及 KD-T2FLS)比相应一型模糊系统(D-T1FLS 及 KD-T1FLS)具有更好的逼近能力。原因在于二型模糊系统采用的是二型模糊集合，相比于一型模糊系统中的一型模糊集合，二型模糊集合具有更多的参数与自由度。另外，基于数据的模糊系统(D-T2FLS 及 D-T1FLS)在逼近性能上比基于知识与数据的模糊系统(KD-T2FLS 及 KD-T1FLS)表现更好，究其原因在于基于知识与数据的模糊系统参数受约束，当根据数据优化系统参数时，知识与数据驱动模糊系统的参数可行空间比基于数据的模糊系统的参数可行空间要小。从后面的分析可知，也正是由于这一原因，知识与数据驱动模糊系统能更好地防止过拟合现象，提高系统的泛化性能。

2. 泛化能力

同样，如上所述，关于测试数据的均方误差平方根指标 σ_i 可以反映所建系统的泛化性能。由图 7-3(b)、图 7-4(b) 及图 7-5(b) 可知，知识与数据驱动模糊系统 (KD-T2FLS 及 KD-T1FLS) 有着比基于数据的模糊系统 (D-T2FLS 及 D-T1FLS) 更好的泛化性能。这意味着知识与数据驱动模糊系统 (KD-T2FLS 及 KD-T1FLS) 能更好地反映未受噪声干扰的实际系统的各种特性，能有效地防止系统建模过程中的过拟合现象。

3. 训练数据集的大小

训练数据集的大小影响所设计的模糊系统的性能。训练数据的量越少，其中所包含的信息量就越少，所训练出的模糊系统的泛化性能就越差。但是从性能衰减的幅度来看，知识与数据驱动模糊系统 (KD-T2FLS 及 KD-T1FLS) 表现得要比基于数据的模糊系统 (D-T2FLS 及 D-T1FLS) 优越。很明显，具有最好逼近能力的只基于数据的二型模糊系统 (D-T2FLS) 的泛化性能随着训练数据数量的减少而衰减的幅度最大。

4. 噪声干扰的强度

随着噪声的增强，训练数据所受到的干扰加大，从而辨识出的模糊系统的逼近能力和泛化能力都会减弱。

总之，融合了知识的模糊系统，尤其是二型模糊系统，能够给出更好的性能。原因在于知识能很好地防止不合理训练数据对模糊系统参数的干扰，使得所设计出的模糊系统能更好地防止过拟合现象的发生。因此，将知识中包含的有用信息融合到二型模糊系统设计中是一个有意义的尝试。

7.5 在两输入问题中的应用

7.5.1 问题描述

本节考虑采用知识与数据驱动二型模糊系统对多容水箱液位系统进行建模，进而验证所给出的方案。

首先采用多容水箱模型来获取训练与测试数据。该系统的模型可以采用下述非线性状态方程来描述[13,14]:

$$A_1 \frac{\mathrm{d}H_1}{\mathrm{d}t} = u(t-\tau) - \alpha_1 \sqrt{H_1} - \alpha_3 \sqrt{H_1 - H_2} \tag{7-29}$$

$$A_2 \frac{\mathrm{d}H_2}{\mathrm{d}t} = -\alpha_2 \sqrt{H_2} - \alpha_3 \sqrt{H_1 - H_2} \tag{7-30}$$

$$y(t) = H_2(t)$$

(7-31)

其中，H_1, H_2 分别为水箱#1、#2 中的液位高度；$u(t)$ 为水箱#1 的注水速度，其最大限幅为 $100\text{cm}^3/\text{s}$；$y(t)$ 为系统输出。后面的仿真中用到的参数为 $A_1 = A_2 = 36.52$，$\alpha_1 = \alpha_2 = 5.6186$，$\alpha_3 = 15$，$\tau = 3$。

该问题通过水箱#1 的注水速度 $u(t)$ 来预测水箱#2 中的液位高度 $y(t)$。由于输入时滞 $\tau = 3$，$y(t)$ 的变化取决于 $u(t-3)$。同时，当前液位 $y(t)$ 与其前一时刻液位 $y(t-1)$ 直接相关。因此，考虑所构建系统的输入为 $\varphi(t) = [y(t-1), u(t-3)]^{\mathrm{T}}$，输出为 $y(t)$。

另外，当输入 $y(t-1), u(t-3)$ 越大时，输出 $y(t)$ 也会越大。也就是说，该系统的输入输出呈现单调增的关系。

7.5.2　仿真设定

根据式(7-29)～式(7-31)，生成 500 对数据，记为 $\left\{\left(\varphi(t),\ y(t)\right)\right\}_{t=1}^{500}$。进而，在此基础上获得 500 对带有噪声干扰的数据 $\left\{\left(\tilde{\varphi}(t),\ \tilde{y}(t)\right)\right\}_{t=1}^{500}$。带有噪声的数据用于训练，而实际系统数据用于测试所构建系统的泛化能力。

为比较，构建单调约束二型模糊系统(MT2FLS)、非单调约束二型模糊系统(NMT2FLS)、单调约束一型模糊系统(MT1FLS)、非单调约束一型模糊系统(NMT1FLS)。

为评估各系统性能，采用下述两个误差指标：

$$\mathrm{EI}_1 = \frac{\sum_{t=1}^{500}\left|\tilde{y}(t) - \hat{y}(\tilde{\varphi}(t))\right|}{N}$$

(7-32)

$$\mathrm{EI}_2 = \frac{\sum_{t=1}^{500}\left|y(t) - \hat{y}(\varphi(t))\right|}{N}$$

(7-33)

其中，$\hat{y}(\tilde{\varphi}(t))$ 和 $\hat{y}(\varphi(t))$ 分别为相应系统在噪声数据与无噪声数据输入下的预测值。指标 EI_1、EI_2 分别用以反映各系统的逼近性能与泛化性能，取值越小，性能越优越。

7.5.3　仿真结果

对于每一个输入，其论域采用两个模糊集合(包括二型与一型)进行划分，具体如图 7-7 所示。

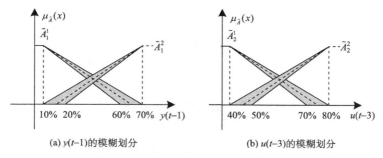

(a) $y(t-1)$的模糊划分　　　　　　　　(b) $u(t-3)$的模糊划分

图 7-7　输入 $y(t-1), u(t-3)$ 的一型模糊划分(虚线)与二型模糊划分(灰色区域)

根据第 6 章定理可知,该划分满足单调性对规则前件的要求。共可以得到四条规则。采用式(7-6)和式(7-19)等进行优化,可以得到优化后的二型模糊系统的后件参数,具体见表 7-2。对其他几种系统,类似可得优化后的后件参数,同样列在了表 7-2 中。

表 7-2　四种模糊系统的模糊规则

规则前件		规则后件权重			
		MT2FLS	NMT2FLS	MT1FLS	NMT1FLS
$\tilde{A}_1^1$	$\tilde{A}_2^1$	[40, 41]	[33, 50]	44	44
$\tilde{A}_1^1$	$\tilde{A}_2^2$	[43, 114]	[39, 117]	75	75
$\tilde{A}_1^2$	$\tilde{A}_2^1$	[41, 41]	[40, 40]	45	45
$\tilde{A}_1^2$	$\tilde{A}_2^2$	[43, 114]	[39, 120]	75	74

四种系统的两种性能指标如表 7-3 所示。从该表可知,不论是一型还是二型模糊系统,一方面,就逼近性能而言,未加单调性约束的系统逼近性能好;但另一方面,其泛化能力反而变差,过拟合现象更为严重。总体来看,二型模糊系统的表现比一型模糊系统更优越。所得结果与 7.4 节中单输入情况下的结论一致。

表 7-3　四种系统的误差指标

指标	MT2FLS/%	NMT2FLS/%	MT1FLS/%	NMT1FLS/%
EI$_1$	12.79	12.77	12.88	12.87
EI$_2$	7.78	7.82	8.14	8.15

单调性约束下的二型模糊系统的辨识结果如图 7-8 所示。其中图 7-8(a)是对带有噪声的信号的辨识结果,而图 7-8(b)是对真实信号的辨识结果。从辨识误差可见,对真实模型的辨识误差落在了较小的范围内,建模性能令人满意。

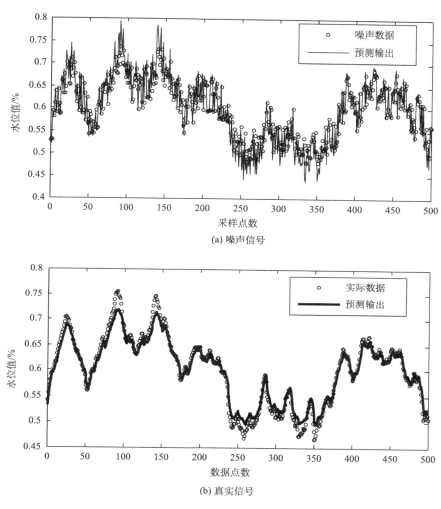

(a) 噪声信号

(b) 真实信号

图 7-8　单调性约束下的二型模糊系统的辨识结果

7.6　本 章 小 结

　　本章主要研究了如何根据知识与数据来设计二型模糊系统，以期进一步提高二型模糊系统的性能。初步考虑了三种类型的知识——单调性(单调减、单调增)、对称性(奇对称性、偶对称性)、有界性的利用，设计出了能满足知识要求及对数据逼近精度要求的二型模糊系统。由仿真结果与比较可知：①知识与数据驱动二型模糊系统能有效地防止与知识冲突的训练数据的干扰；②知识有助于防止二型模糊系统参数优化过程中的过拟合现象；③知识有助于提高二型模糊系统的泛化能力。本章通过简单的单输入及两输入系统展示了如何构建知识与数据驱动的二型模糊系统，相关结果可以推广到更一般的情况中。

参 考 文 献

[1] LIANG Q, MENDEL J M. Interval type-2 fuzzy logic systems: theory and design. IEEE transactions on fuzzy systems, 2000, 8: 535-550.

[2] MENDEL J M. Uncertain rule-based fuzzy logic systems: introduction and new directions. Upper Saddle River: Prentice-Hall, 2001.

[3] MENDEL J M, JOHN R I, LIU F. Interval type-2 fuzzy sets made simple. IEEE transactions on fuzzy systems, 2006, 14: 808-821.

[4] HOLLAND J H. Genetic algorithms. Scientific American, 1992, 267(1): 66-72.

[5] KENNEDY J. Particle swarm optimization//Encyclopedia of Machine Learning. NY: Springer, 2011: 760-766.

[6] LAWSON C L, HANSON R J. Solving least squares problems. Philadelphia: SIAM, 1995: 15.

[7] PANIER E R. An active set method for solving linearly constrained nonsmooth optimization problems. Mathematical programming, 1987, 37(3): 269-292.

[8] BIRGIN E G, MARTÍNEZ J M. Large-scale active-set box-constrained optimization method with spectral projected gradients. Computational optimization and applications, 2002, 23(1): 101-125.

[9] HAGER W W, ZHANG H. A new active set algorithm for box constrained optimization. SIAM journal on optimization, 2006, 17(2): 526-557.

[10] CONN A R, GOULD N I M, TOINT P L. Trust region methods. Society for Industrial and Applied Mathematics. Philadelphia: SIAM, 2000.

[11] YUAN Y. Recent advances in trust region algorithms. Mathematical programming, 2015, 151(1): 249-281.

[12] PLANTENGA T. A trust region method for nonlinear programming based on primal interior-point techniques. SIAM journal on scientific computing, 1998, 20(1): 282-305.

[13] WU D, TAN W W. Genetic learning and performance evaluation of interval type-2 fuzzy logic controllers. Engineering applications of artificial intelligence, 2006, 19: 829-841.

[14] SENG T L, KHALID M, YUSOF R. Tuning of a neuro-fuzzy controller by genetic algorithms with an application to a coupled-tank liquid-level control system. International journal of engineering applications on artificial intelligence, 1998, 11: 517-529.

第8章 基于知识的单输入规则模块连接二型模糊控制器设计

8.1 引　言

为简化模糊控制器的设计过程，Yi 等[1-4]提出了单输入规则模块连接模糊控制方法。最近，Seki 等[5,6]对该方法进行了进一步的深入研究。与其他方案设计的模糊控制器相比，单输入规则模块连接模糊控制器所需的模糊规则数量得到大幅度减少。目前，该设计方案已应用于很多实际问题，如不同类型倒立摆系统的稳定性控制[1-3]、吊车系统的位置与抗摆控制[4]等。如前所述，与经典模糊系统(一型模糊系统)相比，二型模糊系统能够给出更优越的性能[7-10]。近来，Li 等将单输入规则模块连接模糊控制方法推广到了二型模糊情况，并采用该控制策略实现了平移振荡器系统的稳定控制[11]。

尽管如此，仍然缺少系统化的方法来设计单输入规则模块连接模糊控制器(如单输入规则模块中模糊规则的设定)，另外，较大的可行参数空间也在一定程度上增加了单输入规则模块连接模糊控制器设计的难度。因此，本章试图通过利用被控系统部分知识中所含的信息来解决上述问题。本章将考虑三种类型的关于被控系统的知识，包括被控系统的的奇对称性、单调性以及闭环系统的局部稳定性。这些知识有助于直观地设定单输入规则模块中的模糊规则，并对控制器参数构成约束，使可行参数空间的尺度变小。最后将通过倒立摆系统的稳定控制来验证所提方法的有效性。

8.2　单输入规则模块连接模糊控制器

为简便起见，主要考虑具有 p 个输入项和 1 个输出项的单输入规则模块连接模糊控制器(一型及二型)。单输入规则模块连接模糊控制系统的框图如图 8-1 所示[1-6,11]。

单输入规则模块连接模糊控制器的输入为 p 个变量 $x_1, x_2, \cdots, x_p$，这些变量由被控系统状态变量 $z_1, z_2, \cdots, z_p$ 归一化后得到，即 $x_i = \lambda_i z_i \ (i = 1, 2, \cdots, p)$，其中，$\lambda_i$ 为归一化因子。单输入规则模块连接模糊控制器的输出作为被控对象的输入。

具有 p 个输入项 $x_1, x_2, \cdots, x_p$ 的单输入规则模块连接模糊控制器由 p 个单输入规则模块(SIRM)构成。关于输入项 $x_1, x_2, \cdots, x_p$ 的单输入规则模块可以分别表示为[1-6, 11]

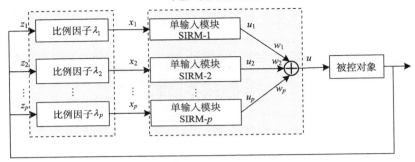

图 8-1　单输入规则模块连接模糊控制系统的框图[11]

$$\begin{cases} \text{SIRM-1}: \{R_1^{j_1}: x_1 = \tilde{A}_1^{j_1} \to u_1 = \tilde{C}_1^{j_1}\}_{j_1=1}^{m_1} \\ \qquad\qquad\qquad \vdots \\ \text{SIRM-}p: \{R_p^{j_p}: x_p = \tilde{A}_p^{j_p} \to u_p = \tilde{C}_p^{j_p}\}_{j_p=1}^{m_p} \end{cases} \tag{8-1}$$

其中，m_i 为 SIRM-i 中的模糊规则数目；$\tilde{A}_i^{j_i}$ 为规则前件中的一型或二型模糊集合；$\tilde{C}_i^{j_i}$ 为规则结论部的取值。对于一型单输入规则模块（T1SIRM）而言，$\tilde{C}_i^{j_i}$ 为单点值，记为 $c_i^{j_i}$；对于二型单输入规则模块（T2SIRM）而言，$\tilde{C}_i^{j_i}$ 为区间值，记为 [$\underline{c}_i^{j_i}$, $\overline{c}_i^{j_i}$]。

每一个一型单输入规则模块（T1SIRM）可以看成具有单一输入项的一型模糊系统，而每一个二型单输入规则模块（T2SIRM）可以看成具有单一输入项的二型模糊系统。同样地，一型单输入规则模块是二型单输入规则模块的特例。下面详细给出二型单输入规则模块的推理过程。

当精确值 x_i 输入 T2SIRM-i 后，采用单点值模糊器，第 j_i 条模糊规则的激活强度为区间值，其表达式为

$$F_i^{j_i}(x_i) = \left[\underline{f}_i^{j_i}(x_i), \overline{f}_i^{j_i}(x_i) \right] = \left[\underline{\mu}_{\tilde{A}_i^{j_i}}(x_i), \overline{\mu}_{\tilde{A}_i^{j_i}}(x_i) \right] \tag{8-2}$$

其中，$\underline{\mu}()$, $\overline{\mu}()$ 分别表示二型模糊集的下隶属函数与上隶属函数。

采用 KM 降型方法，第 i 个单输入规则模块 T2SIRM-i 的区间值输出为

$$[u_{li}(x_i), u_{ri}(x_i)] = \int_{c_i^1 \in [\underline{c}_i^1, \overline{c}_i^1]} \cdots \int_{c_i^{m_i} \in [\underline{c}_i^{m_i}, \overline{c}_i^{m_i}]} \int_{f_i^1(x_i) \in F_i^1(x_i)} \cdots \int_{f_i^{m_i}(x_i) \in F_i^{m_i}(x_i)} 1 \left/ \frac{\sum_{j_i=1}^{m_i} f_i^{j_i}(x_i) c_i^{j_i}}{\sum_{j_i=1}^{m_i} f_i^{j_i}(x_i)} \right. \tag{8-3}$$

从而，根据第 2 章的讨论，该区间输出的左、右端点计算公式分别为

$$u_{li}(x_i) = \frac{\sum\limits_{j_i=1}^{m_i}\left[\underline{\delta}^{j_i}\overline{f}^{j_i}(x_i) + (1-\underline{\delta}^{j_i})\underline{f}^{j_i}(x_i)\right]\underline{c}^{j_i}}{\sum\limits_{j_i=1}^{m_i}\left[\underline{\delta}^{j_i}\overline{f}^{j_i}(x_i) + (1-\underline{\delta}^{j_i})\underline{f}^{j_i}(x_i)\right]} \tag{8-4}$$

$$u_{ri}(x_i) = \frac{\sum\limits_{j_i=1}^{m_i}\left[\overline{\delta}^{j_i}\underline{f}^{j_i}(x_i) + (1-\overline{\delta}^{j_i})\overline{f}^{j_i}(x_i)\right]\overline{c}^{j_i}}{\sum\limits_{j_i=1}^{m_i}\left[\overline{\delta}^{j_i}\underline{f}^{j_i}(x_i) + (1-\overline{\delta}^{j_i})\overline{f}^{j_i}(x_i)\right]} \tag{8-5}$$

其中，$\underline{\delta}^{j_i}$、$\overline{\delta}^{j_i}$ 为 0 或者 1，它们的值可以根据 KM 算法确定。

采用中心平均解模糊器，T2SIRM-i 的精确模糊推理结果为

$$u_i = u_i(x_i) = \frac{1}{2}\left[u_{li}(x_i) + u_{ri}(x_i)\right] \tag{8-6}$$

单输入规则模块连接模糊控制器的输出量为各 T2SIRM-i 的加权值，即

$$u = u(\boldsymbol{x}) = \sum_{i=1}^{p} w_i u_i(x_i) \tag{8-7}$$

其中，$\boldsymbol{x} = (x_1, x_2, \cdots, x_p)^{\mathrm{T}}$；$w_i$ 为第 i 个输入项的重要度，它反映了第 i 个输入项对控制效果的重要程度。

8.3 知识驱动单输入规则模块连接模糊控制器设计

本节将介绍如何利用相关知识系统化地设计单输入规则模块连接模糊控制器。此处，考虑三种类型的知识，包括被控系统的奇对称性、单调性以及闭环系统的局部稳定性。这些知识在模糊控制器设计过程中通常会遇到，且需要嵌入所设计的模糊控制器中。由于单输入规则模块连接一型模糊控制器是单输入规则模块连接二型模糊控制器的特例，因此，本节只考虑单输入规则模块连接二型模糊控制器。

8.3.1 奇对称性

对很多控制问题来说，为它们所设计的单输入规则模块连接二型模糊控制器都需要具有奇对称性这一特性。通过定理 6-4，下面的定理揭示了如何约束单输入规则模块连接二型模糊控制器的参数以满足奇对称性这一知识要求。

定理 8-1 单输入规则模块连接二型模糊控制器是奇对称的，即 $u(\boldsymbol{x}) = -u(-\boldsymbol{x})$，如果对二型单输入规则模块 T2SIRM-$i$ $(i = 1, 2, \cdots, p)$ 而言，$\forall j \in \{1, 2, \cdots, m_i\}$，$\exists j^* \in \{1, 2, \cdots, m_i\}$ 使得：①规则前件中的二型模糊集合 $\tilde{A}_i^j$ 和 $\tilde{A}_i^{j^*}$ 关于

原点 0 对称分布；②$[\underline{c}_i^j, \overline{c}_i^j]=[-\overline{c}_i^{j^*}, -\underline{c}_i^{j^*}]$。

证明： 本定理的证明类似于定理 6-4 的证明。

根据定理 8-1，很容易证明：如果该单输入规则模块连接二型模糊控制器是奇对称的，则 $u(\mathbf{0}) = 0$。对于很多控制问题，为它们所设计的控制器都需要满足该性质。

8.3.2 单调性

在第 6 章，已详细讨论了如何将单调性这一先验知识嵌入一般二型模糊系统中。下面将相关结果改写为适合二型单输入规则模块的形式。

定理 8-2 二型单输入规则模块 T2SIRM-i 是单调增（单调减）的，如果：①规则前件中的二型模糊集合 $\tilde{A}_i^1$，$\tilde{A}_i^2$，$\cdots$，$\tilde{A}_i^{m_i}$ 形成单调划分（如图 6-6 和图 6-9 的示例）；②规则后件中的区间权重满足 $\underline{c}_i^1 \leqslant \underline{c}_i^2 \leqslant \cdots \leqslant \underline{c}_i^{m_i}$ 及 $\overline{c}_i^1 \leqslant \overline{c}_i^2 \leqslant \cdots \leqslant \overline{c}_i^{m_i}$ （$\underline{c}_i^1 \geqslant \underline{c}_i^2 \geqslant \cdots \geqslant \underline{c}_i^{m_i}$ 及 $\overline{c}_i^1 \geqslant \overline{c}_i^2 \geqslant \cdots \geqslant \overline{c}_i^{m_i}$）。

很明显，如果一个单输入规则模块连接二型模糊控制器中所有的二型单输入规则模块都是单调增（单调减）的，那么该单输入规则模块连接二型模糊控制器就是单调增（单调减）的。

8.3.3 闭环系统的局部稳定性

在控制应用中，闭环系统的稳定性是需要保证的。本节将讨论如何利用闭环系统局部稳定性这一先验知识来约束单输入规则模块连接二型模糊控制器的参数空间。

首先，考虑下述系统：

$$\dot{z}(t) = f(z(t)) + g(z(t))u(z(t)) \tag{8-8}$$

其中，$z(t) = (z_1(t), z_2(t), \cdots, z_p(t))^{\mathrm{T}} \in \mathbf{R}^p$ 为系统状态；$f(z(t)) = (f_1(z(t)), f_2(z(t)), \cdots, f_p(z(t)))^{\mathrm{T}} \in \mathbf{R}^{p \times 1}$；$g(z(t)) = (g_1(z(t)), g_2(z(t)), \cdots, g_p(z(t)))^{\mathrm{T}} \in \mathbf{R}^{p \times 1}$；$u(z(t))$ 是由单输入规则模块连接二型模糊控制器得到的控制量。

下述定理给出了关于闭环系统局部稳定的相关结果。

定理 8-3[12] 假定原点 $\mathbf{0}$ 是自治系统 $\dot{z}(t) = f(z(t))$ 的平衡点，即 $f(\mathbf{0}) = \mathbf{0}$，且 $f(\cdot)$，$g(\cdot), u(\cdot)$ 是可微的，并假定 Jacobian（雅可比）矩阵 $J = \left[\dfrac{\partial (f(z(t)) + g(z(t))u(z(t)))}{\partial z} \right]_{z=0}$ 有界。在这些条件下，原点 $\mathbf{0}$ 是关于闭环系统指数稳定的，如果：①$u(\mathbf{0}) = 0$；②Jacobian 矩阵 J 是指数稳定的。

条件 $u(\mathbf{0}) = 0$ 保证了 $z = \mathbf{0}$ 是闭环系统（式（8-8））的平衡点。为设计局部稳定的单输入规则模块连接二型模糊控制系统，定理 8-3 中的第一个条件易于满足，如具有奇对称性的单输入规则模块连接二型模糊控制器。那么剩下的问题就是确定单输入规则模块连接二型模糊控制器的参数来保证 Jacobian 矩阵 $\boldsymbol{J}$ 的稳定性。

下面将主要讨论如何获得单输入规则模块连接二型模糊控制系统在平衡点 $\boldsymbol{0}$ 的 Jacobian 矩阵 $\boldsymbol{J}$。

记 Jacobian 矩阵 $\boldsymbol{J}$ 为 $\boldsymbol{J} = [a_{ij}]_{p \times p}$，其中，

$$a_{ij} = \left. \frac{\partial f_i(z(t))}{\partial z_j} \right|_{z=0} + \left. \frac{\partial \big(g_i(z(t))u(z(t)) \big)}{\partial z_j} \right|_{z=0} \tag{8-9}$$

注意到 $u(\boldsymbol{0}) = 0$ 且 $u(z(t)) = \sum_{i=1}^{p} w_i u_i(x_i) = \sum_{i=1}^{p} w_i u_i(\lambda_i z_i)$，其中，$\lambda_i$ 是变量 z_i 的归一化因子，二型单输入规则模块 T2SIRM-i 的第 i 个输入项变为 $\lambda_i z_i$。因此，

$$\left. \frac{\partial \big(g_i(z(t))u(z(t)) \big)}{\partial z_j} \right|_{z=0} = u(0) \left. \frac{\partial g_i(z(t))}{\partial z_j} \right|_{z=0} + g_i(0) \left. \frac{\partial u(z(t))}{\partial z_j} \right|_{z=0} = g_i(0) w_j \left. \frac{\partial u_j(\lambda_j z_j)}{\partial z_j} \right|_{z_j=0}$$

$$\tag{8-10}$$

故有

$$a_{ij} = \left. \frac{\partial f_i(z(t))}{\partial z_j} \right|_{z=0} + g_i(0) w_j \left. \frac{\partial u_j(\lambda_j z_j)}{\partial z_j} \right|_{z_j=0} \tag{8-11}$$

对于具体的二型单输入规则模块，$\left. \dfrac{\partial u_j(\lambda_j z_j)}{\partial z_j} \right|_{z_j=0}$ 是可计算的。下面将对表 8-1 所示的两种二型单输入规则模块计算该值。

表 8-1　T2SIRM-Ⅰ 和 T2SIRM-Ⅱ的设定表

输入项	T2SIRM-Ⅰ 的后件	T2SIRM-Ⅱ 的后件
N	−1	1
Z	0	0
P	1	−1

分别称表 8-1 所示的二型单输入规则模块为 T2SIRM-Ⅰ 和 T2SIRM-Ⅱ。在该表中，N、Z、P 为输入项 $x_i = \lambda_i z_i$ 的模糊集合（一型或二型）。图 8-2 给出了 N、Z、P 的三角形隶属函数，其中可变宽度 Δ 反映了二型模糊集合可处理的不确定性的大小。

当 $\Delta = 0$ 时，二型模糊集合变为一型模糊集合，同时，二型单输入规则模块变为一型单输入规则模块。对 T2SIRM-Ⅰ 和 T2SIRM-Ⅱ而言，可以得到如下结果：

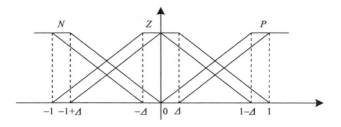

图 8-2　N、Z、P 所对应的二型模糊隶属函数

$$\frac{\partial u_{\mathrm{I}}(\lambda_j z_j)}{\partial z_j}\Big|_{z_j=0} = \begin{cases} \lambda_j, & \Delta = 0 \\ \dfrac{1}{2}\dfrac{\lambda_j}{1-\Delta}, & \Delta \neq 0 \end{cases} \tag{8-12}$$

$$\frac{\partial u_{\mathrm{II}}(\lambda_j z_j)}{\partial z_j}\Big|_{z_j=0} = \begin{cases} -\lambda_j, & \Delta = 0 \\ -\dfrac{1}{2}\dfrac{\lambda_j}{1-\Delta}, & \Delta \neq 0 \end{cases} \tag{8-13}$$

由以上讨论可知，单输入规则模块连接二型模糊控制系统在平衡点 **0** 所对应的 Jacobian 矩阵 $\boldsymbol{J}$ 是可计算的。对于由 T2SIRM-Ⅰ 或 T2SIRM-Ⅱ 连接而成的二型模糊控制器，归一化因子 λ_i、可变宽度 Δ 以及重要度 w_i 都会影响平衡点 **0** 的稳定性。因此，为设计出令人满意的单输入规则模块连接二型模糊控制器，该控制器的参数需要调整以使 Jacobian 矩阵 $\boldsymbol{J}$ 的特征根具有负实部。

8.4　仿　真　试　验

本节将采用倒立摆系统作为例子来说明如何利用先验知识设计单输入规则模块连接二型模糊控制器。

8.4.1　倒立摆系统

倒立摆系统是一种典型的受重力影响的欠驱动系统，它具有非线性、强耦合、多变量和自然不稳定等特性，在控制过程中能有效地反映如镇定性、鲁棒性、随动性以及跟踪等控制中的关键问题，它的运动特性与火箭的飞行及机器人关节运动有许多相似之处，是检验各种控制方法的理想模型。

单级倒立摆系统结构如图 8-3 所示，该系统由小车和摆杆两个子系统组成，外部作用力施加在小车上，摆杆和小车由自由铰链连接。单级倒立摆系统的平衡控制的目的是通过施加在小车上的作用力，使小车做左右加速或减速运动，将其摆从初始偏角稳定到倒立位置上，同时，小车稳定在目标位置。

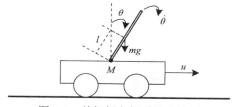

图 8-3 单级倒立摆系统结构图

单级倒立摆系统的状态方程为

$$
\begin{cases}
\dot{z}_1 = z_2 \\[2mm]
\dot{z}_2 = \dfrac{(M+m)g\sin z_1 - mlz_2^2 \sin z_1 \cos z_1 - u(t)\cos z_1}{\dfrac{4}{3}(M+m)l - ml\cos^2 z_1} \\[4mm]
\dot{z}_3 = z_4 \\[2mm]
\dot{z}_4 = \dfrac{\dfrac{4}{3}mlz_2^2 \sin z_1 - mg\sin z_1 \cos z_1 + \dfrac{4}{3}u(t)}{\dfrac{4}{3}(M+m) - m\cos^2 z_1}
\end{cases}
\tag{8-14}
$$

其中，$z_1 = \theta$ 表示摆杆与铅垂线之间的夹角；$z_2 = \dot{\theta}$ 表示摆角的角速度；$z_3 = x$ 表示小车在水平位置上的位移；z_4 表示小车在水平位置上的速度。

在下面的仿真实验中，小车的质量 M 取为 1kg，摆杆的质量 m 为 0.1kg，摆杆的质心距 l 设为 1m，且重力加速度为 $g=9.81\text{m/s}^2$。

8.4.2 倒立摆控制器设计

对于倒立摆系统而言，上面讨论的三类先验知识如下所述。

（1）考虑到倒立摆系统状态的奇对称性，为 z_1、z_2、z_3 以及 z_4 所设计的二型单输入规则模块都应满足奇对称性。

（2）由经验可知，为使 $z_i \to 0$，如果 z_i 越大，所施加的力 u 就应该越大。因此，为 z_1、z_2、z_3 以及 z_4 所设计的二型单输入规则模块应该是单调增的。

由定理 8-1 及定理 8-2 可知：T2SIRM-I 和 T2SIRM-II 都是奇对称的，T2SIRM-I 是单调增的，而 T2SIRM-II 是单调减的。故在本应用中，z_1、z_2、z_3 以及 z_4 所需的二型单输入规则模块都选择为 T2SIRM-I。

（3）采用 T2SIRM-I 连接而成的控制器所得到的闭环系统的 Jacobian 矩阵为

$$
J = \begin{bmatrix}
0 & 1 & 0 & 0 \\[2mm]
\dfrac{3(M+m)g}{(4M+m)l} + t_2k_1 & t_2k_2 & t_2k_3 & t_2k_4 \\[3mm]
0 & 0 & 0 & 1 \\[2mm]
\dfrac{-3mg}{(4M+m)l} + t_4k_1 & t_4k_2 & t_4k_3 & t_4k_4
\end{bmatrix}
\tag{8-15}
$$

其中，$t_2 = \dfrac{-3}{(4M+m)l}$；$t_4 = \dfrac{4}{4M+m}$；如果 $\Delta = 0$，则 $k_j = w_j\lambda_j$（$j = 1, 2, 3, 4$）；如果 $\Delta \neq 0$，则 $k_j = \dfrac{w_j\lambda_j}{2(1-\Delta)}$。

在该应用中，控制器参数选择为 $\lambda_1 = 3.82$，$\lambda_2 = 1.90$，$\lambda_3 = 0.5$，$\lambda_4 = 1$，$w_1 = 50$，$w_2 = 50$，$w_3 = 20$，$w_4 = 20$。很容易验证 J 是稳定的，无论 $\Delta = 0$ 与否。

关于初始状态 $(\pi/6, 0, 0, 0)$ 的系统响应如图 8-4 所示。图 8-4(a) 描述的是摆角在 $\Delta = 0$ 及 $\Delta = 0.2$ 时的时间响应，而图 8-4(b) 展示的是小车位置的时间响应。

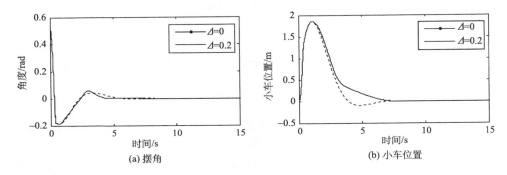

图 8-4　倒立摆系统的时间响应

在不同的初始状态下，为比较一型模糊控制器与二型模糊控制器的性能，即当 $\Delta = 0$ 及 $\Delta = 0.2$ 时的模糊控制器性能，考虑下面三个常用指标。

(1) 平方误差积分 (ISE) 指标：

$$\text{ISE} = \int_{t=0}^{\infty} |e(t)|^2 \mathrm{d}t \tag{8-16}$$

其中，$e(t)$ 为实际值与目标之间的偏差。本例中，$e(t)$ 表示角度摆杆与铅垂线之间的夹角。

(2) 绝对误差积分 (IAE) 指标：

$$\text{IAE} = \int_{t=0}^{\infty} |e(t)| \mathrm{d}t \tag{8-17}$$

(3) 时间乘绝对误差积分 (ITAE) 指标：

$$\text{ITAE} = \int_{t=0}^{\infty} t|e(t)| \mathrm{d}t \tag{8-18}$$

当 $\Delta = 0$ 及 $\Delta = 0.2$ 时的模糊控制器性能指标 ISE、IAE、ITAE 的详细比较可参见表 8-2。

表 8-2 $\varDelta = 0$ 及 $\varDelta = 0.2$ 时的模糊控制器性能比较

初始状态	ISE		IAE		ITAE	
	$\varDelta = 0$	$\varDelta = 0.2$	$\varDelta = 0$	$\varDelta = 0.2$	$\varDelta = 0$	$\varDelta = 0.2$
$(\pi/6, 0, 0, 0)$	43.1007	41.2418	8.2003	8.0031	62.2832	55.0349
$(\pi/6, \pi/6, -1, 0)$	64.3305	60.7752	12.0617	11.6667	141.6144	120.4052

由图 8-4 及表 8-2 可知，所提出的控制方案可以实现控制目标，但从 ISE、IAE 以及 ITAE 的观点来看，$\varDelta = 0.2$ 时的模糊控制器具有更好的性能。更为重要的是，本书所提控制方案易于设计且只需 12 条规则(每个单输入规则模块 3 条)和 9 个可调节参数($\lambda_1, \lambda_2, \lambda_3, \lambda_4, w_1, w_2, w_3, w_4, \varDelta$)就可以实现控制目标。

8.5 本 章 小 结

在很多实际的控制问题中，先验知识能够为控制器的综合提供大量的有用信息。本章着重研究了三类知识：被控对象的奇对称性、单调性以及闭环系统的局部稳定性。这些知识有助于进一步减轻单输入规则模块连接模糊控制器设计的难度。仿真结果证明了本书所提出的控制器设计方案的有效性以及先验知识在模糊控制器设计过程中的有用性。

参 考 文 献

[1] YI J, YUBAZAKI N. Stabilization fuzzy control of inverted pendulum systems. Artificial intelligence in engineering, 2000, 14: 153-163.

[2] YI J, YUBAZAKI N, HIROTA K. Stabilization control of series-type double inverted pendulum systems using the SIRMs dynamically connected fuzzy inference model. Artificial intelligence in engineering, 2001, 15:297-308.

[3] YI J, YUBAZAKI N, HIROTA K. A new fuzzy controller for stabilization of parallel-type double inverted pendulum system. Fuzzy sets and systems, 2002, 126: 105-119.

[4] YI J, YUBAZAKI N, HIROTA K. Anti-swing and positioning control of overhead traveling crane. Information sciences, 2003, 155:19-42.

[5] SEKI H, MIZUMOTO M, YUBAZAKI N. On the property of single input rule modules connected type fuzzy reasoning method. IEICE transactions on fundamentals, 2006, J89-A: 557-565.

[6] SEKI H, ISHII H, MIZUMOTO M. On the generalization of single input rule modules connected type fuzzy reasoning method. IEEE transactions on fuzzy systems, 2008, 16(5):1180-1187.

[7] LIANG Q, MENDEL J M. Interval type-2 fuzzy logic systems: theory and design. IEEE transactions on fuzzy systems, 2000, 8:535-550.

[8] MENDEL J M. Uncertain rule-based fuzzy logic systems: introduction and new directions. Upper Saddle River: Prentice-Hall, 2001.

[9] MENDEL J M. Advances in type-2 fuzzy sets and systems. Information sciences, 2007, 177:84-110.

[10] MENDEL J M, WU D. Perceptual reasoning for perceptual computing. IEEE transactions on fuzzy systems, 2008, 16: 1550-1564.

[11] LI C, YI J, ZHAO D. Control of the TORA system using SIRMs based type-2 fuzzy logic//Proceedings of 2009 IEEE International Conference on Fuzzy Systems. Piscataway: IEEE, 2009: 694-699.

[12] VIDYASAGAR M. Nonlinear systems analysis. Englewood Cliffs: Prentice-Hall, 1993.

第 9 章　数据驱动二型模糊神经网络设计及其应用

9.1　引　　言

尽管二型模糊系统能够有效地处理复杂、非线性、不精确问题，且具有优越的处理系统不确定性、抗干扰等方面的能力，但与一型模糊系统一样，二型模糊系统仍然缺少自学习与自适应能力。另外，神经网络具有模拟人脑结构的思维功能，具有较强的自学习功能，人工干预少，精度较高，但它的缺点是不能处理和描述模糊信息，不能很好利用已有的经验知识，特别是学习及问题的求解具有黑箱特性，其工作不具有可解释性。因此，若能将两者合理地结合起来，充分发挥各自的长处，则可以优势互补。从而构造出具有更好性能的系统。近年来，很多文献对二型模糊神经网络理论及其应用展开了讨论[1-15]。本章将从数据驱动设计方法的角度探讨二型模糊神经网络及其应用的相关问题。

本章将主要探讨数据驱动二型模糊神经网络设计。给出基于反向传播算法以及结合反向传播算法和最小二乘算法的混合算法的二型模糊神经网络参数优化策略，并给出其在建模、多容水箱液位控制、水平调节吊具系统控制等问题中的应用。

9.2　基于 KM 方法的二型模糊神经网络

不失一般性，只考虑多输入单输出的情况，其中输入变量为 $\boldsymbol{x} = (x_1, x_2, \cdots, x_p)^{\mathrm{T}}$，输出变量为 $y = y_0(\boldsymbol{x})$。相关结果可以类似地推广到多输入多输出的情况。

设反映输入输出关系的模糊规则为

$$R^k : x_1 = \tilde{A}_1^k, x_2 = \tilde{A}_2^k, \cdots, x_p = \tilde{A}_p^k \quad \rightarrow \quad y = [\underline{w}^k, \overline{w}^k] \tag{9-1}$$

其中，$k = 1, 2, \cdots, M$，M 为模糊规则数目；p 为输入变量个数；$\tilde{A}_i^k$ 为第 i 个输入变量对应的第 k 个区间二型模糊集合。

本章的二型模糊神经网络采用 KM 降型及解模糊方法，其对应的二型模糊神经网络结构图如图 9-1 所示。

该二型模糊神经网络共分为四层，分别为输入层、隶属函数层、规则层、输出处理层。下面将详细介绍各层的输入输出关系。

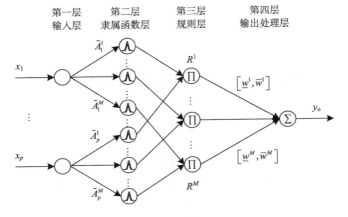

图 9-1 二型模糊神经网络结构图

第一层(输入层):与输入变量的个数相对应,该层共有 p 个节点。第 i 个节点的纯输入及输出分别为

$$n_i^1 = x_i \tag{9-2}$$

$$y_i^1 = n_i^1 \tag{9-3}$$

第二层(隶属函数层):该层共有 $p \times M$ 个节点,其中,M 为模糊规则数目。第 ik 个节点代表二型模糊集合 $\tilde{A}_i^k$ 所对应的隶属函数,此处,$i = 1, 2, \cdots, p,\ k = 1, 2, \cdots, M$。

第 ik 个节点的纯输入为区间值 $n_{ik}^2 = [\underline{n}_{ik}^2, \overline{n}_{ik}^2]$,其中,

$$\underline{n}_{ik}^2 = \underline{\mu}_{\tilde{A}_i^k}(y_i^1) \tag{9-4}$$

$$\overline{n}_{ik}^2 = \overline{\mu}_{\tilde{A}_i^k}(y_i^1) \tag{9-5}$$

其中,$\underline{\mu}_{\tilde{A}_i^k}$,$\overline{\mu}_{\tilde{A}_i^k}$ 分别表示二型模糊集合 $\tilde{A}_i^k$ 的下隶属函数与上隶属函数。

第 ik 个节点的输出也为区间值,记为 $y_{ik}^2 = [\underline{y}_{ik}^2, \overline{y}_{ik}^2]$,其中,

$$\underline{y}_{ik}^2 = \underline{n}_{ik}^2 \tag{9-6}$$

$$\overline{y}_{ik}^2 = \overline{n}_{ik}^2 \tag{9-7}$$

第三层(规则层):该层每个节点对应一条模糊规则,其作用是计算每条规则的区间值激活强度。对应于 M 条规则,该层共有 M 个节点。

第 k 个节点的纯输入为区间值 $n_k^3 = [\underline{n}_k^3, \overline{n}_k^3]$,其中,

$$\underline{n}_k^3 = \prod_{i=1}^{p} \underline{y}_{ik}^2 \tag{9-8}$$

$$\overline{n}_k^3 = \prod_{i=1}^{p} \overline{y}_{ik}^2 \tag{9-9}$$

第 k 个节点的输出仍为区间值，记为 $\left[\underline{y}_k^3, \overline{y}_k^3\right]$，其中，

$$\underline{y}_k^3 = \underline{n}_k^3 \tag{9-10}$$

$$\overline{y}_k^3 = \overline{n}_k^3 \tag{9-11}$$

第四层(输出处理层)：与一型模糊神经网络一样，二型模糊神经网络最后一层也为输出处理层，且最后一层的节点个数与输出变量的个数一致，此处为 1 个。与一型模糊神经网络不同的是，该二型模糊神经网络输出处理层要实现降型与解模糊的功能，而一型模糊神经网络的该层只需实现解模糊功能。

本章采用 KM 降型及解模糊方法。此时，输出层节点的纯输入为降型后得到的区间值，记为 $n^4 = [\underline{n}^4, \overline{n}^4]$，其左、右端点可分别采用下述公式计算：

$$\underline{n}^4 = \frac{\displaystyle\sum_{k=1}^{M} g^k \underline{w}^k}{\displaystyle\sum_{k=1}^{M} g^k}, \quad g^k = \underline{\xi}^k \overline{y}_k^3 + (1-\underline{\xi}^k) \underline{y}_k^3 \tag{9-12}$$

$$\overline{n}^4 = \frac{\displaystyle\sum_{k=1}^{M} h^k \overline{w}^k}{\displaystyle\sum_{k=1}^{M} h^k}, \quad h^k = \overline{\xi}^k \underline{y}_k^3 + (1-\overline{\xi}^k) \overline{y}_k^3 \tag{9-13}$$

其中，$\underline{\xi}^k, \overline{\xi}^k$ 在 $\{0,1\}$ 中取值，可以根据第 2 章改进的 Karnik-Mendel 算法求出。

该层节点的输出为解模糊值：

$$y_o^4(\boldsymbol{x}) = \frac{1}{2}(\underline{n}^4 + \overline{n}^4) \tag{9-14}$$

由以上的讨论可知，二型模糊神经网络与一型模糊神经网络结构类似，但在内部节点的纯输入及输出上是不同的。二型模糊神经网络节点的输入及输出多为区间值，而一型模糊神经网络节点的输入及输出为单点值。另外，就最后的输出处理层而言，两者实现的功能不同，二型模糊神经网络要多一个降型功能的实现。

9.3　二型模糊神经网络的学习算法

假设给定 N 组输入输出样本数据 $(\boldsymbol{x}^1, d^1), (\boldsymbol{x}^2, d^2), \cdots, (\boldsymbol{x}^N, d^N)$，其中，$\boldsymbol{x}^t = (x_1^t, x_2^t, \cdots, x_p^t)^{\mathrm{T}}$，$t = 1, 2, \cdots, N$。下面主要讨论如何利用这些训练数据来优化二型模糊神经网络的参数，包括第二层中的二型模糊集合的中心与宽度以及第三层和第四层中间的区间连接权值。下面首先推导二型模糊神经网络的反向传播(BP)算法，然后讨论基于 BP 算法与最小二乘算法的混合学习算法。

9.3.1　反向传播算法

反向传播(BP)算法采用一阶梯度法(最速下降法)来优化目标函数。对参数 θ 的迭代优化公式可写为

$$\theta(t+1) = \theta(t) + \Delta\theta\big|_t \tag{9-15}$$

其中，$\Delta\theta = -\alpha_\theta \dfrac{\partial J(t)}{\partial \theta}$，$\alpha_\theta$ 为学习速率，$J(t)$ 为代价函数；t 为迭代步数。

下面就逐个样本学习的情况来推导二型模糊神经网络的 BP 算法。此时，用来调节二型模糊神经网络参数的 BP 算法需优化下述代价函数：

$$J(t) = \frac{1}{2}\left(y_o^4(\boldsymbol{x}^t) - d^t\right)^2 \tag{9-16}$$

其中，$y_o^4(\boldsymbol{x}^t)$ 是二型模糊神经网络关于输入 $\boldsymbol{x}^t$ 的预测输出。

BP 算法的实质是计算参数 θ 关于代价函数 $J(t)$ 的一阶导数 $\dfrac{\partial J(t)}{\partial \theta}$。下面给出具体的求解过程。

首先，计算第四层的敏感度：

$$\underline{\delta}^4 \overset{\Delta}{=} -\frac{\partial J(t)}{\partial \underline{n}^4} = -\frac{\partial J(t)}{\partial y_o^4}\frac{\partial y_o^4}{\partial \underline{n}^4} = -\frac{1}{2}\left(y_o^4(\boldsymbol{x}^t) - d^t\right) \tag{9-17}$$

$$\overline{\delta}^4 \overset{\Delta}{=} -\frac{\partial J(t)}{\partial \overline{n}^4} = -\frac{\partial J(t)}{\partial y_o^4}\frac{\partial y_o^4}{\partial \overline{n}^4} = -\frac{1}{2}\left(y_o^4(\boldsymbol{x}^t) - d^t\right) \tag{9-18}$$

然后，计算第三层的敏感度：

$$\underline{\delta}_k^3 \overset{\Delta}{=} -\frac{\partial J(t)}{\partial \underline{n}_k^3} = -\left(\frac{\partial J(t)}{\partial \underline{n}^4}\frac{\partial \underline{n}^4}{\partial \underline{y}_k^3}\frac{\partial \underline{y}_k^3}{\partial \underline{n}_k^3} + \frac{\partial J(t)}{\partial \overline{n}^4}\frac{\partial \overline{n}^4}{\partial \underline{y}_k^3}\frac{\partial \underline{y}_k^3}{\partial \underline{n}_k^3}\right) = \underline{\delta}^4\frac{\partial \underline{n}^4}{\partial \underline{y}_k^3} + \overline{\delta}^4\frac{\partial \overline{n}^4}{\partial \underline{y}_k^3} \tag{9-19}$$

$$\overline{\delta}_k^3 \overset{\Delta}{=} -\frac{\partial J(t)}{\partial \overline{n}_k^3} = -\left(\frac{\partial J(t)}{\partial \underline{n}^4}\frac{\partial \underline{n}^4}{\partial \overline{y}_k^3}\frac{\partial \overline{y}_k^3}{\partial \overline{n}_k^3} + \frac{\partial J(t)}{\partial \overline{n}^4}\frac{\partial \overline{n}^4}{\partial \overline{y}_k^3}\frac{\partial \overline{y}_k^3}{\partial \overline{n}_k^3}\right) = \underline{\delta}^4\frac{\partial \underline{n}^4}{\partial \overline{y}_k^3} + \overline{\delta}^4\frac{\partial \overline{n}^4}{\partial \overline{y}_k^3} \tag{9-20}$$

其中，$k = 1, 2, \cdots, M$。

根据式(9-12)和式(9-13)可计算出 $\dfrac{\partial \underline{n}^4}{\partial \underline{y}_k^3}, \dfrac{\partial \overline{n}^4}{\partial \underline{y}_k^3}, \dfrac{\partial \underline{n}^4}{\partial \overline{y}_k^3}$ 和 $\dfrac{\partial \overline{n}^4}{\partial \overline{y}_k^3}$ 的表达式如下：

$$\frac{\partial \underline{n}^4}{\partial \underline{y}_k^3} = \frac{\partial \underline{n}^4}{\partial g^k}\frac{\partial g^k}{\partial \underline{y}_k^3} = \frac{(1 - \underline{\xi}_k)(\underline{w}^k - \underline{n}^4)}{\displaystyle\sum_{k=1}^{M} g^k} \tag{9-21}$$

$$\frac{\partial \overline{n}^4}{\partial \underline{y}_k^3} = \frac{\partial \overline{n}^4}{\partial h^k}\frac{\partial h^k}{\partial \underline{y}_k^3} = \frac{\overline{\xi}_k(\overline{w}^k - \overline{n}^4)}{\displaystyle\sum_{k=1}^{M} h^k} \tag{9-22}$$

$$\frac{\partial \underline{n}^4}{\partial \overline{y}_k^3} = \frac{\partial \underline{n}^4}{\partial g^k} \frac{\partial g^k}{\partial \overline{y}_k^3} = \frac{\underline{\xi}_k(\underline{w}^k - \underline{n}^4)}{\displaystyle\sum_{k=1}^{M} g^k} \tag{9-23}$$

$$\frac{\partial \overline{n}^4}{\partial \overline{y}_k^3} = \frac{\partial \overline{n}^4}{\partial h^k} \frac{\partial h^k}{\partial \overline{y}_k^3} = \frac{(1 - \overline{\xi}_k)(\overline{w}^k - \overline{n}^4)}{\displaystyle\sum_{k=1}^{M} h^k} \tag{9-24}$$

从而可得

$$\underline{\delta}_k^3 = \underline{\delta}^4 \frac{(1 - \underline{\xi}_k)(\underline{w}^k - \underline{n}^4)}{\displaystyle\sum_{k=1}^{M} g^k} + \overline{\delta}^4 \frac{\overline{\xi}_k(\overline{w}^k - \overline{n}^4)}{\displaystyle\sum_{k=1}^{M} h^k} \tag{9-25}$$

$$\overline{\delta}_k^3 = \underline{\delta}^4 \frac{\underline{\xi}_k(\underline{w}^k - \underline{n}^4)}{\displaystyle\sum_{k=1}^{M} g^k} + \overline{\delta}^4 \frac{(1 - \overline{\xi}_k)(\overline{w}^k - \overline{n}^4)}{\displaystyle\sum_{k=1}^{M} h^k} \tag{9-26}$$

最后，计算第二层的敏感度：

$$\underline{\delta}_{ik}^2 \overset{\Delta}{=} -\frac{\partial J(t)}{\partial \underline{n}_{ik}^2} = -\frac{\partial J(t)}{\partial \underline{n}_k^3} \frac{\partial \underline{n}_k^3}{\partial \underline{y}_{ik}^2} \frac{\partial \underline{y}_{ik}^2}{\partial \underline{n}_{ik}^2} = \underline{\delta}_k^3 \frac{\partial \underline{n}_k^3}{\partial \underline{y}_{ik}^2} \tag{9-27}$$

$$\overline{\delta}_{ik}^2 \overset{\Delta}{=} -\frac{\partial J(t)}{\partial \overline{n}_{ik}^2} = -\frac{\partial J(t)}{\partial \overline{n}_k^3} \frac{\partial \overline{n}_k^3}{\partial \overline{y}_{ik}^2} \frac{\partial \overline{y}_{ik}^2}{\partial \overline{n}_{ik}^2} = \overline{\delta}_k^3 \frac{\partial \overline{n}_k^3}{\partial \overline{y}_{ik}^2} \tag{9-28}$$

其中，$i = 1, 2, \cdots, p; k = 1, 2, \cdots, M$。

根据式(9-8)和式(9-9)，$\dfrac{\partial \underline{n}_k^3}{\partial \underline{y}_{ik}^2}$ 及 $\dfrac{\partial \overline{n}_k^3}{\partial \overline{y}_{ik}^2}$ 为

$$\frac{\partial \underline{n}_k^3}{\partial \underline{y}_{ik}^2} = \prod_{j=1, j \neq i}^{p} \underline{y}_{jk}^2 \tag{9-29}$$

$$\frac{\partial \overline{n}_k^3}{\partial \overline{y}_{ik}^2} = \prod_{j=1, j \neq i}^{p} \overline{y}_{jk}^2 \tag{9-30}$$

从而可得

$$\underline{\delta}_{ik}^2 = \underline{\delta}_k^3 \prod_{j=1, j \neq i}^{p} \underline{y}_{jk}^2 \tag{9-31}$$

$$\overline{\delta}_{ik}^2 = \overline{\delta}_k^3 \prod_{j=1, j \neq i}^{p} \overline{y}_{jk}^2 \tag{9-32}$$

在上述结果的基础上，可求得二型模糊神经网络第三层与第四层之间的区间权重参数的学习算法为

$$\underline{w}^k(t+1) = \underline{w}^k(t) + \Delta\underline{w}^k\big|_t \tag{9-33}$$

$$\overline{w}^k(t+1) = \overline{w}^k(t) + \Delta\overline{w}^k\big|_t \tag{9-34}$$

其中，

$$\Delta\underline{w}^k\big|_t = -\eta_w \frac{\partial J(t)}{\partial \underline{w}^k} = -\eta_w \frac{\partial J(t)}{\partial \underline{n}^4} \frac{\partial \underline{n}^4}{\partial \underline{w}^k} = \eta_w \underline{\delta}^4 \frac{g^k}{\sum\limits_{k=1}^{M} g^k} \tag{9-35}$$

$$\Delta\overline{w}^k\big|_t = -\eta_w \frac{\partial J(t)}{\partial \overline{w}^k} = -\eta_w \frac{\partial J(t)}{\partial \overline{n}^4} \frac{\partial \overline{n}^4}{\partial \overline{w}^k} = \eta_w \overline{\delta}^4 \frac{h^k}{\sum\limits_{k=1}^{M} h^k} \tag{9-36}$$

二型模糊神经网络第二层二型模糊集合参数的学习算法为

$$\theta_{ik}(t+1) = \theta_{ik}(t) + \Delta\theta_{ik}\big|_t \tag{9-37}$$

其中，θ_{ik} 为二型模糊神经网络第二层二型模糊集合 $\tilde{A}_i^k$ 的任一参数，且

$$\begin{aligned}
\Delta\theta_{ik}\big|_t &= -\eta_\theta \frac{\partial J(t)}{\partial \theta_{ik}} \\
&= -\eta_\theta \left(\frac{\partial J(t)}{\partial \underline{n}_{ik}^2} \frac{\partial \underline{n}_{ik}^2}{\partial \theta_{ik}} + \frac{\partial J(t)}{\partial \overline{n}_{ik}^2} \frac{\partial \overline{n}_{ik}^2}{\partial \theta_{ik}} \right)
\end{aligned} \tag{9-38}$$

$$= \eta_\theta \left(\underline{\delta}_{ik}^2 \frac{\partial \underline{\mu}_{\tilde{A}_i^k}(y_i^1)}{\partial \theta_{ik}} + \overline{\delta}_{ik}^2 \frac{\partial \overline{\mu}_{\tilde{A}_i^k}(y_i^1)}{\partial \theta_{ik}} \right)$$

如果二型模糊集合 $\tilde{A}_i^k$ 的隶属函数已知，那么 $\dfrac{\partial \underline{\mu}_{\tilde{A}_i^k}(y_i^1)}{\partial \theta_{ik}}$ 和 $\dfrac{\partial \overline{\mu}_{\tilde{A}_i^k}(y_i^1)}{\partial \theta_{ik}}$ 是很容易

计算出来的。

在本章的应用中，采用具有固定中心值但宽度不确定的高斯二型模糊集合。假定高斯二型模糊集合 $\tilde{A}_i^k$ 的固定中心值为 m_{ik}，不确定宽度为 $[\underline{\sigma}_{ik}, \overline{\sigma}_{ik}]$，则其下隶属函数及上隶属函数分别为

$$\underline{\mu}_{\tilde{A}_i^k}(y_i^1) = \exp\left[-\frac{1}{2}\left(\frac{y_i^1 - m_{ik}}{\underline{\sigma}_{ik}} \right)^2 \right] \tag{9-39}$$

$$\overline{\mu}_{\tilde{A}_i^k}(y_i^1) = \exp\left[-\frac{1}{2}\left(\frac{y_i^1 - m_{ik}}{\overline{\sigma}_{ik}} \right)^2 \right] \tag{9-40}$$

很明显，关于 $\tilde{A}_i^k$ 的参数 m_{ik}、$\underline{\sigma}_{ik}$ 以及 $\overline{\sigma}_{ik}$ 的偏导数很容易求出（此处从略）。

9.3.2　混合学习算法

尽管可以采用 BP 算法来辨识二型模糊神经网络的所有参数，但该算法收敛速度较慢且极易陷入局部最优点。然而，根据式(9-12)～式(9-14)，可以观察到二型模糊神经网络的输出与第三层和第四层间的连接权重呈线性关系，即

$$y_o^4(\boldsymbol{x}) = \sum_{k=1}^{M} \underline{f}^k(\boldsymbol{x})\underline{w}^k + \sum_{k=1}^{M} \overline{f}^k(\boldsymbol{x})\overline{w}^k \tag{9-41}$$

其中，

$$\underline{f}^k(\boldsymbol{x}) = \frac{1}{2}\frac{\underline{g}^k}{\sum\limits_{k=1}^{M} \underline{g}^k} \tag{9-42}$$

$$\overline{f}^k(\boldsymbol{x}) = \frac{1}{2}\frac{h^k}{\sum\limits_{k=1}^{M} h^k} \tag{9-43}$$

从而可知，二型模糊神经网络第三层和第四层间的连接权重可以通过线性最小二乘算法(LSE)来辨识与优化[16]。 下面给出该问题的具体讨论。

首先，记

$$\underline{\boldsymbol{f}}(\boldsymbol{x}) = \left[\underline{f}^1(\boldsymbol{x}), \underline{f}^3(\boldsymbol{x}), \cdots, \underline{f}^M(\boldsymbol{x})\right]^{\mathrm{T}} \tag{9-44}$$

$$\overline{\boldsymbol{f}}(\boldsymbol{x}) = \left[\overline{f}^1(\boldsymbol{x}), \overline{f}^2(\boldsymbol{x}), \cdots, \overline{f}^M(\boldsymbol{x})\right]^{\mathrm{T}} \tag{9-45}$$

$$\boldsymbol{w}_l = \left[\underline{w}^1, \underline{w}^2, \cdots, \underline{w}^M\right]^{\mathrm{T}} \tag{9-46}$$

$$\boldsymbol{w}_r = \left[\overline{w}^1, \overline{w}^2, \cdots, \overline{w}^M\right]^{\mathrm{T}} \tag{9-47}$$

故式(9-41)可改写为

$$y_o^4(\boldsymbol{x}) = [\underline{\boldsymbol{f}}(\boldsymbol{x})^{\mathrm{T}}, \overline{\boldsymbol{f}}(\boldsymbol{x})^{\mathrm{T}}]\begin{bmatrix} \boldsymbol{w}_l \\ \boldsymbol{w}_r \end{bmatrix} \tag{9-48}$$

为辨识二型模糊神经网络第三层和第四层间的连接权重，将所有数据 $(\boldsymbol{x}^1, d^1), (\boldsymbol{x}^2, d^2), \cdots, (\boldsymbol{x}^N, d^N)$ 代入式(9-48)可得下述矩阵方程：

$$\boldsymbol{F}\boldsymbol{w} = \boldsymbol{d} \tag{9-49}$$

其中，$\boldsymbol{w}$ 为待辨识连接权重向量，且

$$\boldsymbol{w} = \begin{bmatrix} \boldsymbol{w}_l \\ \boldsymbol{w}_r \end{bmatrix} \tag{9-50}$$

$$\boldsymbol{d} = \left[d^1, d^2, \cdots, d^N\right]^{\mathrm{T}} \tag{9-51}$$

$$F = \begin{bmatrix} \boldsymbol{a}_1^{\mathrm{T}} \\ \vdots \\ \boldsymbol{a}_N^{\mathrm{T}} \end{bmatrix} = \begin{bmatrix} \underline{f}(\boldsymbol{x}^1)^{\mathrm{T}} & \overline{f}(\boldsymbol{x}^1)^{\mathrm{T}} \\ \vdots & \vdots \\ \underline{f}(\boldsymbol{x}^N)^{\mathrm{T}} & \overline{f}(\boldsymbol{x}^N)^{\mathrm{T}} \end{bmatrix} \tag{9-52}$$

从而辨识二型模糊神经网络第三层和第四层间的连接权重的问题可转化为最小二乘问题。使得代价函数 $\|F\boldsymbol{w} - \boldsymbol{d}\|^2 = \sum_{t=1}^{N} \left(y_o^4(\boldsymbol{x}^t) - d^t \right)^2$ 最小化的 $\boldsymbol{w}$ 的极小范数最小二乘解为

$$\hat{\boldsymbol{w}} = \left(F^{\mathrm{T}} F \right)^{-1} F^{\mathrm{T}} \boldsymbol{d} \tag{9-53}$$

如果 $F^{\mathrm{T}} F$ 可逆，则 $\left(F^{\mathrm{T}} F \right)^{-1} F^{\mathrm{T}}$ 为 F 的伪逆。为避免求矩阵逆的运算，可采用下述迭代最小二乘法[16]：

$$\boldsymbol{w}_{t+1} = \boldsymbol{w}_t + \gamma_{t+1} \boldsymbol{P}_t \boldsymbol{a}_{t+1} (d^{t+1} - \boldsymbol{a}_{t+1}^{\mathrm{T}} \boldsymbol{w}_t) \tag{9-54}$$

$$\boldsymbol{P}_{t+1} = \boldsymbol{P}_t - \gamma_{t+1} \boldsymbol{P}_t \boldsymbol{a}_{t+1} \boldsymbol{a}_{t+1}^{\mathrm{T}} \boldsymbol{P}_t \tag{9-55}$$

$$\gamma_{t+1} = \frac{1}{1 + \boldsymbol{a}_{t+1}^{\mathrm{T}} \boldsymbol{P}_t \boldsymbol{a}_{t+1}} \tag{9-56}$$

其中，$t = 1, 2, \cdots, N-1$；$\boldsymbol{P}_t$ 为协方差阵。式中所需的初始条件为 $\boldsymbol{w}_0 = 0, \boldsymbol{P}_0 = \gamma \boldsymbol{I}$，$\boldsymbol{I}$ 为 $2M \times 2M$ 单位矩阵，γ 是一个大的正数。

当最小二乘算法用于在线学习时，每出现一个新数据，参数就需要被更新，此时旧数据的作用需衰减。这一问题在系统辨识领域已得到充分的研究，其中一种简单的方法就是在上述递推公式上加遗忘因子 λ，得到新的递推公式如下[16]：

$$\boldsymbol{w}_{t+1} = \boldsymbol{w}_t + \gamma_{t+1} \boldsymbol{P}_t \boldsymbol{a}_{t+1} (d^{t+1} - \boldsymbol{a}_{t+1}^{\mathrm{T}} \boldsymbol{w}_t) \tag{9-57}$$

$$\boldsymbol{P}_{t+1} = \frac{1}{\lambda} \left(\boldsymbol{P}_t - \gamma_{t+1} \boldsymbol{P}_t \boldsymbol{a}_{t+1} \boldsymbol{a}_{t+1}^{\mathrm{T}} \boldsymbol{P}_t \right) \tag{9-58}$$

$$\gamma_{t+1} = \frac{1}{\lambda + \boldsymbol{a}_{t+1}^{\mathrm{T}} \boldsymbol{P}_t \boldsymbol{a}_{t+1}} \tag{9-59}$$

其中，$0 < \lambda \leqslant 1$，一般 λ 选在 $0.9 \sim 1$。

对于参数的每一步更新来说，最小二乘算法(LSE)的计算复杂性通常高于 BP 算法。但是要达到预定的性能水平，最小二乘算法通常更快。

综上可知，二型模糊神经网络中的参数可以采用下述混合算法来优化。

(1)采用最小二乘算法(LSE)辨识二型模糊神经网络第三层和第四层间的连接权重。

(2)采用 BP 算法来辨识二型模糊神经网络第二层区间二型模糊集的参数。

(3)循环进行上述过程，直到获得满意解或达到最大迭代次数。

9.4 在系统辨识中的应用

9.4.1 问题描述

考虑如下离散时间非线性动态系统[17-20]：

$$\begin{cases} y(k+1) = g\big(y(k), y(k-1)\big) + u(k) \\ y(0) = 0, \, y(1) = 0, \, u(t) = \sin\left(\dfrac{2\pi t}{25}\right) \end{cases} \tag{9-60}$$

其中，g 为下述非线性函数，即

$$g\big(y(k), y(k-1)\big) = \frac{y(k)\, y(k-1)\,(y(k)+2.5)}{1 + y^2(k) + y^2(k-1)} \tag{9-61}$$

假定函数 g 未知，通过辨识可得下述辨识模型：

$$\hat{y}(k+1) = \hat{g}\big(y(k), y(k-1), u(k)\big) \tag{9-62}$$

其中，$\hat{g}$ 可通过各种方法实现，本书中由二型模糊神经网络来实现。该二型模糊神经网络为一个三输入一输出的模型，可通过 BP 算法或混合算法训练得到。

9.4.2 仿真设定

在下面的仿真中，采用具有固定中心、不确定宽度的高斯二型模糊集合。下面记该类型的模糊集合 $\tilde{A}$ 为 $\tilde{A}(m, \underline{\sigma}^2, \bar{\sigma}^2)$，其中，$m$ 为中心，$[\underline{\sigma}^2, \bar{\sigma}^2]$ 为其不确定宽度。

同时，为与各种一型模糊神经网络（如 DFNN[17]、GDFNN[18]、SOFNN[19] 以及 SOFNNGA[20]）进行比较，采用如下均方误差平方根（RMSE）指标

$$\text{RMSE} = \sqrt{\frac{1}{N} \sum_{t=1}^{N} \big(y_0^4(\boldsymbol{x}^t) - d^t\big)^2} \tag{9-63}$$

其中，N 为训练或测试数据的数目。

在仿真中，用到了具有如下形式的 400 对输入输出数据：

$$\big[y(k), y(k-1), u(k); y(k+1)\big] \tag{9-64}$$

其中，前 200 对数据用来训练二型模糊神经网络，后 200 对数据用来测试辨识出的系统性能。

二型模糊神经网络用到的初始规则为

$$R^1 : y(k) = \tilde{A}(-0.4, 1.2, 2.4), y(k-1) = \tilde{A}(-0.4, 1.2, 2.4),$$
$$u(k) = \tilde{A}(-0.5, 0.6, 1.2) \rightarrow y(k+1) = [0, 0]$$
$$R^2 : y(k) = \tilde{A}(-0.4, 1.2, 2.4), y(k-1) = \tilde{A}(2.5, 1.2, 2.4),$$
$$u(k) = \tilde{A}(0.5, 0.6, 1.2) \rightarrow y(k+1) = [0, 0]$$
$$R^3 : y(k) = \tilde{A}(2.5, 1.2, 2.4), y(k-1) = \tilde{A}(-0.4, 1.2, 2.4),$$
$$u(k) = \tilde{A}(-0.5, 0.6, 1.2) \rightarrow y(k+1) = [0, 0]$$
$$R^4 : y(k) = \tilde{A}(2.5, 1.2, 2.4), y(k-1) = \tilde{A}(2.5, 1.2, 2.4),$$
$$u(k) = \tilde{A}(0.5, 0.6, 1.2) \rightarrow y(k+1) = [0, 0]$$

用来训练二型模糊神经网络的 BP 算法的相关参数分别设定为 $\eta_m = 0.35$，$\eta_\sigma = 0.35$ 和 $\eta_w = 0.2$，而用来训练二型模糊神经网络的混合算法的相关参数分别设定为 $\eta_m = 0.5$ 及 $\eta_\sigma = 0.5$。

9.4.3 仿真结果

采用 BP 算法与混合算法的二型模糊神经网络训练过程的 RMSE 变化曲线如图 9-2 所示。由该图可知混合算法的收敛速度更快。

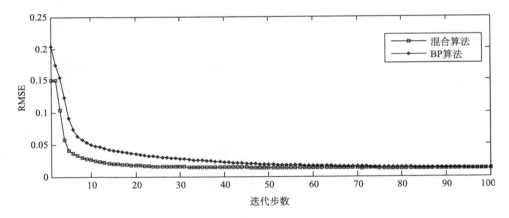

图 9-2 采用 BP 算法与混合算法的二型模糊神经网络训练过程的 RMSE 变化曲线

采用混合算法训练得到的模糊规则为
$$R^1 : y(k) = \tilde{A}(-0.7818, 1.9326, 2.6065), y(k-1) = \tilde{A}(-0.2017, 1.2005, 2.6019),$$
$$u(k) = \tilde{A}(-0.4339, 0.4542, 1.2422) \rightarrow y(k+1) = [0.6808, 0.6827]$$
$$R^2 : y(k) = \tilde{A}(1.5245, 1.6864, 2.8791), y(k-1) = \tilde{A}(2.1258, 1.7846, 2.9055),$$
$$u(k) = \tilde{A}(0.2605, 1.2289, 1.3917) \rightarrow y(k+1) = [-1.1772, 2.7724]$$

$$R^3 : y(k) = \tilde{A}(-0.5874, 0.1576, 3.6495), y(k-1) = \tilde{A}(1.5969, 2.1218, 3.1713),$$
$$u(k) = \tilde{A}(-1.5545, 1.3742, 1.9397) \rightarrow y(k+1) = [-5.4314, -1.9958]$$
$$R^4 : y(k) = \tilde{A}(3.8494, 2.2555, 2.8082), y(k-1) = \tilde{A}(0.8810, 2.8599, 3.1195),$$
$$u(k) = \tilde{A}(0.9973, 3.9798, 5.9763) \rightarrow y(k+1) = [5.3115, 6.5302]$$

图 9-3 给出了辨识对象的真实值与基于上述规则的二型模糊神经网络预测输出值，并给出了它们之间的误差值。很显然，误差值具有很小的幅度。因此，基于二型模糊神经网络的辨识模型的输出结果较为理想。

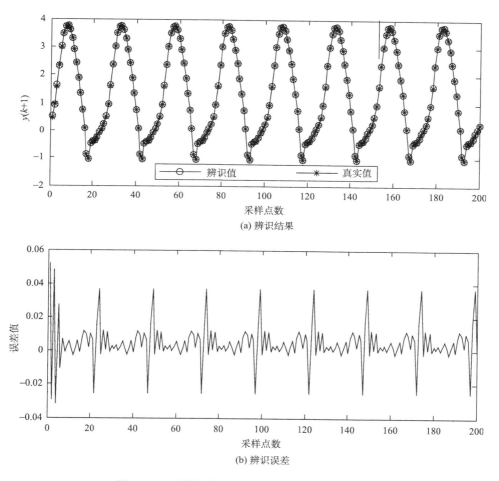

(a) 辨识结果

(b) 辨识误差

图 9-3　二型模糊神经网络辨识模型的输出及误差

表 9-1 列出了本书结果与其他已有结果的比较。由该表可知，所设计的二型模糊神经网络具有更好的性能，且其规则与参数更少。

表 9-1   不同辨识方法的性能比较

方法	节点数	参数个数	训练数据 RMSE	测试数据 RMSE
T2FNN(BP 算法)	4	44	0.0126	0.0125
T2FNN(混合算法)	4	44	0.0128	0.0113
DFNN[17]	6	48	0.0283	—
GDFNN[18]	6	48	0.0241	—
SOFNN[19]	5	46	0.0157	0.0151
SOFNNGA[20]	4	34	0.0159	0.0146

注："—"表示相关数据缺失。

9.5   基于二型模糊神经网络的水箱液位直接自适应控制

9.5.1   二型模糊神经网络直接自适应控制器

直接自适应控制具有下述特点[21,22]。

(1)没有特定的学习阶段，不依赖于对象的数学模型辨识，仅用少量的经验知识，控制器是根据控制效果在线完成设计的。

(2)控制器的参数调整是一个随时间变化的自适应过程。

图 9-4 为基于二型模糊神经网络的直接自适应控制系统框图。二型模糊神经网络的输出 $y_0^4(t)$ 为被控对象的输入 $u(t)$，而二型模糊神经网络的输入为被控对象输出误差 $e(t) = y(t) - y_d$ 及其导数 $\dot{e}(t)$，其中，y_d 为被控对象的期望输出。

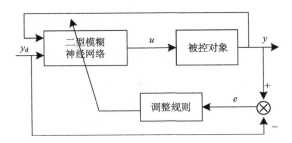

图 9-4   基于二型模糊神经网络的直接自适应控制系统框图

此处，根据被控对象实际输出与期望输出的误差来调节二型模糊神经网络的参数。因此，本问题中的训练准则(评价函数)选择为

$$J(t) = \frac{1}{2}\|y(t) - y_d\|^2 = \frac{1}{2}\|e(t)\|^2 \tag{9-65}$$

为保证在线控制性能，选择前面所讨论的 BP 算法来训练二型模糊神经网络

的参数。需要注意的是，此时第四层的灵敏度 $\underline{\delta}^4$ 及 $\overline{\delta}^4$ 应为

$$\underline{\delta}^4 \stackrel{\Delta}{=} -\frac{\partial J(t)}{\partial \underline{n}^4} = -\frac{\partial J(t)}{\partial y_o^4}\frac{\partial y_o^4}{\partial \underline{n}^4} = -\frac{1}{2}e(t)\frac{\partial y(t)}{\partial y_o^4} = -\frac{1}{2}e(t)\frac{\partial y(t)}{\partial u} \tag{9-66}$$

$$\overline{\delta}^4 \stackrel{\Delta}{=} -\frac{\partial J(t)}{\partial \overline{n}^4} = -\frac{\partial J(t)}{\partial y_o^4}\frac{\partial y_o^4}{\partial \overline{n}^4} = -\frac{1}{2}e(t)\frac{\partial y(t)}{\partial y_o^4} = -\frac{1}{2}e(t)\frac{\partial y(t)}{\partial u} \tag{9-67}$$

式(9-66)和式(9-67)中的项 $\frac{\partial y(t)}{\partial u}$ 表示被控系统的输出对控制作用的敏感性，即考虑了被控对象动力学特性的影响，以此实现对网络参数的在线修正，属于自适应环节。通常情况下，$\frac{\partial y(t)}{\partial u}$ 难以精确求得，而取其符号计算并不影响误差函数沿负梯度方向的下降。 因此，在应用中可用 $\mathrm{sgn}\left[\frac{\partial y(t)}{\partial u}\right]$ 来代替 $\frac{\partial y(t)}{\partial u}$。

除此之外，其他各层的灵敏度公式(式(9-19)～式(9-32))以及参数学习公式(式(9-33)～式(9-38))不受影响。

9.5.2 多容水箱液位控制模型

下面采用二型模糊神经网络直接自适应控制器(T2FNNDAC)实现多容水箱的液位控制。同时，为了展示二型模糊神经网络的优势，将其与一型模糊神经网络直接自适应控制器(T1FNNDAC)进行比较。

多容水箱液位系统的示意图如图 9-5 所示。该系统可以采用下述非线性状态方程描述[23,24]：

$$A_1\frac{\mathrm{d}H_1}{\mathrm{d}t} = Q_1 - \alpha_1\sqrt{H_1} - \alpha_3\sqrt{H_1 - H_2} + d_1(t) \tag{9-68}$$

$$A_2\frac{\mathrm{d}H_2}{\mathrm{d}t} = Q_2 - \alpha_2\sqrt{H_2} - \alpha_3\sqrt{H_1 - H_2} + d_2(t) \tag{9-69}$$

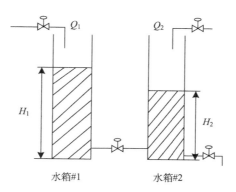

图 9-5 多容水箱液位系统示意图

其中，H_1, H_2 分别为水箱#1、#2 中的液位高度；Q_1, Q_2 分别为水箱#1、#2 的注水速度 (cm³/s)，其最大限幅为 $100\,\mathrm{cm^3/s}$；$d_1(t), d_2(t)$ 为干扰项。下面的仿真中用到的参数为 $A_1 = A_2 = 36.52, \alpha_1 = \alpha_2 = 5.6186, \alpha_3 = 15, Q_2$ 设为 0。

该系统的控制目标为：通过调节水箱#1 的注水速度来控制水箱#2 中的液位高度。

二型模糊神经网络直接自适应控制器 (T2FNNDAC) 与一型模糊神经网络直接自适应控制器 (T1FNNDAC) 的控制规则见表 9-2。表中模糊集合对应的初始隶属函数如图 9-6 所示。同时，T2FNNDAC 与 T1FNNDAC 的参数的学习速率选择为 $\eta_m = 0.01, \eta_\sigma = 0.01$ 及 $\eta_w = 0.2$。

表 9-2   多容水箱液位控制规则表

Q_1		$e(t)$				
		NB	NS	ZR	PS	PB
$\dot{e}(t)$	N	u_1	u_2	u_2	u_4	u_5
	Z	u_1	u_3	u_3	u_4	u_5
	P	u_2	u_3	u_4	u_5	u_5

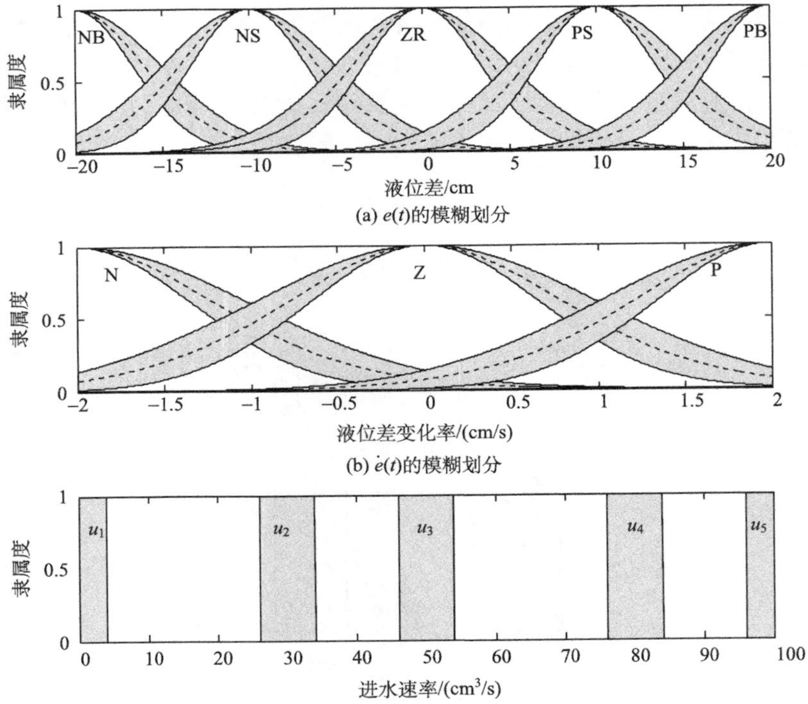

(a) $e(t)$ 的模糊划分

(b) $\dot{e}(t)$ 的模糊划分

(c) Q_1 的模糊划分

图 9-6 $e(t)$、$\dot{e}(t)$ 以及 Q_1 的一型与二型模糊划分

9.5.3 多容水箱液位控制结果

在本仿真中，考虑四种情况：①无噪声干扰、无负载扰动（Q_2=0）；②有噪声干扰、无负载扰动（Q_2=0）；③无噪声干扰、有负载扰动；④有噪声干扰、有负载扰动。

情况 1：无噪声干扰、无负载扰动（$Q_2 = 0$）

此种情况下的多容水箱系统中水箱#2 的液位变化曲线如图 9-7 所示。T2FNNDAC 与 T1FNNDAC 都可以实现控制目标，但 T2FNNDAC 表现稍好，T2FNNDAC 具有更短的调节时间。

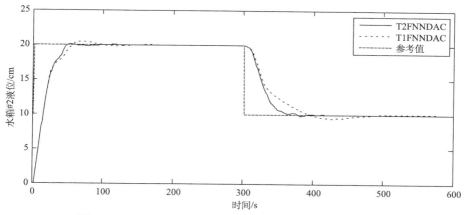

图 9-7　无噪声干扰、无负载扰动时水箱#2 的液位变化曲线

情况 2：有噪声干扰、无负载扰动（$Q_2 = 0$）

此种情况下，反馈信号中加上了服从均匀分布的噪声干扰。此时，水箱#2 的液位变化曲线如图 9-8 所示。

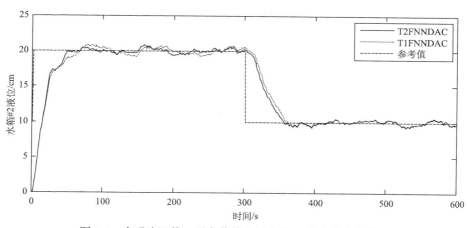

图 9-8　有噪声干扰、无负载扰动时水箱#2 的液位变化曲线

情况 3：无噪声干扰、有负载扰动

当系统运行 300s 后，打开 Q_2，且使其达到最大注水速度的 20%。在加了此负载扰动的情况下，水箱#2 的液位变化曲线如图 9-9 所示。由该图可见，当 Q_2 被打开后，水箱#2 中的液位突然增加，T2FNNDAC 与 T1FNNDAC 开始通过调节 Q_1 以使水箱#2 中的液位回到设定值，但 T2FNNDAC 可以使水箱#2 中的液位更快地回到设定值。

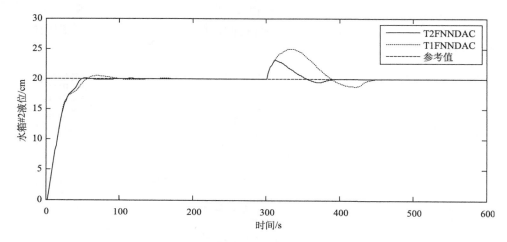

图 9-9　无噪声干扰、有负载扰动时水箱#2 的液位变化曲线

情况 4：有噪声干扰、有负载扰动

此种情况下，反馈信号中加上了服从均匀分布的噪声干扰，且当系统运行 300s 后，打开 Q_2，并使其达到最大注水速度的 10%。在此情况下，水箱#2 的液位变化曲线如图 9-10 所示。由该图可见，与 T1FNNDAC 相比较，T2FNNDAC 表现更为优越。

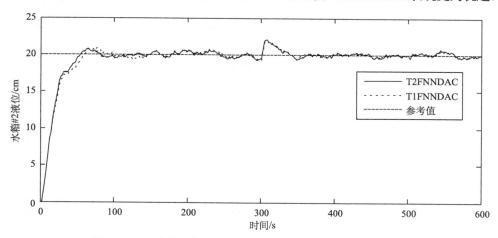

图 9-10　有噪声干扰、有负载扰动时水箱#2 的液位变化曲线

采用第 8 章所定义的 ISE、IAE、ITAE 三个常用性能指标来比较 T2FNNDAC 与 T1FNNDAC 的控制性能。关于上述指标的 T1FNNDAC 与 T2FNNDAC 的控制性能比较见表 9-3。与 T1FNNDAC 相比较，T2FNNDAC 的效果更好。从 ITAE 的角度来说，T2FNNDAC 的性能可以比 T1FNNDAC 的性能提高 15% 以上。

表 9-3　T1FNNDAC 与 T2FNNDAC 的控制性能比较

情况分类	T1FNNDAC			T2FNNDAC		
	ISE($\times 10^3$)	IAE($\times 10^0$)	ITAE($\times 10^5$)	ISE($\times 10^3$)	IAE($\times 10^0$)	ITAE($\times 10^5$)
情况 1	6.6321	756.4646	1.3549	6.2620	617.4788	0.9042
情况 2	6.8745	845.8418	1.5355	6.3672	747.2210	1.3314
情况 3	5.5172	694.7042	1.1836	4.5881	454.5409	0.3934
情况 4	4.5514	543.8382	0.5647	4.4302	512.8680	0.5553

9.6　在水平调节吊具系统中的应用

9.6.1　问题描述

在工业生产或国防建设中，常常需要对昂贵及高精密性的物品(如卫星、飞行器等)进行整体的吊运和装卸。一般地，物品的质心通常偏离几何中心而造成倾斜或侧向受力，从而极易在对接时发生点点或点面接触及碰撞，导致所装卸物品损伤变形甚至遭受彻底破坏。在实际应用中为保证载荷的绝对安全，通常要求保持各载荷对接面水平。目前，国内外仍普遍采用绳索牵引的人工调节装置来实现卫星等贵重载荷的装卸。但手动调节装置不仅劳动强度大、效率低、精度有限、而且存有安全隐患。鉴于此，如图 9-11 所示的绳索牵引自动水平调节吊具系统[25,26]广泛用来实现水平调节。该系统主要由矩形吊台、四套电机驱动装置、四根带有力传感器的独立同质绳索、两个倾角传感器、计算机控制系统、各式电源等部分组成，其中电机驱动装置由电机带动直线运动单元上的滑块运动来实现对各独立绳索的牵引。在初始载荷对接面水平倾角不大于 6° 的前提下，系统的基本控制目标为：①调整后的对接面水平倾角达到 0.2° 的精度；②调整时间控制在 20s 内。

由于对该三维系统建模比较困难，且各种不确定因素在该实际系统中广泛存在，如角度传感器的测量误差等，因此，下面采用二型模糊神经网络逼近该系统的逆模型来实现吊具系统的角度调节。同时设计一型模糊神经网络逆控制器，并将两者的控制效果进行比较。

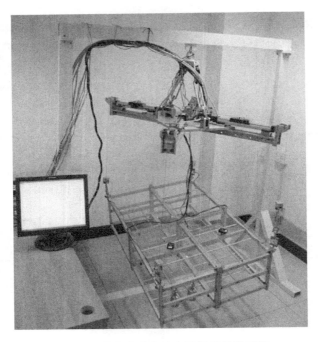

图 9-11　绳索牵引自动水平调节吊具系统

9.6.2　水平调节吊具系统二型模糊神经逆控制器

针对水平调节吊具系统的二型模糊神经逆控制器框图如图 9-12 所示。在设计二型模糊神经逆控制器时分两个阶段。在学习阶段，采用在线或离线的方法建立对象的逆动态模型。在应用阶段，利用前面得到的逆动态模型产生控制输出。在本应用中，考虑到被控对象的安全问题，在学习阶段选用离线的方法进行训练。

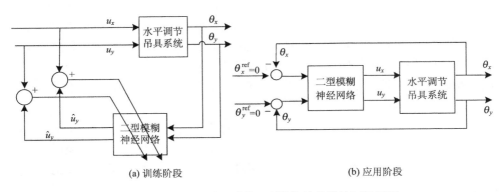

(a) 训练阶段　　　　　　　　　　　　(b) 应用阶段

图 9-12　水平调节吊具系统二型模糊神经逆控制器框图

由于二型模糊神经逆控制器用于实现吊具系统的水平调节，其输入参考值为 $\theta_x^{\mathrm{ref}}=0$ 和 $\theta_y^{\mathrm{ref}}=0$，从而二型模糊神经逆控制器的实际输入变量为两个倾角传感器所测值 θ_x 及 θ_y，输出变量为两条对角线上所属的两直线运动单元的同向移动距离 u_x 及 u_y。所以该网络为二输入二输出网络。输入变量 θ_x 和 θ_y 的论域二型模糊划分如图 9-13 所示。

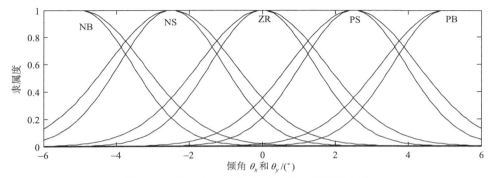

图 9-13　输入变量 θ_x 和 θ_y 的论域二型模糊划分

从而，可以得到初始的 25 条模糊规则，规则后件中关于输出变量 u_x 及 u_y 的区间参数初始化为 0。为降低运算量，在本应用中只优化规则后件的参数，且考虑到最小二乘算法比 BP 算法具有更好的优化性能，此处采用最小二乘算法进行优化。

对于离线优化，必须采集一组训练数据。此处，利用 494 对实验得到的输入输出数据来训练规则后件的参数。通过训练，得到了针对输出变量 u_x 及 u_y 的规则，分别如表 9-4 和表 9-5 所示。

表 9-4　输出变量 u_x 的规则表

u_x/mm		θ_x				
		NB	NS	ZR	PS	PB
θ_y	NB	[34.64,104.03]	[17.62,41.88]	[19.01,21.37]	[19.92,43.58]	[41.74,99.43]
	NS	[17.63,40.90]	[44.20,48.65]	[19.14,23.10]	[44.47,47.10]	[19.69,34.52]
	ZR	[-1.42,-0.89]	[-1.55,-0.35]	[-7.26,4.30]	[-1.05,0.81]	[-0.35,0.13]
	PS	[-43.46,-19.40]	[-47.15,-40.57]	[-18.64,-18.64]	[-48.63,-43.97]	[-40.69,-18.99]
	PB	[-98.07,-43.86]	[-37.68,-19.25]	[-21.95,-18.80]	[-41.96,-18.75]	[-100.5,-41.08]

一型模糊神经逆控制器的规则同二型模糊神经逆控制器中的规则一致，只是一型模糊神经逆控制器规则前件中的高斯型模糊集合的宽度取为上述区间二型模糊集合不确定宽度的平均值；同样，一型模糊神经逆控制器规则后件中的参数取为二型模糊神经逆控制器规则后件中的区间参数的平均值。

表 9-5　输出变量 u_y 的规则表

u_y/mm		θ_x				
		NB	NS	ZR	PS	PB
θ_y	NB	[33.64,103.23]	[17.55,39.13]	[2.57,2.88]	[−39.61,−20.01]	[−97.60,−42.44]
	NS	[17.64,23.14]	[40.75,47.29]	[1.74,3.09]	[−49.40,−47.81]	[−42.54,−21.13]
	ZR	[19.91,23.14]	[19.98,19.99]	[−5.14,6.17]	[−22.07,−21.01]	[−23.18,−20.61]
	PS	[20.14,41.29]	[47.69,49.38]	[−2.57,−1.44]	[−45.86,−42.17]	[−40.15,−18.74]
	PB	[42.24,98.54]	[19.78,42.96]	[−2.82,−2.46]	[−40.08,−18.57]	[−100.36,−38.88]

9.6.3　实验结果

　　将上述控制器用于水平调节吊具系统中的载荷对接面倾角水平调节。图 9-14 给出了初始角度为(5.8°，2.7°)时的模糊神经逆控制器对于载荷对接面倾角 θ_x 和

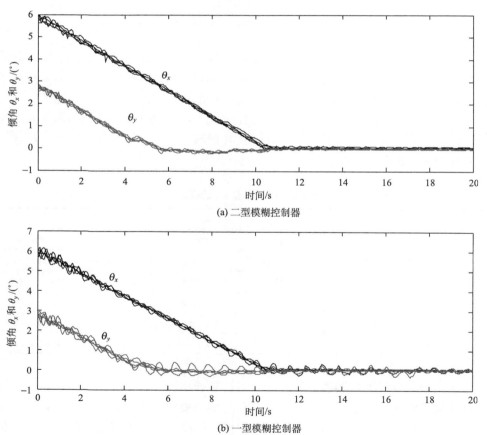

(a) 二型模糊控制器

(b) 一型模糊控制器

图 9-14　初始角度为(5.8°,2.7°)时的模糊神经逆控制器的控制效果

θ_y 的控制效果。对每个控制器测试了 5 次。$\theta_x(t)$ 和 $\theta_y(t)$ 的调节过程在这 5 次实验中的标准差如图 9-15 所示。由图 9-15 中的结果可知，上述模糊神经逆控制器可实现水平调节吊具系统的控制目标。很明显，根据图 9-15 中的 $\theta_x(t)$ 和 $\theta_y(t)$ 调节过程标准差的变化可知，当面对传感器误差以及载荷的晃动时，二型模糊神经逆控制器的调节轨迹更紧凑，抗干扰性能更好，表现更优越。

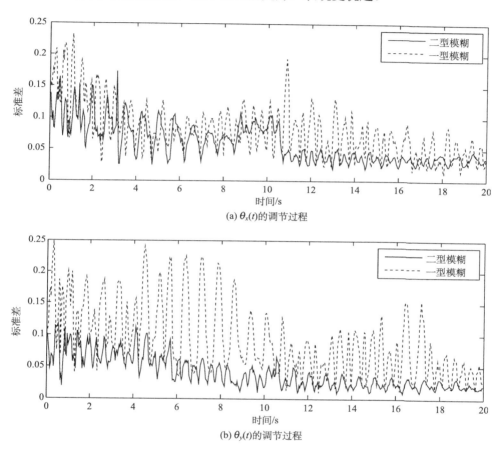

图 9-15 $\theta_x(t)$ 和 $\theta_y(t)$ 的调节过程在 5 次实验中的标准差

9.7   本 章 小 结

本章将二型模糊系统的优点与神经网络的自适应学习的优点相结合，研究了既具有自适应功能，又具有直观性，且能有效地处理各种不确定性的二型模糊神经网络。给出了数据驱动情况下用来优化辨识二型模糊神经网络参数的 BP 算法以及结合了 BP 算法与最小二乘算法的混合算法。

本章同时研究了二型模糊神经网络的应用问题，将该方法用在了系统辨识、多容水箱液位控制、绳索牵引自动水平调节吊具系统的水平调节控制等问题上，同时与其他方法（特别是一型模糊神经网络）进行了比较。

参 考 文 献

[1]   RUTHOWSKA D. Type 2 fuzzy neural networks: an interpretation based on fuzzy inference neural networks with fuzzy parameters//Proceedings of the 2002 IEEE International Conference on Fuzzy Systems. Piscataway: IEEE, 2002: 1180-1185.

[2]   SHIM E A, RHEE F C H. General type-2 fuzzy membership function design and its application to neural networks//Proceedings of 2011 IEEE International Conference on Fuzzy Systems. Piscataway: IEEE, 2011: 27-30.

[3]   WANG C H, CHENG C S, LEE T T. Dynamical optimal training for interval type-2 fuzzy neural network(T2FNN). IEEE transactions on systems, man and cybernetics, 2004, 34(3): 1462-1477.

[4]   CASTRO J R, CASTILLO O, MELIN P, et al. A hybrid learning algorithm for a class of interval type-2 fuzzy neural networks. Information sciences, 2009, 179: 2175-2193.

[5]   CHEN C S, LIN W C. Self-adaptive interval type-2 neural fuzzy network control for PMLSM drives. Expert systems with applications, 2011, 38: 14679-14689.

[6]   LIN F J, CHOU P H, SHIEH P H, et al. Robust control of an LUSM-based X-Y-θ motion control stage using an adaptive interval type-2 fuzzy neural network. IEEE transactions on fuzzy systems, 2008, 17: 24-38.

[7]   LIN F J, CHEN S Y, CHOU P H, et al. Interval type-2 fuzzy neural network control for X-Y-Theta motion control stage using linear ultrasonic motors. Brain inspired cognitive systems, 2009, 72: 1138-1151.

[8]   LIN F J, SHIEH P H, HUNG Y C. An intelligent control for linear ultrasonic motor using interval type-2 fuzzy neural network. IET electric power applications, 2008, 2: 32-41.

[9]   LIN F J, CHOU P H. Adaptive control of two-axis motion control system using interval type-2 fuzzy neural network. IEEE transactions on industrial electronics, 2008, 56: 178-193.

[10]   LI C, YI J, YU Y, et al. Inverse control of cable-driven parallel mechanism using type-2 fuzzy neural network. Acta automatic sinica, 2010, 36(3): 459-464.

[11]   JUANG C F, TSAO Y W. A type-2 self-organizing neural fuzzy system and its FPGA implementation. IEEE transactions on systems, man and cybernetics, part B: cybernetics, 2008, 38(6): 1537-1548.

[12]   JUANG C F, TSAO Y W. A self-evolving interval type-2 fuzzy neural network with online structure and parameter learning. IEEE transactions on fuzzy systems, 2008, 16(6): 1411-1424.

[13]   JUANG C F, HUANG R B, CHENG W Y. An interval type-2 fuzzy neural network with support vector regression for noisy regression problems. IEEE transactions on fuzzy systems, 2010, 18(4): 686-699.

[14]   YEH C Y, JENG W R, LEE S J. Data-based system modeling using a type-2 fuzzy neural

network with a hybrid learning algorithm. IEEE transactions on neural networks, 2011, 22(12): 2296-2309.

[15] LIN Y Y, CHANG J Y, LIN C T. A mutually recurrent interval type-2 neural fuzzy system(mrit2nfs)with self-evolving structure and parameters. IEEE transactions on fuzzy systems, 2013, 21(3): 492-509.

[16] NELLES O. Nonlinear system identification. Berlin: Springer, 2001.

[17] WU S, ER M J. Dynamic fuzzy neural networks-a novel approach to function approximation. IEEE transactions on systems, man and cybernetics, part B: cybernetics, 2000, 30(2): 358-364.

[18] WU S, ER M J, GAO Y. A fast approach for automatic generation of fuzzy rules by generalized dynamic fuzzy neural networks. IEEE transactions on fuzzy systems, 2001, 9(4): 578-594.

[19] LENG G, PRASAD G, MCGINNITY T M. An on-line algorithm for creating self-organizing fuzzy neural networks. Neural networks, 2004, 17(10): 1477-1493.

[20] LENG G, MCGINNITY T M, PRASAD G. Design for self-organizing fuzzy neural networks based on genetic algorithms. IEEE transactions on fuzzy systems, 2006, 14(6): 755-766.

[21] HAYAKAWA T. Direct adaptive control for nonlinear uncertain dynamical systems. Georgia institute of technology, 2003, 3: 1773-1778.

[22] KAUFMAN H, BARKANA I, SOBEL K. Direct adaptive control algorithms: theory and applications. NY: Springer Science & Business Media, 2012.

[23] WU D, TAN W W. Genetic learning and performance evaluation of interval type-2 fuzzy logic controllers. Engineering applications of artificial intelligence, 2006, 19(8): 829-841.

[24] LIAN S T, MARZUKI K, RUBIYAH Y. Tuning of a neuro-fuzzy controller by genetic algorithms with an application to a coupled-tank liquid-level control system. Engineering applications of artificial intelligence, 1998, 11(4): 517-529.

[25] ZHANG X, YI J, ZHAO D, et al. Modelling and control of a self-levelling crane//Proceedings of International Conference on Mechatronics and Automation. Piscataway: IEEE Computer Society, 2007: 2922-2927.

[26] ZHANG J, ZHAO D, YI J, et al. Modeling of a rope-driven self-levelling crane//Proceedings of 3rd International Conference on Innovative Computing Information and Control. Piscataway: IEEE Computer Society, 2008: 489-489.

第10章 知识与数据驱动的二型模糊神经网络设计

10.1 引 言

尽管目前很多文献进行了二型模糊神经网络理论及应用方面的研究[1-15]，但都未考虑知识约束下的二型模糊神经网络设计问题。如第7章所展示的，在二型模糊系统设计过程中，如果能够嵌入各类知识，将有效提高所构建二型模糊系统的精度，改善二型模糊系统的性能。因此，为改善数据驱动二型模糊神经网络性能，本章将探讨如何实现知识与数据驱动的二型模糊神经网络构建。

本章将给出知识与数据驱动的二型模糊神经网络设计方法。首先给出基于BMM方法的二型模糊神经网络的结构；然后讨论知识所形成约束下该二型模糊神经网络的参数学习问题；最后给出其在舒适度预测问题中的应用。

10.2 基于 BMM 方法的二型模糊神经网络

同样，本章考虑一般的多输入单输出模糊系统，并假定其输入变量为 $\boldsymbol{x} = (x_1, x_2, \cdots, x_p)^{\mathrm{T}} \in X_1 \times X_2 \times \cdots \times X_p$。

对输入变量 x_j 指定 m_j 个二型模糊集合，可得具有 $\prod_{j=1}^{p} m_j$ 条规则的规则库：

$$R^{i_1 i_2 \cdots i_p} : x_1 = \tilde{A}_1^{i_1}, x_2 = \tilde{A}_2^{i_2}, \cdots, x_p = \tilde{A}_p^{i_p} \to y_\circ(\boldsymbol{x}) = [\underline{w}^{i_1 i_2 \cdots i_p}, \overline{w}^{i_1 i_2 \cdots i_p}] \quad (10\text{-}1)$$

其中，$i_j = 1, 2, \cdots, m_j$；$[\underline{w}^{i_1 i_2 \cdots i_p}, \overline{w}^{i_1 i_2 \cdots i_p}]$ 是后件区间权重；$\tilde{A}_j^{i_j}$ 是输入变量 x_j 的二型模糊集合。

为简化二型模糊神经网络的训练，本章采用 BMM 方法[12]进行降型及解模糊运算。基于 BMM 方法，上述规则库对应的二型模糊神经网络的结构如图 10-1 所示，共分为 5 层，下面详细讨论其每层的功能。

第一层(模糊化层)：该层共有 p 个节点。为简化分析，该层采用单点值模糊器。也就是说，该层每一节点的输入即为其输出。

第二层(隶属函数层)：该层每一个节点代表一个二型模糊集合，因此共有 $\sum_{j=1}^{p} m_j$ 个节点。本章采用具有不确定宽度的高斯二型模糊集合，其上、下隶属函数分别为

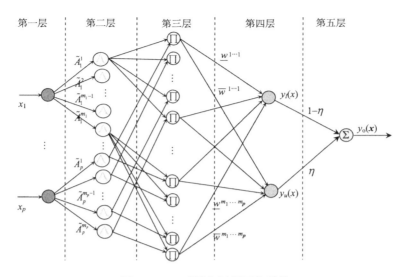

图 10-1　二型模糊神经网络结构

$$\overline{\mu}_{\tilde{A}_j^{ij}}(x_j) = \exp\left[-\frac{1}{2}\frac{\left(x_j - c_j^{ij}\right)^2}{\left(\overline{\delta}_j^{ij}\right)^2}\right] \tag{10-2}$$

$$\underline{\mu}_{\tilde{A}_j^{ij}}(x_j) = \exp\left[-\frac{1}{2}\frac{\left(x_j - c_j^{ij}\right)^2}{\left(\underline{\delta}_j^{ij}\right)^2}\right] \tag{10-3}$$

其中，c_j^{ij} 和 $\left[\left(\underline{\delta}_j^{ij}\right)^2, \left(\overline{\delta}_j^{ij}\right)^2\right]$ 分别是高斯二型模糊集合 $\tilde{A}_j^{ij}$ 的中心和不确定宽度，且 $0 < \left(\underline{\delta}_j^{ij}\right)^2 \leqslant \left(\overline{\delta}_j^{ij}\right)^2$。该层每一个节点的输出是一个区间值，记为 $\left[\underline{\mu}_{\tilde{A}_j^{ij}}(x_j), \overline{\mu}_{\tilde{A}_j^{ij}}(x_j)\right]$。

第三层(规则层)：该层的每一个节点代表一条模糊规则，用以实现规则前件激活强度的计算。因此，该层共有 $\prod\limits_{j=1}^{p} m_j$ 个节点，节点 $(i_1 i_2 \cdots i_p)$ 对应于规则 $(i_1 i_2 \cdots i_p)$。每一个节点的输出是相应规则的激活强度。对于节点 $(i_1 i_2 \cdots i_p)$ 来说，其输出为

$$F^{i_1 i_2 \cdots i_p}(\boldsymbol{x}) = \left[\prod_{j=1}^{p}\underline{\mu}_{\tilde{A}_j^{ij}}(x_j), \prod_{j=1}^{p}\overline{\mu}_{\tilde{A}_j^{ij}}(x_j)\right] \tag{10-4}$$

第四层(降型层)：该层用于实现降型运算。基于 BMM 方法，该层两个节点的输出分别为

$$y_l(\boldsymbol{x}) = \frac{\sum_{i_1=1}^{m_1} \cdots \sum_{i_p=1}^{m_p} \underline{w}^{i_1 i_2 \cdots i_p} \prod_{j=1}^{p} \underline{\mu}_{\tilde{A}_j^{i_j}}(x_j)}{\sum_{i_1=1}^{m_1} \cdots \sum_{i_p=1}^{m_p} \prod_{j=1}^{p} \underline{\mu}_{\tilde{A}_j^{i_j}}(x_j)} \tag{10-5}$$

$$y_u(\boldsymbol{x}) = \frac{\sum_{i_1=1}^{m_1} \cdots \sum_{i_p=1}^{m_p} \overline{w}^{i_1 i_2 \cdots i_p} \prod_{j=1}^{p} \overline{\mu}_{\tilde{A}_j^{i_j}}(x_j)}{\sum_{i_1=1}^{m_1} \cdots \sum_{i_p=1}^{m_p} \prod_{j=1}^{p} \overline{\mu}_{\tilde{A}_j^{i_j}}(x_j)} \tag{10-6}$$

第五层（输出层）：该层仅有 1 个节点用于实现解模糊运算。此处，采用第四层输出的加权平均值作为二型模糊神经网络的输出，即

$$y_o(\boldsymbol{x}) = (1-\eta)y_l(\boldsymbol{x}) + \eta y_u(\boldsymbol{x}) \tag{10-7}$$

其中，η 为解模糊的权重参数，且 $0 \leqslant \eta \leqslant 1$。

10.3　单调二型模糊神经网络参数学习

10.3.1　单调二型模糊神经网络条件

根据第 6 章定理 6-18 可知，上述二型模糊神经网络是关于变量 x_k 单调增的，当下述条件满足时：①对于任意的 $x_k^2 \geqslant x_k^1 \in X_k, 1 \leqslant l \leqslant r \leqslant m_k$，有 $\mu_{A_k^r}(x_k^2)\mu_{A_k^l}(x_k^1) \geqslant \mu_{A_k^r}(x_k^1)\mu_{A_k^l}(x_k^2)$，其中，$\mu_{A_k^r}$ 为 $\underline{\mu}_{\tilde{A}_k^r}$ 或 $\overline{\mu}_{\tilde{A}_k^r}$，$\mu_{A_k^l}$ 为 $\underline{\mu}_{\tilde{A}_k^l}$ 或 $\overline{\mu}_{\tilde{A}_k^l}$；②对于所有组合 $(i_1, \cdots, i_{k-1}, i_{k+1}, \cdots, i_p)$，其中，$i_k = 1, 2, \cdots, m_k - 1$，有 $\underline{w}^{i_1 \cdots i_{k-1} i_k i_{k+1} \cdots i_p} \leqslant \underline{w}^{i_1 \cdots i_{k-1}(i_k+1) i_{k+1} \cdots i_p}$，$\overline{w}^{i_1 \cdots i_{k-1} i_k i_{k+1} \cdots i_p} \leqslant \overline{w}^{i_1 \cdots i_{k-1}(i_k+1) i_{k+1} \cdots i_p}$。

同时，根据定理 6-16，当 $c_k^1 \leqslant c_k^2 \leqslant \cdots \leqslant c_k^{m_k}$ 且 $\underline{\delta}_k^1 = \underline{\delta}_k^2 = \cdots = \underline{\delta}_k^{m_k} = \underline{\delta}_k$，$\overline{\delta}_k^1 = \overline{\delta}_k^2 = \cdots = \overline{\delta}_k^{m_k} = \overline{\delta}_k$ 时，关于模糊规则前件中的二型模糊集合的约束条件是成立的。

综上，当① $c_k^1 \leqslant c_k^2 \leqslant \cdots \leqslant c_k^{m_k}$ 且 $\underline{\delta}_k^1 = \underline{\delta}_k^2 = \cdots = \underline{\delta}_k^{m_k} = \underline{\delta}_k$，$\overline{\delta}_k^1 = \overline{\delta}_k^2 = \cdots = \overline{\delta}_k^{m_k} = \overline{\delta}_k$；②对于所有组合 $(i_1, \cdots, i_{k-1}, i_{k+1}, \cdots, i_p)$，其中，$i_k = 1, 2, \cdots, m_k - 1$，有 $\underline{w}^{i_1 \cdots i_{k-1} i_k i_{k+1} \cdots i_p} \leqslant \underline{w}^{i_1 \cdots i_{k-1}(i_k+1) i_{k+1} \cdots i_p}$，$\overline{w}^{i_1 \cdots i_{k-1} i_k i_{k+1} \cdots i_p} \leqslant \overline{w}^{i_1 \cdots i_{k-1}(i_k+1) i_{k+1} \cdots i_p}$ 时，二型模糊神经网络是关于变量 x_k 单调增的。

记上述所有约束参数（包括前件与后件参数）构成的向量为 $\boldsymbol{\theta}$。根据上述讨论，上述约束都是线性的，可以写成如下线性矩阵不等式的形式：

$$A\boldsymbol{\theta} = \begin{bmatrix} \boldsymbol{a}_1^{\mathrm{T}}\boldsymbol{\theta} \\ \boldsymbol{a}_2^{\mathrm{T}}\boldsymbol{\theta} \\ \vdots \\ \boldsymbol{a}_L^{\mathrm{T}}\boldsymbol{\theta} \end{bmatrix} \geqslant \boldsymbol{0} \tag{10-8}$$

其中，L 为约束线性不等式个数。

10.3.2 单调二型模糊神经网络参数学习方案

假定有 N 对输入输出数据 $(\boldsymbol{x}^t, y^t) = (x_1^t, x_2^t, \cdots, x_p^t, y^t)$，$t = 1, 2, \cdots, N$。参数学习的准则选择为最小化如下的均方误差函数：

$$E = \sum_{t=1}^{N} \left(y_{\mathrm{o}}(\boldsymbol{x}^t, \boldsymbol{\Theta}) - y^t \right)^2 \tag{10-9}$$

其中，$y_{\mathrm{o}}(\boldsymbol{x}^t, \boldsymbol{\Theta})$ 为二型模糊神经网络输出。$\boldsymbol{\Theta}$ 是所有待学习的参数集合，且 $\boldsymbol{\theta} \subseteq \boldsymbol{\Theta}$。即 $\boldsymbol{\Theta}$ 除包含二型模糊规则前件与后件参数外，还包含解模糊权重参数 η。

因此，数据驱动构建单调二型模糊神经网络的过程等价于求解下述约束优化问题：

$$\begin{cases} \min_{\boldsymbol{\Theta}} \sum_{t=1}^{N} \left(y_{\mathrm{o}}(\boldsymbol{x}^t, \boldsymbol{\Theta}) - y^t \right)^2 \\ \text{subject to} \quad A\boldsymbol{\theta} \geqslant \boldsymbol{0} \end{cases} \tag{10-10}$$

由于二型模糊神经网络的输出与区间权重参数之间呈现线性关系，但与第二层的二型模糊隶属函数参数之间呈现非线性关系，因此，该约束优化问题是非线性优化，需要通过非线性优化方法加以解决，如惩罚函数法、进化优化方法等。基于上述讨论，数据驱动下构建单调二型模糊神经网络的步骤如下。

第一步：初始化第二层二型模糊隶属函数的中心与宽度、第三四层间的区间权重、解模糊系数 η。

第二步：在单调性约束下采用非线性优化方法对二型模糊神经网络的参数进行学习。

下面将对这两个步骤进行详细的讨论。

10.3.3 单调二型模糊神经网络参数初始化

对于上述二型模糊神经网络来说，需要优化的参数包括第二层二型模糊隶属函数的中心与宽度、第三四层间的区间权重、解模糊系数 η。

对于解模糊系数 η 来说，可以将 0.5 设定为初始值。同样，第二层二型模糊隶属函数的中心与宽度初始化也较为容易，可以通过对输入论域进行二型模糊划分实现初始化。对于第三四层间的区间权重而言，其初始化较难，但二型模糊神经网络的输出与其之间呈现线性关系，因此可以采用最小二乘方法对其初始化。下面给出详细过程。

根据式(10-5)～式(10-7)可知：

$$y_{\mathrm{o}}(\boldsymbol{x}) = \boldsymbol{f}^{\mathrm{T}}(\boldsymbol{x})\boldsymbol{w} \tag{10-11}$$

其中，$\boldsymbol{w} = \left[\underline{w}^{11\cdots11}, \underline{w}^{11\cdots12}, \cdots, \underline{w}^{11\cdots1m_p}, \underline{w}^{11\cdots21}, \cdots, \underline{w}^{11\cdots2m_p}, \cdots, \underline{w}^{m_1m_2\cdots m_{p-1}m_p}, \overline{w}^{11\cdots11}, \right.$
$\left. \overline{w}^{11\cdots12}, \cdots, \overline{w}^{11\cdots1m_p}, \overline{w}^{11\cdots21}, \cdots, \overline{w}^{11\cdots2m_p}, \cdots, \overline{w}^{m_1m_2\cdots m_{p-1}m_p}\right]^{\mathrm{T}}$ 为 $2*\prod\limits_{j=1}^{p} m_j$ 维向量；

$\underline{f}^{i_1i_2\cdots i_p}(\boldsymbol{x})$ 和 $\overline{f}^{i_1i_2\cdots i_p}(\boldsymbol{x})$ 在向量 $\boldsymbol{f}(\boldsymbol{x})$ 中的顺序与 $\boldsymbol{w}$ 中一致，此处有

$$\underline{f}^{i_1i_2\cdots i_p}(\boldsymbol{x}) = (1-\eta)\frac{\prod\limits_{j=1}^{p}\underline{\mu}_{\tilde{A}_j^{ij}}(x_j)}{\sum\limits_{i_1=1}^{m_1}\cdots\sum\limits_{i_p=1}^{m_p}\prod\limits_{j=1}^{p}\underline{\mu}_{\tilde{A}_j^{ij}}(x_j)} \tag{10-12}$$

$$\overline{f}^{i_1i_2\cdots i_p}(\boldsymbol{x}) = \eta\frac{\prod\limits_{j=1}^{p}\overline{\mu}_{\tilde{A}_j^{ij}}(x_j)}{\sum\limits_{i_1=1}^{m_1}\cdots\sum\limits_{i_p=1}^{m_p}\prod\limits_{j=1}^{p}\overline{\mu}_{\tilde{A}_j^{ij}}(x_j)} \tag{10-13}$$

根据式(10-11)可知，二型模糊神经网络的输出与区间权重参数之间呈线性关系。

一旦第二层二型模糊集合初始化以后，对于给定的训练数据，希望初始化区间权重参数使得下述误差函数最小：

$$E = \sum_{t=1}^{N}(y_{\mathrm{o}}(\boldsymbol{x}^t) - y^t)^2 = \sum_{t=1}^{N}(\boldsymbol{f}^{\mathrm{T}}(\boldsymbol{x}^t)\boldsymbol{w} - y^t)^2 = (\boldsymbol{\Phi}\boldsymbol{w} - \boldsymbol{y})^{\mathrm{T}}(\boldsymbol{\Phi}\boldsymbol{w} - \boldsymbol{y}) \tag{10-14}$$

其中，

$$\boldsymbol{y} = [y^1, y^2, \cdots, y^N]^{\mathrm{T}} \tag{10-15}$$

$$\boldsymbol{\Phi} = [\boldsymbol{f}(\boldsymbol{x}^1), \boldsymbol{f}(\boldsymbol{x}^2), \cdots, \boldsymbol{f}(\boldsymbol{x}^N)]^{\mathrm{T}} \tag{10-16}$$

为保证二型模糊神经网络的单调性，其区间权重参数约束可以表达为 $\boldsymbol{P}\boldsymbol{w} \geqslant 0$ 。

根据上述讨论，合理的初始区间权重可以通过求解下述约束优化问题得到：

$$\begin{cases} \min\limits_{\boldsymbol{w}} (\boldsymbol{\Phi}\boldsymbol{w} - \boldsymbol{y})^{\mathrm{T}}(\boldsymbol{\Phi}\boldsymbol{w} - \boldsymbol{y}) \\ \text{subject to} \quad \boldsymbol{P}\boldsymbol{w} \geqslant 0 \end{cases} \tag{10-17}$$

这是一个约束线性最小二乘优化问题，很多算法都可以用来求解该问题，如 matlab 函数 lsqlin。关于约束最小二乘优化问题的详细讨论，请参见文献[16]。

10.3.4 单调二型模糊神经网络参数学习的最速下降法

当所有参数初始化以后，对二型模糊神经网络的参数进一步优化以期获得更佳的性能。对于给定的训练数据 $(\boldsymbol{x}^t, y^t)$，参数学习方法用来求解下述约束优化问题：

$$\begin{cases} \min_{\boldsymbol{\Theta}} J(t) = \dfrac{1}{2} e^2(t) = \dfrac{1}{2} \left(y_{\mathrm{o}}(\boldsymbol{x}^t, \boldsymbol{\Theta}) - y^t \right)^2 \\ \text{subject to} \quad \boldsymbol{A\theta} \geqslant \boldsymbol{0} \end{cases} \tag{10-18}$$

通过惩罚函数方法，该约束优化问题转化为下述无约束优化问题：

$$\min_{\boldsymbol{\Theta}} J(t) = \frac{1}{2} e^2(t) + \lambda L(\boldsymbol{\theta}) \tag{10-19}$$

其中，$L(\boldsymbol{\theta}) = \sum\limits_{i=1}^{L} \left[\min\left\{0, \boldsymbol{a}_i^{\mathrm{T}} \boldsymbol{\theta}\right\} \right]^2$ 是惩罚项；参数 λ 为取值非常大的实数。

为求解该问题，本章采用最速下降法。为实现二型模糊神经网络参数的最速下降学习，下面给出单调二型模糊神经网络所有参数学习过程的更新规则。

对于受约束的任意参数 $\theta_k \in \boldsymbol{\theta}$ 来说，其更新规则表示为

$$\theta_k(t+1) = \theta_k(t) - \alpha_{\theta_k} \frac{\partial J(t)}{\partial \theta_k} = \theta_k(t) - \alpha_{\theta_k} e(t) \frac{\partial y_{\mathrm{o}}(\boldsymbol{x}^t)}{\partial \theta_k} - \lambda \alpha_{\theta_k} \frac{\partial L(\boldsymbol{\theta})}{\partial \theta_k} \tag{10-20}$$

其中，α_{θ_k} 是参数学习速率；$\dfrac{\partial L(\boldsymbol{\theta})}{\partial \theta_k}$ 的计算公式为

$$\frac{\partial L(\boldsymbol{\theta})}{\partial \theta_k} = \sum_{i \in I} 2 \frac{\partial \boldsymbol{a}_i^{\mathrm{T}} \boldsymbol{\theta}}{\partial \theta_k} = 2 \sum_{i \in I} a_{i,k} \tag{10-21}$$

其中，$I = \left\{ j | \boldsymbol{a}_j^{\mathrm{T}} \boldsymbol{\theta} < 0, j = 1, \cdots, L \right\}$。

对于其他不受约束的参数 $\varphi \in \boldsymbol{\Theta} \backslash \boldsymbol{\theta}$，其更新公式为

$$\varphi(t+1) = \varphi(t) - \alpha_{\varphi} \frac{\partial J(t)}{\partial \varphi} = \varphi(t) - \alpha_{\varphi} e(t) \frac{\partial y_{\mathrm{o}}(\boldsymbol{x}^t)}{\partial \varphi} \tag{10-22}$$

根据式 (10-20) 和式 (10-22) 可知，为得到单调二型模糊神经网络所有参数的更新公式，最重要的是计算导数 $\dfrac{\partial y_{\mathrm{o}}(\boldsymbol{x}^t)}{\partial \theta_k}$ 和 $\dfrac{\partial y_{\mathrm{o}}(\boldsymbol{x}^t)}{\partial \varphi}$。下面将给出详细讨论。

1. 关于第三四层间权重的导数

由于第三四层间权重参数是受单调性约束的，因此，其更新公式采用式 (10-20)，且

$$\frac{\partial y_{\mathrm{o}}(\boldsymbol{x}^t)}{\partial \underline{w}^{i_1 i_2 \cdots i_p}} = (1 - \eta(t)) \frac{\partial y_l(\boldsymbol{x}^t)}{\partial \underline{w}^{i_1 i_2 \cdots i_p}} = (1 - \eta(t)) \frac{\prod\limits_{j=1}^{p} \underline{\mu}_{\tilde{A}^{ij}}(x_j^t)}{\sum\limits_{i_1=1}^{m_1} \cdots \sum\limits_{i_p=1}^{m_p} \prod\limits_{j=1}^{p} \underline{\mu}_{\tilde{A}^{ij}}(x_j^t)} \tag{10-23}$$

$$\frac{\partial y_o(\boldsymbol{x}^t)}{\partial \overline{w}^{i_1 i_2 \cdots i_p}} = \eta(t) \frac{\partial y_u(\boldsymbol{x}^t)}{\partial \overline{w}^{i_1 i_2 \cdots i_p}} = \eta(t) \frac{\prod\limits_{j=1}^{p} \overline{\mu}_{\tilde{A}_j^{i_j}}(x_j^t)}{\sum\limits_{i_1=1}^{m_1} \cdots \sum\limits_{i_p=1}^{m_p} \prod\limits_{j=1}^{p} \overline{\mu}_{\tilde{A}_j^{i_j}}(x_j^t)} \tag{10-24}$$

2. 关于第四五层间的解模糊系数 η 的导数

由于第四五层间的解模糊系数 η 是不受单调性约束的，因此，其更新式采用式 (10-22)，且

$$\frac{\partial y_o(\boldsymbol{x}^t)}{\partial \eta} = y_u(\boldsymbol{x}^t) - y_l(\boldsymbol{x}^t) \tag{10-25}$$

3. 关于第二层二型模糊集合中心的导数

由于第二层二型模糊集合中心是受单调性约束的，因此，其更新公式采用式 (10-20)，且

$$\frac{\partial y_o(\boldsymbol{x}^t)}{\partial c_j^{i_j}} = (1 - \eta(t)) \frac{\partial y_l(\boldsymbol{x}^t)}{\partial c_j^{i_j}} + \eta(t) \frac{\partial y_u(\boldsymbol{x}^t)}{\partial c_j^{i_j}} \tag{10-26}$$

其中，

$$\frac{\partial y_l(\boldsymbol{x}^t)}{\partial c_j^{i_j}} = \frac{\sum\limits_{\substack{q=1 \\ q \neq j}}^{p} \sum\limits_{i_q=1}^{m_q} (\underline{w}^{i_1 \cdots i_p} - y_l(\boldsymbol{x}^t)) \dfrac{\partial \underline{\mu}_{\tilde{A}_j^{i_j}}(x_j^t)}{\partial c_j^{i_j}} \prod\limits_{\substack{k=1 \\ k \neq j}}^{p} \underline{\mu}_{\tilde{A}_k^{i_k}}(x_k^t)}{\sum\limits_{i_1=1}^{m_1} \cdots \sum\limits_{i_p=1}^{m_p} \prod\limits_{j=1}^{p} \underline{\mu}_{\tilde{A}_j^{i_j}}(x_j^t)} \tag{10-27}$$

$$\frac{\partial y_u(\boldsymbol{x}^t)}{\partial c_j^{i_j}} = \frac{\sum\limits_{\substack{q=1 \\ q \neq j}}^{p} \sum\limits_{i_q=1}^{m_q} (\overline{w}^{i_1 \cdots i_p} - y_u(\boldsymbol{x}^t)) \dfrac{\partial \overline{\mu}_{\tilde{A}_j^{i_j}}(x_j^t)}{\partial c_j^{i_j}} \prod\limits_{\substack{k=1 \\ k \neq j}}^{p} \overline{\mu}_{\tilde{A}_k^{i_k}}(x_k^t)}{\sum\limits_{i_1=1}^{m_1} \cdots \sum\limits_{i_p=1}^{m_p} \prod\limits_{j=1}^{p} \overline{\mu}_{\tilde{A}_j^{i_j}}(x_j^t)} \tag{10-28}$$

此处，$\sum\limits_{\substack{q=1 \\ q \neq j}}^{p} \sum\limits_{i_q=1}^{m_q} = \sum\limits_{i_1=1}^{m_1} \cdots \sum\limits_{i_{j-1}=1}^{m_{j-1}} \sum\limits_{i_{j+1}=1}^{m_{j+1}} \cdots \sum\limits_{i_p=1}^{m_p}$ 。

4. 关于第二层二型模糊集合宽度的导数

为满足单调性条件，将高斯二型模糊集合 $\tilde{A}_j^{i_j}$ $(i_j = 1, 2, \cdots, N_j)$ 的宽度设定为一致的，记为 $[\underline{\delta}_j^2, \overline{\delta}_j^2]$。同时，高斯二型模糊集合宽度不再受单调性约束。因此，其

更新公式采用式(10-22)，且

$$\frac{\partial y_{\mathrm{o}}(\boldsymbol{x}^t)}{\partial \underline{\delta}_j^2} = (1 - \eta(t)) \frac{\partial y_l(\boldsymbol{x}^t)}{\partial \underline{\delta}_j^2} \tag{10-29}$$

$$\frac{\partial y_{\mathrm{o}}(\boldsymbol{x}^t)}{\partial \overline{\delta}_j^2} = \eta(t) \frac{\partial y_u(\boldsymbol{x}^t)}{\partial \overline{\delta}_j^2} \tag{10-30}$$

其中，

$$\frac{\partial y_l(\boldsymbol{x}^t)}{\partial \underline{\delta}_j^2} = \frac{\displaystyle\sum_{i_1=1}^{m_1} \cdots \sum_{i_p=1}^{m_p} (\underline{w}^{i_1 \cdots i_p} - y_l(\boldsymbol{x}^t)) \frac{\partial \underline{\mu}_{\tilde{A}_j^{ij}}(x_j^t)}{\partial \underline{\delta}_j^2} \prod_{\substack{k=1 \\ k \neq j}}^{p} \underline{\mu}_{\tilde{A}_k^{ik}}(x_k^t)}{\displaystyle\sum_{i_1=1}^{m_1} \cdots \sum_{i_p=1}^{m_p} \prod_{j=1}^{p} \underline{\mu}_{\tilde{A}_j^{ij}}(x_j^t)} \tag{10-31}$$

$$\frac{\partial y_u(\boldsymbol{x}^t)}{\partial \overline{\delta}_j^2} = \frac{\displaystyle\sum_{i_1=1}^{m_1} \cdots \sum_{i_p=1}^{m_p} (\overline{w}^{i_1 \cdots i_p} - y_u(\boldsymbol{x}^t)) \frac{\partial \overline{\mu}_{\tilde{A}_j^{ij}}(x_j^t)}{\partial \overline{\delta}_j^2} \prod_{\substack{k=1 \\ k \neq j}}^{p} \overline{\mu}_{\tilde{A}_k^{ik}}(x_k^t)}{\displaystyle\sum_{i_1=1}^{m_1} \cdots \sum_{i_p=1}^{m_p} \prod_{j=1}^{p} \overline{\mu}_{\tilde{A}_j^{ij}}(x_j^t)} \tag{10-32}$$

10.4　在舒适性指标预测中的应用

本节通过在舒适性指标预测中的应用来验证单调二型模糊神经网络（T2FNN）。同时，将与一型模糊神经网络（T1FNN）及线性回归分析（Linear Regression）方法进行比较。

10.4.1　问题描述

研究人员提出了很多指标用来预测热舒适性，但应用最广泛的是 Fanger 提出的预期平均（Predicted Mean Vote，PMV）指标[17]。基于该指标，美国 ASHRAE 协会（American Society of Heating，Refrigerating and Air-Condition Engineers）将热舒适性分为七个等级，分别为–3（冷）、–2（凉）、–1（稍凉）、0（舒适）、1（稍暖）、2（暖）、3（热）。

PMV 指标的计算通过 6 变元的函数予以实现。该函数与空气温度、辐射温度、相对湿度、空气流速、活动水平、衣服热阻等变量相关。具体来说，PMV 指标的七个等级值可通过下述函数计算得到[16-20]

$$\begin{aligned} \mathrm{PMV} = & (0.303\,\mathrm{e}^{-0.036M} + 0.028)\{M - W - 3.05 \times 10^{-3}[5733 - 6.99(M-W) - P_{\mathrm{a}}] \\ & - 0.42[(M-W) - 58.15] - 1.7 \times 10^{-5} M(5867 - P_{\mathrm{a}}) - 0.0014M(34 - t_{\mathrm{a}}) \\ & - 3.96 \times 10^{-8} f_{\mathrm{c}1}[(t_{\mathrm{c}1} + 273)^4 - (t_{\mathrm{r}} + 273)^4] - f_{\mathrm{c}1} h_{\mathrm{c}}(t_{\mathrm{c}1} - t_{\mathrm{a}})\} \end{aligned}$$

$$\tag{10-33}$$

其中，t_{c1}，h_c，f_{c1} 和 P_a 的计算公式分别为

$$t_{c1} = 35.7 - 0.0278(M-W) - I_{c1}\left\{3.96\times10^{-8} f_{c1}\left[\left(t_{c1}+273\right)^4 - \left(t_r+273\right)^4 - f_{c1}h_c\left(t_{c1}-t_a\right)\right]\right\}$$

(10-34)

$$h_c = \begin{cases} 2.38\left(t_{c1}-t_a\right)^{0.25}, & 2.38\left(t_{c1}-t_a\right)^{0.25} > 12.1\sqrt{v_a} \\ 12.1\sqrt{v_a}, & 2.38\left(t_{c1}-t_a\right)^{0.25} < 12.1\sqrt{v_a} \end{cases}$$

(10-35)

$$f_{c1} = \begin{cases} 1.00 + 0.2I_{c1}, & I_{c1} < 0.5\,\text{clo} \\ 1.05 + 0.1I_{c1}, & I_{c1} > 0.5\,\text{clo} \end{cases}$$

(10-36)

$$P_a = \frac{P_s R_H}{100}$$

(10-37)

其中，M 是人体代谢率（W/m^2）；W 是外部作用（W/m^2）；P_a 是水蒸气压力（Pa）；t_a 是室内空气温度（℃）；t_r 是辐射温度（℃）；I_{c1} 是服装热阻（clo）；v_a 是空气相对速度（m/s）；t_{c1} 是服装表面温度；R_H 是相对湿度；h_c 是对流换热系数（$\text{W/(m}^2\cdot\text{K)}$）；$f_{c1}$ 是覆盖体表面积与裸露体表面积的比例；P_s 是在特定温度下的饱和蒸汽压。

根据上述方程观测可知，PMV 指标的运算是非常复杂的，且需要迭代求解 t_{c1}，实时性难以保证。因此，采用其他方法对该 PMV 指标进行预测成为一种常用途径。本章采用该应用来验证二型模糊神经网络的功能及优越性。

考虑到 PMV 指标变量很多，且有些指标很难在线测量。正如文献[20]所断言的"相关结果表明热舒适性评价主要与温度和湿度这两大环境条件相关"。因此，在本书的测试中，也仅取室内空气温度 t_a 和相对湿度 R_H 两个变量。另外，与热舒适性七个等级相对应，温度越高，PMV 值越大，对于相对湿度也是同样的情况。也就是说，为 PMV 指标所构建的预测模型应该关于空气温度 t_a 和相对湿度 R_H 这两个变量呈现单调增的关系。

10.4.2 仿真设定

为得到训练数据，对除空气温度 t_a 和相对湿度 R_H 之外的四个变量作如下假定：①一般来说，人员在室内从事的是轻体力劳动。因此，人体代谢率设为 69.78W/m^2。②服装热阻设为 0.7clo。③辐射温度设定为与空气温度相同。④考虑夏天的情况，室内空气流速设为 0.20m/s。在此基础上，对空气温度在[10℃, 36℃]区间采样，而相对湿度在区间[0, 100%]采样，最后得到 567 对数据。

在仿真过程中，对每一个输入变量初始设定 5 个高斯二型模糊集合，如图 10-2 所示。也就是说，该二型模糊神经网络模型具有 25 条规则。初始解模糊系数设定为 0.5。在学习算法中，惩罚因子设为 100，学习速率分别设为 $\alpha_w = 0.01, \alpha_\eta = 0.01$，

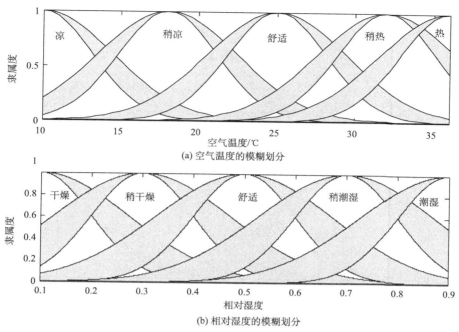

(a) 空气温度的模糊划分

(b) 相对湿度的模糊划分

图 10-2　输入论域的初始高斯二型模糊划分

对于空气温度的二型模糊集合的中心学习速率 α_c 设为 0.5、宽度学习速率 α_δ 设为 1，而对于相对湿度的二型模糊集合的中心学习速率 α_c 设为 $5e^{-6}$、宽度学习速率 α_δ 设为 $5e^{-7}$。

10.4.3　仿真结果

通过参数学习，最终所得到的二型模糊神经网络参数为：解模糊系数 $\eta = 0.5527$，第二层的二型模糊隶属函数如图 10-3 所示，第三四层间的区间权重参数如表 10-1 所示。根据前面的讨论，所得到的二型模糊划分及后件权重能够保证二型模糊神经网络输入输出的单调性。

表 10-1　优化得到的第三四层间的区间权重参数

$[\underline{w}^{i_1 i_2}, \overline{w}^{i_1 i_2}]$		i_1				
		1	2	3	4	5
i_2	1	$[-4.00, -4.00]$	$[-1.79, -1.78]$	$[-0.86, 0.48]$	$[0.55, 1.90]$	$[3.68, 3.71]$
	2	$[-4.00, -4.00]$	$[-1.57, -1.56]$	$[-0.60, 0.51]$	$[0.60, 2.12]$	$[4.35, 4.38]$
	3	$[-3.99, -3.99]$	$[-1.47, -1.40]$	$[-0.50, 0.80]$	$[0.65, 2.43]$	$[4.48, 4.52]$
	4	$[-3.94, -3.90]$	$[-1.45, -1.38]$	$[-0.47, 0.76]$	$[1.23, 2.46]$	$[5.00, 5.00]$
	5	$[-3.87, -3.85]$	$[-1.20, -1.10]$	$[-0.29, 1.05]$	$[1.90, 3.39]$	$[5.00, 5.00]$

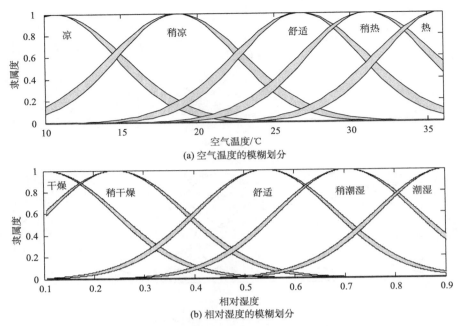

图 10-3　优化得到的输入论域的高斯二型模糊划分

为比较，构建了一型模糊神经网络（T1FNN）和线性回归模型（linear regression model）。一型模糊神经网络第二层取为高斯一型模糊集合，中心与二型模糊集合一致，但宽度是二型模糊集合不确定宽度的平均值。同样地，一型模糊神经网络第三四层间的权重变为单点值，取为二型模糊神经网络区间权重的平均值。通过训练得到的线性回归表达式为 $-7.1160 + 0.2818t_a + 0.6883R_H$。

对于训练数据，T2FNN、T1FNN 以及线性回归模型的均方误差平方根（RMSE）指标分别为 0.0692、0.0774 和 0.1067。从而可知，二型模糊神经网络具有更好的训练精度。

重新随机产生 100 组数据用作测试，并运行 10 次。对于这些测试数据，三个模型的均方误差平方根（RMSE）指标具体见表 10-2。二型模糊神经网络针对其中一组测试数据的预测结果如图 10-4 所示。

表 10-2　三个模型的均方误差平方根（RMSE）指标

情况	RMSE		
	T2FNN	T1FNN	Linear Regression Model
1	0.0378	0.0478	0.0480
2	0.0387	0.0457	0.0484

情况	RMSE		
	T2FNN	T1FNN	Linear Regression Model
3	0.0383	0.0516	0.0488
4	0.0386	0.0517	0.0513
5	0.0381	0.0516	0.1027
6	0.0340	0.0471	0.0943
7	0.0346	0.0462	0.0574
8	0.0354	0.0460	0.0657
9	0.0357	0.0511	0.0513
10	0.0375	0.0489	0.0821
平均	0.0369	0.0488	0.0650

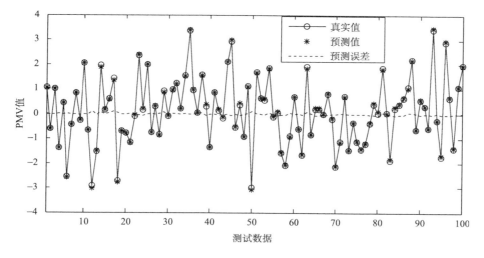

图 10-4 单调二型模糊神经网络预测结果

根据图 10-4 可见，单调二型模糊神经网络的预测误差落在非常小的尺度内。从表 10-2 可以观测到，相比于一型模糊神经网络和线性回归模型，单调二型模糊神经网络的表现更为优越。

10.5 本 章 小 结

本章探讨了知识与数据驱动二型模糊神经网络设计问题。给出了基于 BMM 方法的二型模糊神经网络结构，研究了单调性知识在二型模糊神经网络中的嵌入，给出了单调性知识与数据混合驱动下二型模糊神经网络参数的优化学习问题，并在舒适性预测问题中进行了测试。

参 考 文 献

[1] RUTHOWSKA D. Type 2 fuzzy neural networks: an interpretation based on fuzzy inference neural networks with fuzzy parameters//Proceedings of the 2002 IEEE International Conference on Fuzzy Systems. Piscataway: IEEE, 2002: 1180-1185.

[2] SHIM E A, RHEE F C H. General type-2 fuzzy membership function design and its application to neural networks//Proceedings of the 2011 IEEE International Conference on Fuzzy Systems. Piscataway: IEEE, 2011: 27-30.

[3] WANG C H, CHENG C S, LEE T T. Dynamical optimal training for interval type-2 fuzzy neural network (T2FNN). IEEE transactions on systems, man, and cybernetics, 2004, 34 (3): 1462-1477.

[4] CASTRO J R, CASTILLO O, MELIN P, et al. A hybrid learning algorithm for a class of interval type-2 fuzzy neural networks. Information sciences, 2009, 179: 2175-2193.

[5] CHEN C S, LIN W C. Self-adaptive interval type-2 neural fuzzy network control for PMLSM drives. Expert systems with applications, 2011, 38: 14679-14689.

[6] LIN F J, CHOU P H, SHIEH P H, et al. Robust control of an LUSM-based X-Y-θ motion control stage using an adaptive interval type-2 fuzzy neural network. IEEE transactions on fuzzy systems, 2008, 17: 24-38.

[7] LIN F J, CHEN S Y, CHOU P H, et al. Interval type-2 fuzzy neural network control for X-Y-Theta motion control stage using linear ultrasonic motors. Brain inspired cognitive systems, 2009, 72: 1138-1151.

[8] LIN F J, SHIEH P H, HUNG Y C. An intelligent control for linear ultrasonic motor using interval type-2 fuzzy neural network. IET electric power applications, 2008, 2: 32-41.

[9] LIN F J, CHOU P H. Adaptive control of two-axis motion control system using interval type-2 fuzzy neural network. IEEE transactions on industrial electronics, 2008, 56: 178-193.

[10] LI C, YI J, YU Y, et al. Inverse control of cable-driven parallel mechanism using type-2 fuzzy neural network. Acta automatica sinica, 2010, 36 (3): 459-464.

[11] JUANG C F, TSAO Y W. A type-2 self-organizing neural fuzzy system and its FPGA implementation. IEEE transactions on systems, man and cybernetics, part B: cybernetics, 2008, 38 (6): 1537-1548.

[12] JUANG C F, TSAO Y W. A self-evolving interval type-2 fuzzy neural network with online structure and parameter learning. IEEE transactions on fuzzy systems, 2008, 16 (6): 1411-1424.

[13] JUANG C F, HUANG R B, CHENG W Y. An interval type-2 fuzzy neural network with support vector regression for noisy regression problems. IEEE transactions on fuzzy systems, 2010, 18 (4): 686-699.

[14] YEH C Y, JENG W R, LEE S J. Data-based system modeling using a type-2 fuzzy neural network with a hybrid learning algorithm. IEEE transactions on neural networks, 2011,

22 (12): 2296-2309.

[15] LIN Y Y, CHANG J Y, LIN C T. A mutually recurrent interval type-2 neural fuzzy system (mrit2nfs) with self-evolving structure and parameters. IEEE transactions on fuzzy systems, 2013, 21 (3): 492-509.

[16] NELLES O. Nonlinear system identification. Berlin: Springer, 2001.

[17] FANGER P O. Thermal comfort: analysis and applications in environmental engineering. New York: McGraw-Hill, 1970.

[18] ATTHAJARIYAKUL S, LEEPHAKPREEDA T. Neural computing thermal comfort index for HVAC systems. Energy conversion and management, 2005, 46: 2553-2565.

[19] MA B, SHU J, WANG Y. Experimental design and the GA-BP prediction of human thermal comfort index//Proceedings of the 2011 Seventh International Conference on Natural Computation. Piscataway: IEEE Computer Society, 2011: 771-775.

[20] CHEN K, JIAO Y, LEE E S. Fuzzy adaptive networks in thermal comfort. Applied mathematics letters, 2006, 19: 420-426.